国家重点研发计划项目(2018YFC1507200)

国家自然科学基金(42175002、91937301、41975058、41975057)

"气象灾害预报预警与评估"省部共建协同创新中心建设项目　联合资助出版

西南山地暴雨的特征与机理

Characteristics and Mechanism of Mountain Rainstorm in Southwest China

李国平　孙建华　王晓芳　等 著

科学出版社

北　京

内 容 简 介

　　本书全面、系统阐述了中国西南山地突发性暴雨特征与机理方面的最新研究成果,内容包括西南山地突发性暴雨的统计特征、中尺度对流系统与西南山地突发性暴雨、西南山地突发性暴雨过程中的地形与多尺度系统作用、地形重力波影响西南山地突发性暴雨的物理机制、低空急流与西南山地突发性暴雨、地形强降水研究的总结与展望等。作为国内第一本系统性专门论述山地暴雨(地形强降水)方面的学术专著,本书总结了这一重要研究领域近年来的发展历程,展望了其今后的发展方向,具有较强的理论性与实用性,有助于丰富我国暴雨的理论研究及业务应用。

　　本书可作为气象学、大气物理学与大气环境学科的研究生课程教科书或大气科学、应用气象学本科专业高年级学生专业选修课的教学参考书,也可供气象、地理、地质、水文、环境、生态或其他相关专业的科研、教学和业务人员参考。

图书在版编目(CIP)数据

西南山地暴雨的特征与机理 / 李国平等著. —北京:科学出版社,2022.10
　ISBN 978-7-03-073355-9

Ⅰ.①西… Ⅱ.①李… Ⅲ.①山地–暴雨–研究–西南地区 Ⅳ.①P426.62

中国版本图书馆 CIP 数据核字 (2022) 第 182078 号

责任编辑:刘　琳 / 责任校对:彭　映
责任印制:罗　科 / 封面设计:墨创文化

科 学 出 版 社 出版

北京东黄城根北街16号
邮政编码:100717
http://www.sciencep.com

成都锦瑞印刷有限责任公司印刷

科学出版社发行　　各地新华书店经销

*

2022 年 10 月第 一 版　　开本:787×1092 1/16
2022 年 10 月第一次印刷　　印张:16 1/2
字数:390 000

定价:168.00 元
(如有印装质量问题,我社负责调换)

前　言

　　我国西部多山地，其中西南地区尤以地形复杂而闻名于世。山地突发性暴雨是我国重大自然灾害之一，山地突发性暴雨是汛期需要重点防范的自然灾害，由其引发的次生灾害（如山洪、泥石流、滑坡、崩塌等）会造成严重的生命财产损失，对其进行预警与防范是国家防灾减灾重大而迫切的战略需求。山地突发性暴雨预报预警难点是提升暴雨发生时间、区域和强度预报预警的准确性和时效性。当前，我国西南山地突发性暴雨预报水平不高、能力不足的一个重要原因就是未能有效考虑山地对暴雨及其突发性的影响，缺乏山地突发性暴雨形成与发展的理论指导，亟待在综合观测的基础上，重点研究西南山地突发性暴雨的多尺度特征和动力学机理这一关键科学问题。本书希冀通过对山地突发性暴雨触发机理、发展条件、中尺度对流系统的结构特征的研究，提出可指导建立山地突发性暴雨的定量诊断技术与预报物理模型，发展西南山地突发性暴雨的预报理论和数值模式降水产品的地形订正方法，丰富山地突发性暴雨的科学认识，为提高西南山地突发性暴雨预报准确率和山洪地质灾害防御能力提供有力科技支撑。

　　正因为山地暴雨（地形强降水）研究的复杂性和应用需求的迫切性，而目前国内外相关研究寥寥无几，远远不能满足需求。有鉴于此，在国家重点研发计划"重大自然灾害监测预警与防范"重点专项项目"西部山地突发性暴雨形成机理及预报理论方法研究"的资助下，我们围绕中国西南地区山地突发性暴雨的特征与机理开展了系统性研究工作，统计了中国西南山地突发性暴雨及其中尺度对流系统的时空分布特征与发生发展的环境条件；深入分析了西部山地突发性暴雨过程中地形与降水系统的相互作用；提出了地形激发的惯性重力波对西南山地突发性暴雨的影响机理；得到了山区低空急流的时空分布特征及其与西南山地突发性暴雨的关系；形成了山地暴雨机理研究创新团队。取得的代表性创新成果有：①明确了山地突发性暴雨事件的识别标准，统计得到 1981～2017 年中国西南山地突发性暴雨时空分布的观测事实，分析出有利于暴雨发生的环境条件，揭示了西南山地中尺度对流系统的生成源地、活动特征以及对突发性暴雨贡献的差异。②定量分析了西南复杂地形对区域主要影响系统（高原低涡、西南低涡、高原切变线、低空急流等）以及爬流、绕流对山地暴雨的具体作用，并物理诊断、数值模拟了这些影响系统对山地突发性暴雨的贡献。③发现山地突发性暴雨过程中还存在由于地形强迫、切变不稳定以及非地转平衡三者共同作用而形成的中尺度地形重力波，在国内外首次提出地形重力波与对流系统两者的耦合作用是引发山地突发性暴雨的一类重要机理。湖北省科技信息研究院查新检索中心出具的针对这三项代表性成果作为国内和国外查新要点的科技查新报告给出的综合结论为："委托单位进行的山地突发性暴雨的特征与机理研究，除委托单位及其合作者的文章以外，在所检国内外文献范围内，未见有相同的报道。"这些研究成果已示范应用于 2020年长江流域防汛气象服务，2021 年"4·23"秦巴山区首场区域暴雨、2021 年"8·11"

湖北随州大洪山脉特大暴雨的预报复盘分析，以及陕西、青海、湖南省气象台和湖北省恩施州、宜昌市气象局的地形强降水与山洪预报业务、云南省气象科学研究所的横断山区强降水机理研究。这些成果丰富了西部山地暴雨形成机理的科学认识，具有良好的推广应用前景。

为更好地总结山地暴雨领域的最新研究成果，由课题承担(主持)单位成都信息工程大学(简称成信大)牵头，并在课题参与单位中国气象局武汉暴雨研究所(简称暴雨所)、中国科学院大气物理研究所(简称大气所)大力协助下，顺利完成了本书的写作。本书各章的编写人员为：第1章，暴雨所陈杨瑞雪、王晓芳，成信大张芳丽、高珩洲、李国平，四川省气象台黄楚惠；第2章，大气所孟亚楠、张元春、孙建华，暴雨所王婧羽、李山山、李超、王晓芳，成信大付智龙、程煜峰、李国平；第3章，成信大金妍、张芳丽、高珩洲、沈程锋、谢家旭、李国平，暴雨所李超、李山山、周文、王晓芳；第4章，成信大谢家旭、李国平；第5章，大气所孟亚楠、孙建华，成信大张芳丽、李国平；第6章成信大李国平，暴雨所王晓芳、李山山。李国平、孙建华、王晓芳负责各章节组稿，李国平负责全书统稿。

希望本书能抛砖引玉，对从事暴雨(强降水)理论研究及业务实践的科技工作者有所帮助，同时我们也衷心期盼有更多、更好的这方面的著作问世，进一步推动这一重要研究与应用领域的发展。由于著者水平有限，书中不足之处在所难免，诚望读者批评指正。

成都信息工程大学教授　李国平

中国科学院大气物理研究所研究员　孙建华

中国气象局武汉暴雨研究所研究员　王晓芳

2021 年盛夏

目　　录

第 1 章　西南山地突发性暴雨的统计特征

我国西南地区地形复杂,区域内高原、山地、丘陵、盆地等多种地形交错分布(图 1.1)。受到复杂地形影响,强降水事件尤其是次日尺度的突发性降水事件常给该地区带来严重的滑坡、泥石流等次生灾害(Piciullo et al.,2018;Hu et al.,2010)。因此,了解该地区这些突发性暴雨事件的特征是做好该地区强降水及其次生灾害预报预警的重要前提。为此,本书首先定义了山地突发性暴雨事件(abrupt heavy rainfall event,AHRE)的标准:①水平尺度小于 200km;②3 小时累计降雨量≥50mm,且 3 小时中至少有 1 小时的降雨量≥20mm;③同一降水事件内至多只有 1 小时降雨量<0.1mm。

在识别突发性暴雨事件时,本书所用的降水资料是中国气象局国家气象信息中心提供的 1981～2017 年西南地区 468 个站点(图 1.1 中的蓝点)的小时降水数据。该套资料在生成过程中经过了严格的质量控制,质控内容包括气候学限值检验、台站极值检验和内部一致性检验等方面。目前,该套资料已成功用于中国短时强降水和极端小时降水事件特征的研究中(Zheng et al.,2016;Luo et al.,2016)。

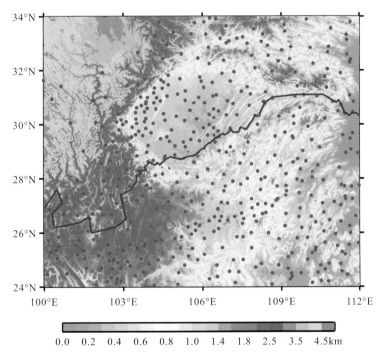

图 1.1　西南地区 468 个国家级地面站(黑点)的空间分布

注:阴影表示地形高度(km)。

1.1 西南山地突发性暴雨的空间分布

1981～2017 年，西南地区 454 个站点[图 1.2(a)中的彩色圆点]共录得 15023 个 AHRE，各站最大频次为 134 次，出现在广西北部[图 1.2(a)中的黑色五角星处]。西南山地突发性暴雨的发生频次有明显的空间差异，其中，四川盆地(SR-A)、贵州南部—广西北部(SR-B)和湖南西部(SR-C)是三个高发区[图 1.2(a)]。从 AHRE 发生频次的统计结果来看，分析区域内发生频次中位数为32次，有95%的站点在分析时段内共记录了6～78 次。相比于 SR-A 和 SR-C，SR-B 内发生频次的中位数最大(61 次)，几乎是整个西南地区的两倍，表明该区域最易发生山地突发性暴雨[图 1.2(b)]。

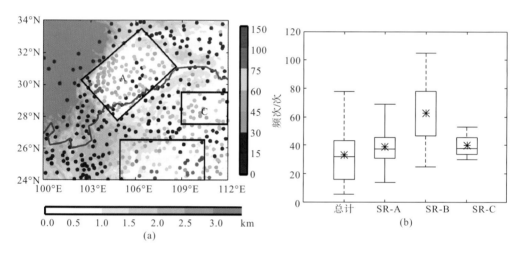

图 1.2　各站 AHRE 发生频次的空间分布(a)和西南地区 3 个高频子区域

(SR-A、SR-B 和 SR-C)内 AHRE 发生频次的盒须图(b)

注：(a)中彩色圆点表示在分析期间发生 AHRE 的站点，灰色圆点表示在分析期间没有发生 AHRE 的站点，黑色五角星表示 AHRE 发生频次最大的站点。区域 A、B 和 C 表示 3 个 AHRE 高频子区域，灰色阴影表示地形。(b)中横线和星号分别表示发生频次的中位数和平均值，底部和顶部的水平线分别表示第 5 和第 95 百分位数，盒须图的分析不包括没有发生 AHRE 的站点。

山地突发性暴雨事件的强降水区域(＞100mm)呈带状分布，出现在四川盆地北部到湖南西部。此外，四川盆地西部边界和广西东北部的一些站点也具有较高的平均降雨量。相比之下，分析区域内西南和东北角 AHRE 具有较低的平均降雨量(＜80mm)。在 3 个高发子区域内，SR-B 的降雨量最少，但其 AHRE 发生频次较高(图 1.2)；相比之下，尽管 SR-C 中 AHRE 发生频次最低(图 1.2)，但其降雨量最大；对 SR-A 而言，该地区西南部(东北部)AHRE 的平均降雨量较低(较高)，但发生频次较高(较低)。对于西南山地突发性暴雨，平均降雨量的空间分布与平均持续时间的空间分布相似，但与平均强度的空间分布截然相反，这说明西南地区山地突发性暴雨的降雨量主要由事件持续时间决定。具体来说，SR-C 和 SR-A 东北部站点的 AHRE 平均降雨量大，且平均持续时间长(11～15h)，但是平均强度小(6～7mm·h^{-1})。相反，SR-B 和 SR-A 西南部站点的平均降雨量较小，平均持续时间也短(9～11h)，但是平均强度大(7～8mm·h^{-1})。各站点最大降水强度的空间分布与平均强度的分布类似。持续时间较长的事件往往具有较低的平均强度和最大强度，而持续时间较短的事件则容易具有较高的平均强度和最大强度。这种现象的出现可能与水汽输送造成水汽汇集和降水导致水汽流失这两个过程之间的平衡有关。对某一个降水事件而言，较高的降水强度会造成较严重的水汽流失，若水汽输送带来的水汽汇集无法弥补上述流失，就会打破这种平衡，使该事件结束，事件持续时间缩短。对于西南地区，在 SR-B 和 SR-A 的西南部容易出现较强的上升运动，可造成较大的降水强度，因此这些区域内的降水事件持续时间较短；而 SR-C 和 SR-A 东北部地区的上升运动较弱，导致降水强度也相对较弱，使得这些区域内 AHRE 的持续时间相对较长。而这种上升运动速度的差异可能与西南地区的地形分布有关，SR-B 和 SR-A 的西南部分的地形坡度较大，更有利于上升运动的发生。

1.2　西南山地突发性暴雨的月变化

对 AHRE 发生频次的季节变化分析表明，AHRE 大部分(约 86.8%)出现在暖季(5～8月)，从 4 月开始增加，在 7 月达到峰值，然后开始降低，但峰值月存在区域差异，SR-A 的峰值出现在盛夏，SR-B 和 SR-C 的峰值出现在初夏(图 1.3)。3 个高发子区域内，AHRE 发生频次峰值出现的月份不同，这种差异与东亚夏季季风的建立、推进和撤退有关(Ding and Chan，2005；Ding，2007；Zhou et al.，2009)。具体来说，SR-B 内 AHRE 发生频次从 4 月开始迅速增加，在 6 月达到峰值，这与我国第一个季风雨季华南前汛期的降水变化特征吻合(Luo et al.，2017)。随着东亚夏季风的第一次推进，季风雨带在 6 月中旬至 7 月初北跳至长江流域，造成 SR-C 地区 AHRE 发生频次的峰值，相对地，SR-B 的 AHRE 发生频次在 7 月后急剧下降。此后，随着东亚夏季风的第二次北跳，季风雨带在 7 月底至 8 月初转向华北，使得 SR-C 内 AHRE 发生频次在 8 月明显减少。就 SR-A 而言，其 AHRE 发生频次在 7 月明显增加，这也与东亚夏季风的推进有关。但该地区降水除了受东亚夏季风影响外，还受高原季风的影响。高原季风通常在 7～8 月达到鼎盛(Tao and Ding，1981；Ding，2007)，使得该地区 AHRE 在 8 月仍然维持较高的发生频次。

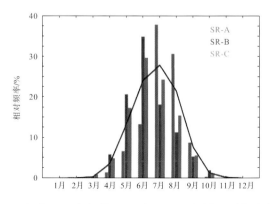

图 1.3　西南地区(黑色折线)和 3 个 AHRE 高频子区域(彩色柱状)
内 AHRE 发生相对频率(即占总发生频次的比例)的月变化

从山地突发性暴雨的平均降雨量、平均强度和平均持续时间(图 1.4)的月变化特征可知,与发生频次不同,西南地区 AHRE 的平均降雨量和平均持续时间除了 7 月的主峰值以外,还在 9 月存在一个次峰值。该降雨量次峰值与 9~10 月的华西秋雨有关。该时段内的山地突发性暴雨通常具有较长的持续时间[图 1.4(e)],这也与华西秋雨期间多连续阴雨天的特点一致(Zhang F L et al.,2019)。此外,在季节尺度上,我们也发现 AHRE 平均雨强的变化与平均降雨量和平均持续时间的变化之间存在负相关,这再次说明西南地区 AHRE 降雨量的变化主要由其持续时间决定。

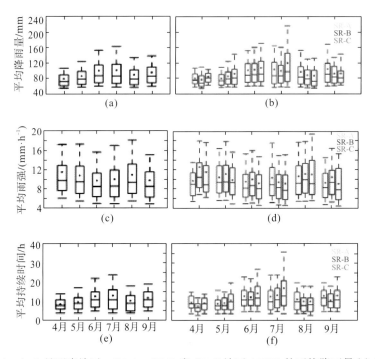

图 1.4　4~9 月西南地区、SR-A、SR-B 和 SR-C 地区 AHRE 的平均降雨量(a)(b)、平均雨强(c)(d)和平均持续时间(e)(f)的盒须图

注:每个方框中的横线和点分别表示对应分析量的中位数和平均值,底部和顶部的水平线分别表示第 10 和第 90 百分位数。

1.3　西南山地突发性暴雨的日变化

本节计算了 AHRE 开始时间和 AHRE 最大小时降雨量出现时间的日变化特征(图 1.5)。总的来说,西南地区 AHRE 最倾向于在午夜前后的时段{即 2100~0300 LST[2100 即 21:00,0300 即 03:00,LST 为当地标准时间(local standard time),后同],图 1.5(b)中黑线}开始出现,而在上午至午后时段(0900~1500 LST)开始出现的可能性最小。最大小时降雨量最常出现在 0000~0300 LST 时段[图 1.5(c)],比 AHRE 开始时间平均推迟了约 3.4 小时。这种日变化特征与低空急流(low level jet,LLJ)的日变化特征密切相关。LLJ 通常在夜间最强,可增强该地区夜间的大气不稳定性和风垂直切变,有利于 AHRE 的发生。此外,AHRE 发生频次的日变化特征还呈现出明显的区域差异。就 AHRE 开始出现时间而言，SR-A 和 SR-B 内 AHRE 倾向于在午夜前三小时[2100～0000 LST；图 1.5(b)]开始出现；相比之下，SR-C 的内 AHRE 在 1800～0300 LST[图 1.5(b)]都容易出现，其倾向性不如 SR-A 和 SR-B 明显[图 1.5(a)]。此外，这 3 个高频子区域内 AHRE 最大小时降雨量出现的时间也不同，SR-C 内 AHRE 的最大小时降雨多在清晨(0300～0600 LST)出现，比 SR-A 和 SR-B 内 AHRE 的最大小时降雨出现时间滞后约 3 小时[图 1.5(c)]。

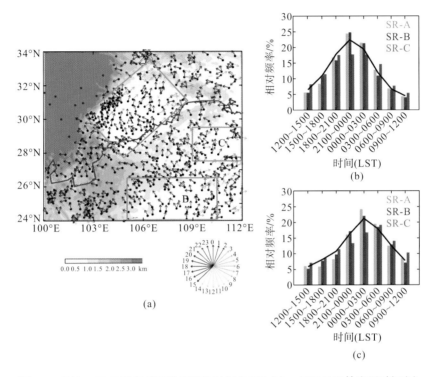

图 1.5　各站 AHRE 最容易开始出现的时间(LST)(a)、AHRE 开始出现时间(b)

和最大小时降雨量出现时间的日变化情况(c)

注：(a)中彩色箭头代表 AHRE 最容易开始出现的时间，黑点代表各站 AHRE 的总发生频次，A、B、C 区是图 1.2(a)中标记的 3 个 AHRE 高频子区域。灰度阴影表示地形。(b)和(c)中的黑线和蓝、红、绿三色柱分别代表西南地区和高频子区域 A、B、C 内 AHRE 发生相对频率的变化

　　SR-C 和 SR-A、SR-B 区域内 AHRE 发生频次日变化特征的这些差异主要与两个机制有关。机制一是高原、山地和平原之间的热力差异造成的大气环流日变化特征(Bao et al.，2011；Jin et al.，2012)。SR-A 和 SR-B 内 AHRE 的发生与高原及其附近地区之间的热力差异密切相关。在夜间，青藏高原和云贵高原比这两个子区域更冷，导致下坡风在高原东坡发展并在 SR-A 和 SR-B 上空辐合，造成这两个子区域的夜间降雨量出现峰值。在白天，热力环流逆转，使得 SR-A 和 SR-B 的降雨被抑制。类似地，由云贵高原、武陵山脉和 SR-C 之间热力差异造成的大气环流可以使 SR-C 内一些站点的降雨量在夜间达到峰值。但是，SR-C 的降雨还受到 SR-C 内部高地及其东部平原形成的其他热力环流的影响，使 SR-C 内一些站点的降雨量峰值出现在傍晚。因此，SR-C 内 AHRE 发生峰值的时间跨度比 SR-A 和 SR-B 长。另一个机制是对流的传播(Wang et al.，2004；Chen et al.，2013；Qian et al.，

2015)，下午和傍晚在青藏高原和云贵高原上空形成的对流系统向东或东南移动，在午夜到达 SR-A 和 SR-B，使得这两个地区的降雨量在 0000～0300 LST 达到峰值。随着对流系统在清晨进一步向东移动至 SR-C，SR-C 的降雨量峰值出现在 0300～0600 LST。

以往的研究表明，降雨的日变化特征与降雨事件的持续时间密切相关(Yu et al., 2007；Li, 2017)。为了进一步研究西南地区 AHRE 发生频次的日变化特征与其持续时间的关系，我们根据其持续时间，将所有 AHRE 分为 6 类。图 1.6 给出了持续时间分别为 1～3h、3~6h、6～12h、12～24h、24～48h 和＞48h 的 AHRE 相比于所有 AHRE 的相对发生频次。总的来说，超过 90% 的 AHRE 都是日内尺度的降水事件，其持续时间都不到 24h，其中，46.78% 的 AHRE 持续时间在 6～12h。图 1.7(a)给出了不同持续时间 AHRE 开始时间的日变化特征。持续时间较短的 AHRE(1～3h)通常发生在下午(1500～1800 LST)，而持续时间较长的 AHRE(＞6h)最容易发生在午夜(2100～0000 LST)。另一方面，下午开始的 AHRE 持续时间的 10 分位数和 90 分位数均明显低于午夜开始的 AHRE 的持续时间[图 1.7(b)]，这与前人对青藏高原降水事件的研究结果相似(Li, 2017)。这种差异可能与造成不同持续时间 AHRE 的对流系统不同有关。具体来说，持续时间较短 AHRE 的发生可能多与孤立对流系统有关，这些对流系统的发生主要受低层大气的热力条件和不稳定性影响，多出现在午后；而持续时间较长 AHRE 的发生则多与在午后触发但在午夜附近成熟的中尺度对流系统有关(Laing and Fritsch, 1997)。

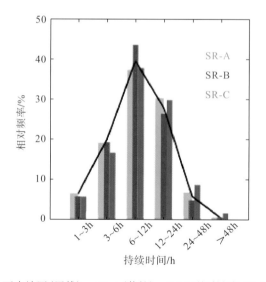

图 1.6　西南地区(黑线)、SR-A(蓝柱)、SR-B(红柱)和 SR-C(绿柱)
内出现的不同持续时间 AHRE 发生的相对频率

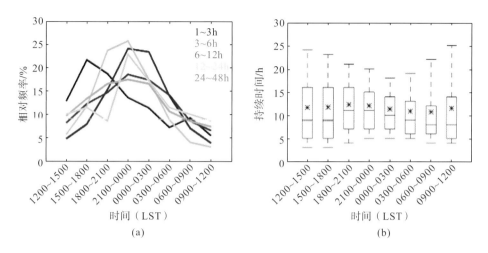

图 1.7　不同持续时间 AHRE 发生的相对频率的日变化情况(a)
和不同时间段内录得 AHRE 的持续时间的盒须图(b)

注：每个方框中的横线和星号分别表示对应事件持续时间的中位数和平均值，底部和顶部的水平线分别表示持续时间的
第 10 和第 90 百分位数。

1.4　西南山地暴雨的环流与地形条件

图 1.8 给出了 1981～2017 年暖季(5～8 月)AHRE 极端发生日与气候平均的可降雨量
和 700 hPa 风场的差异。在相应 AHRE 极端发生日，三个 AHRE 高发子区域上空在对流
层低层均存在异常气旋性环流，增强了对应地区的水汽输送，使其可降雨量较气候态偏多
(2～4mm)。图 1.9 给出了各子区域内 AHRE 极端发生日的风场、比湿和相当位温与气候
平均差异的垂直剖面。在 AHRE 极端发生日，3 个高频子区域内西南风和东北风的异常有
利于对应区域上空对流层中低层的气流辐合，为上升运动提供有利的动力条件，异常的相
当位温大梯度有利于大气不稳定层结的形成，为降雨发生提供有力的热力学条件。这些结
果与之前的研究一致，即西南地区强降雨的发生常伴随着西南向 LLJ 的出现(Zhang F L
et al.，2019)。

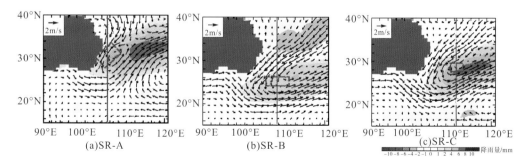

图 1.8　1981～2017 年暖季期间，SR-A(a)、SR-B(b)和 SR-C(c)内 AHRE 极端发生日与气候平均的可降
雨量(灰色阴影)和 700 hPa 风场差异(m·s^{-1}，箭头)的空间分布

注：(a)～(c)中的虚线方框分别表示 SR-A、SR-B 和 SR-C，黑色阴影表示地形。(a)～(c)中竖线表示图 1.8 中剖面图的位置。

尽管三个高频子区域在 AHRE 极端发生日存在类似的异常环流形势，但这种异常在不同地区也表现出一些不同的特征。对于 SR-A 而言，异常的气旋性环流水平尺度约为300km，中心位于四川盆地上空，造成来自云贵高原的偏南气流在 SR-A 的东北边界进入SR-A，与其北侧的偏北风异常一起，在 SR-A 的西南边缘辐合[图1.8(a)]，有利于该处上升运动的发生。此外，该地区还具有较大的地形坡度，这两个因素一起，使得 SR-A 西南边缘的上升运动最强[图1.9(a)]。与 SR-A 的异常气旋性环流相比，SR-B 和 SR-C 上空的异常气旋性环流尺度较大，从云贵高原延伸到我国东海岸，由华北地区的东北风异常和北部湾的东南风异常形成[图1.8(b)和图1.8(c)]。但是，与 SR-B 相比，SR-C 更接近对应的异常气旋中心，因此，SR-B(SR-C)最强的上升运动发生在其南缘(中心)[图1.9(b)和图1.9(c)]。

地形的分布是另一个可能影响降雨发生或增强的因素。地形可以通过多种机制影响降雨，如抬升、扰流、播撒、与地形有关的热力环流日变化机制等(Houze Jr et al.，1989)。对于西南地区而言，高原、山地和平原之间的热力差异引起的夜间下坡风与夜间盛行的LLJ 相互作用是导致 AHRE 发生频次在夜间出现峰值的重要因素(Bao et al.，2011；Jin et al.，2012；Zhang Y et at.，2019)。而三个 AHRE 高频子区域内 AHRE 时空分布特征的差异也可能与地形分布有关。如图1.9所示，SR-A 西边界附近地形对边界层气流的抬升作用更明显，因此，与发生在 SR-A 其他地区的 AHRE 相比，SR-A 西部边界的 AHRE 往往强度更高，持续时间更长，降雨量更大。

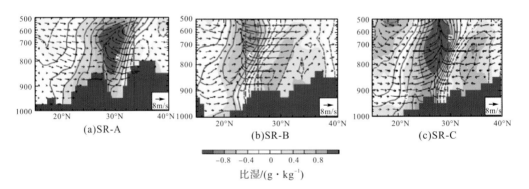

图1.9 SR-A(a)、SR-B(b)和 SR-C(c)沿图1.8(a)~(c)所示剖面，求得的 AHRE 极端发生日和气候平均的相当位温(K，等值线，间隔0.8K)、比湿(g·kg^{-1}，灰色阴影)和风场的差异(m·s^{-1}，箭头)

注：为展示细节，垂直风被放大了200倍，(a)~(c)中的竖虚线分别表示 SR-A、SR-B 和 SR-C 的北部和南部边界。

1.5 气候变化影响下四川盆周山地暴雨事件的演变特征

四川地处中国西南腹地，青藏高原东缘，境内地形复杂，四周山地环绕，其中米仓山、大巴山、巫山坐落于东北侧，西面则为邛崃山、大凉山等山脉，天气气候极其复杂(马振锋 等，2006；李川 等，2006；胡豪然和梁玲，2015)。其独特的地理条件，叠加西南低涡、高原低涡、西南低空急流和低层切变线等天气影响系统(王智 等，2003；黄楚惠 等，

2015；李超 等，2015；李国平和陈佳，2018；Zhang P F et al.，2014），使得暴雨成为四川地区发生次数最多、造成损失最大的气象灾害之一，对于四川暴雨的研究一直是气象学者们所关注的焦点问题。前人对四川盆地的研究多针对暴雨的大尺度背景场(蒋兴文 等，2008；陈栋 等，2010)和物理量场的诊断(于波和林永辉，2008；王成鑫 等，2013；李琴等，2016)。关于四川盆地暴雨的年际变化特征，也有不少学者做了相关研究，但目前大多数研究都集中在基于长时间序列资料分析降水的时空变化特征方面，研究结果表明四川夏季降水呈减少趋势，而盆地东部和川西高原长期变化呈增多趋势(赵旋 等，2013)，四川盆地降水明显地减少(熊光洁 等，2012)，四川暴雨日数总体上从西到东呈现增加—减少—增加的趋势(周长艳 等，2011；陈丹 等，2018)，近 50 年四川盆地东部区、川西南山区由偏旱逐渐向偏涝转变(齐冬梅 等，2011)，盆地年降雨量的增加主要由降雨量级大的降水次数增加所致(曾波 等，2019)。王佳津等(2017)发现盆西南和东北 9 月易发生单站持续性暴雨，而区域性暴雨多发生在 7 月，降水中心多发生在盆地西部沿山一带及盆地东北部。随着数值模式的发展和日臻成熟，其在气候变化影响四川暴雨的研究中也得到了应用(沈沛丰和张耀存，2011)。

由此可见，对于四川暴雨尤其是汛期(5~9 月)暴雨已开展了大量研究，取得了一些重要研究进展。但多是针对区域性暴雨整体(包括盆地、山地和高原)演变特征的研究和灾害损失总量评估，针对四川山地暴雨及其灾害演变特征的研究相对较少，缺少对四川山地暴雨的专门分析。此外，以往研究所对应的年代较为久远，不能充分反映当前最新状况，加之用于统计的气象站点数较少，分布也比较稀疏，代表性不强，不利于对山地暴雨的细致研究。因此本节以四川西部山地和四川东北部山地为主要研究区域，重点统计分析2010~2019 年汛期(5~9 月)降雨量级达到暴雨及以上的事件，利用 4841 个区域加密自动气象站(简称加密站)资料和 165 个国家基准气象站(简称国家站)资料，探究包括降水强度、覆盖范围等在内的四川山地暴雨灾害的最新演变特征，为防范山地气象灾害，加强自然灾害防治，建立高效科学的自然灾害防治体系，保障人民生命财产安全与社会稳定提供参考依据。

1.5.1　资料与方法

1. 资料

1.5 节所采用的资料为四川省 165 个国家站(图1.10)的逐日降水数据以及4841 个加密站的逐时降水数据，时段为 2010~2019 年的 5~9 月。灾情统计数据来源于四川省气象台提供的暴雨洪涝与地质灾害资料。

2. 计算方法

数据拟合是一种重要的数据处理方式，其中多项式拟合又是一种较常用的数据拟合方法，它利用解析表达式逼近离散数据，从而可以较好地反映数据变化趋势。为了研究降雨量与降水频次的变化情况，本书基于最小二乘法进行三次多项式拟合。对于一组给定数据(x_i, y_i)，可以使用下列多项式进行拟合，即

$$f(x) = a_0 + a_1 x + a_2 x^2 + a_3 x^2 + \cdots + a_n x^n = \sum_{k=0}^{n} a_k x^k \qquad (1.1)$$

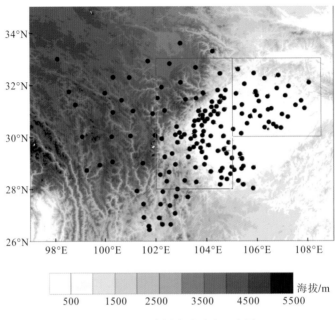

图 1.10 165 个国家站分布示意图

注：左边矩形框代表川西山区，右边矩形框代表川东北山区。

为使拟合出的近似曲线能尽量反映所给数据的变化趋势，要求在所有数据点上的残差 δ 最小。可转化为令偏差的平方和取得最小值 min，即

$$S(a_0, a_1, a_2, \cdots, a_n) = \sum_{i=1}^{N} (\delta_i)^2 = \sum_{i=1}^{N} [f(x_i) - y_i]^2 = \min \qquad (1.2)$$

然后利用导数为零取极值的方法求解出各系数 a_k $(0 \leqslant k \leqslant n)$，从而得出拟合方程。

为了全面定量统计暴雨强度，本书采用"站均暴雨量"和"年累计暴雨量"这两个概念。站均暴雨量为一次暴雨事件中日累计雨量 $\geqslant 50\text{mm}$ 的台站雨量求和后再除以日累计雨量 $\geqslant 50\text{mm}$ 的台站数。年累计暴雨量是该年所有暴雨事件站均暴雨量的总和。

本节对 3 类暴雨事件各自的频次占比进行了相关分析，由于川西与川东北站点数并不一致，因此首先需要对各区域的暴雨发生频次进行站点数加权平均，具体公式为

$$P_i = \frac{n_i}{N_i \sum_{k=1}^{3} \frac{n_k}{N_k}} \qquad (i = 1, 2, 3) \qquad (1.3)$$

式中，P_i 为 3 类事件加权平均后的频次占比；n_i、n_k 为 3 类事件各自发生山地暴雨的总站点数；N_i、N_k 为各自区域内的总站点数。在大于 1d 的连续降水中，相同的站点不再计入 n_i、n_k，不同的站点继续计入 n_i、n_k 中。

3. 四川山地暴雨事件的识别标准

山地定义为海拔 500m 以上且起伏大、多呈脉状分布的高地(李国平,2016),为有别于特定的青藏高原研究,一般把山地海拔的上限设定为 3000m。本节基于四川省的地理概况以及四川省降水落区的研究(卿清涛 等,2013;王佳津 等,2017;王春学 等,2017),选取其中两个重点区域,即四川东北部和四川西部海拔高于 500m 且小于 3000m 的山区作为主要研究区域,四川西部山区范围是 $102°\sim105°E$,$26°\sim33°N$;而 $105°\sim108.5°E$,$30°\sim33°N$ 为四川东北部山区,其中川东北山区拥有 10 个国家站与 188 个加密站,川西山区拥有 56 个国家站与 533 个加密站。由此将四川山地暴雨事件划分为三类:四川西部山地暴雨事件、四川东北部山地暴雨事件及川西和川东北并发的山地暴雨事件(分别表示为 SC-A、SC-B 和 SC-C,后同)。暴雨事件选取标准为:①基于国家气象站逐日降水资料,规定以所选区域中有 3 个及以上站点日降雨量≥50mm 即识别为一次山地暴雨事件;②在①中识别出暴雨日的基础上,若相邻两天同一台站日降雨量≥50mm 则定为一次暴雨事件,否则认定为两次暴雨事件。由于加密站逐时降水资料可以弥补四川山地站点稀少的不足,有利于更加深入地研究山地暴雨的相关问题,因此进一步根据加密站降水资料对识别出的山地暴雨事件进行统计分析,最后整理得到四川山地暴雨及其灾情的数据集。其中,暴雨强度定义为一次暴雨事件的站均暴雨量。暴雨频次指统计时间段内发生暴雨事件的次数,暴雨峰值定义为一次山地暴雨事件中单站小时雨量最大值,单站小时雨量最大值出现的时间则定义为暴雨峰值时间。

1.5.2 四川山地暴雨及致灾情况统计

表 1.1 给出了 2010～2019 年四川山地暴雨事件及致灾情况,这 10 年间,四川两大山地共出现 255 次山地暴雨事件,即每年均有超 20 次暴雨事件发生在四川西部山地和四川东北部山地,2011 年和 2017 年出现超过 30 次的山地暴雨事件,2011 年发生山地暴雨的频次最高(34 次),2018 年频次最低(21 次)。10 年间总累计雨量的年平均均值为 3016.1mm,最高值也出现在 2011 年(3620.3mm),最低值出现在 2010 年(2513.2mm)。值得注意的是,2018 年山地暴雨事件发生频次最少,但 2018 年依然有较高的累计雨量。10 年间共引发191 次灾害事件,其中洪涝灾害事件 139 次,地质灾害事件 52 次,即平均每年由山地暴雨事件导致的洪涝灾害约为 14 次,地质灾害约为 5 次。2010 年和 2012 年洪涝灾害最多(20 次),2017 年地质灾害最多(10 次)。分析还发现,虽然洪涝灾害在本研究统计时段呈逐年减少趋势,但地质灾害却出现增多趋势。洪涝灾害的减少与不断加强的气象预报能力以及政府防治能力有关,而地质灾害的增加很可能是由于继 2008 年"5·12"汶川大地震后,四川省不同地区又陆续发生了多次地震,其主要受灾区以及被波及区山体结构遭受不同程度破坏,加上暴雨降水的峰值强度有所上升,在暴雨侵蚀效应的不断累积下,相关的泥石流、山体滑坡、崩塌等地质灾害不断增加(陈宁生 等,2013)。

表 1.1   四川山地暴雨事件及致灾情况统计

年份	山地暴雨频次/次	总累计雨量/mm	洪涝灾害频次/次	地质灾害频次/次
2010	25	2513.2	20	5
2011	34	3620.3	13	4
2012	24	3025.9	20	6
2013	23	3179.4	16	5
2014	23	3162.8	18	4
2015	27	3060.0	13	3
2016	24	2797.4	11	2
2017	30	2791.5	16	10
2018	21	3177.7	9	6
2019	24	2832.3	3	7

1.5.3   四川山地暴雨事件的年际变化

1. 全年发生频次与强度的变化特征及趋势分析

从 2010～2019 年四川山地年暴雨频次图[图 1.11(a)]可知，10 年来四川汛期发生山地暴雨的频次整体呈减少趋势，2011 年、2015 年和 2017 年为山地暴雨高值年，2012～2014年以及 2018～2019 年为山地暴雨低值年，其中最大值出现在 2011 年，为 34 次，最小值出现在 2018 年，为 21 次。从加权平均后的三类暴雨事件频次占比[图 1.11(c)]中可以发现，川西山区(SC-A)的发生频次在总体上是最高的，达到了 51.30%，川东北山区(SC-B)次之，最少的为两地并发型事件。究其原因，四川西部山区包括盆西北龙门山和盆西南青衣江两大暴雨高发区，其西为第一级阶梯地形的青藏高原，夏季偏南暖湿气流极易汇聚在此，造成暴雨频次较高，甚至极端降水频次也高于川东北降水(肖递祥 等，2017)。总体上川西山区发生频次呈缓慢增加的趋势，川东北山区则呈缓慢减少的趋势，两地并发(SC-C)暴雨事件频次在 2011 年达最大 15 次，之后显著减小并趋于稳定。

2010～2019 年四川山地年累计暴雨量的变化曲线[图 1.11(b)]表明，总体暴雨量呈增加趋势，累计暴雨量在 2011 年和 2018 年分别出现主峰和次峰，均达到 3000mm 以上，2010年为暴雨量低谷，约为 2500mm。川西山区的年累计暴雨量也呈缓慢增加趋势；川东北山区则为不规则的振荡趋势，具体表现为 2010～2012 年累计暴雨量逐渐增加，2012～2017年呈下降趋势，之后又有所增加；两地并发的累计暴雨量在 2011 年和 2012 年分别达到最大值和最小值，之后逐渐趋于稳定。从不同类型山地暴雨的频次和强度看，2014 年前，川西山区与总暴雨呈反位相变化，而川东北山区与总暴雨呈同位相变化；2014 年后，川西山区与川东北山区分别转为同位相、反位相变化，而两地并发始终与总暴雨呈同位相变化，故 2014 年可视为一个突变年。由暴雨频次和年累计暴雨量的区域占比可知[图 1.11(c)和图 1.11(d)]，川西山区的频次和累计暴雨量占比均为最高，其总暴雨量占比超过 50%，总频次高达 20.6 次，总暴雨量达到 15470mm，说明四川山地暴雨事件主要集中在川西山地。其次为川东北山区，暴雨发生频次达到 18.7 次，占总体的 36.45%，暴雨量占总体的

25.72%，达到 7756.7mm。而两地并发无论频次还是累计暴雨量占比在三类暴雨事件中均为最少，发生频次约为 12 次，占总体的 23.39%，累计暴雨量约为 6930.5mm，占总体的22.98%。

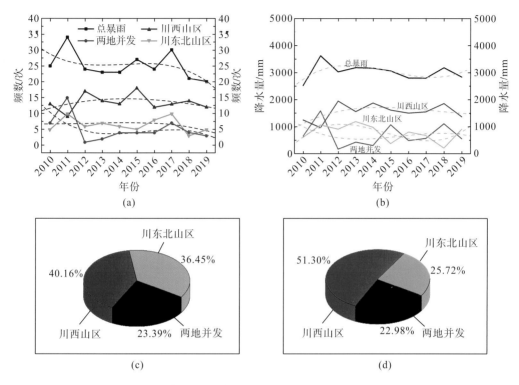

图 1.11　四川山地年暴雨频次(a)、年累计暴雨量(b)(灰色虚线：三次多项式拟合曲线)和暴雨频次(c)、年累计暴雨量(d)的区域占比

值得注意的是，以往研究(1960～2010 年)表明：四川盆地西部暴雨的频次和强度均呈减少趋势，四川东北部则表现为增加的趋势(王春学 等，2017；贺冰蕊和翟盘茂，2018)。而从以上分析的 2010～2019 年四川暴雨演变情况来看，四川西部山地暴雨表现出了与此相反的变化趋势，而川东北山区暴雨变化特征的规律性不强。

2. 汛期逐月山地暴雨发生频次与强度的变化特征及趋势分析

1)汛期逐月暴雨频次

图 1.12 给出了不同月份山地暴雨频次的年际变化特征。5月份山地暴雨频次年际变化特征[图 1.12(a)]表明：2015 年为山地暴雨多发年，2015 年之前呈先增后减的变化，之后波动较平缓；6月[图 1.12(b)]暴雨频次年际变化波动最小，其中 2013～2016 年有一次多雨期；7月[图 1.12(c)]是暴雨发生频次最高的月份，平均值高于 8 次，暴雨频次整体呈减少—增加—减少的趋势，即 2015 年前暴雨频次呈减少趋势，2016～2017 年迅猛增长并维持峰值(13 次)，2017 年之后呈稳定减少的趋势；8月[图 1.12(d)]暴雨频次的年际变化出现明显的双峰特征，第一峰值出现在 2011 年，第二峰值出现在 2017 年，两峰值年之间

呈先减后增的趋势;9月[图1.12(e)]暴雨频次整体呈减少趋势,峰值出现在2010年和2011年(均为7次),而2012年、2016年及2017年则出现谷值(1次)。

整体而言,2010～2019年中,不同月份山地暴雨频次有明显的年际波动特征,5月和6月山地暴雨频次的波动相对较平缓,7月、8月、9月暴雨频次的振幅变化较大。从不同类型山地暴雨的频次看,5月以两地并发和川东北山区为主,进入6月后川西山区山地暴雨较5月发生频次增多,这个特征在7月和8月表现更甚,9月的暴雨频次显著减少。所以7月是三类山地暴雨发生的高频期,8月则以川西山区为主,另两类不明显,到了9月川东北山区频次增多。

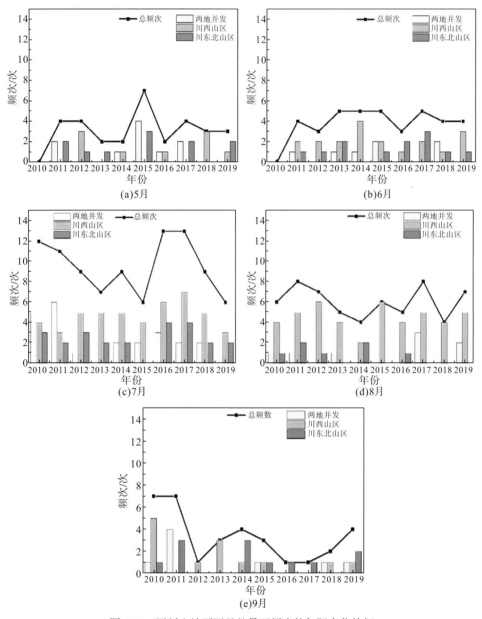

图1.12 四川山地不同月份暴雨频次的年际变化特征

2)汛期逐月暴雨强度

图 1.13 给出了汛期逐月暴雨强度的年际演变。5 月[图 1.13(a)]总累计暴雨量呈现升—降交替分布的趋势,其中 2010～2012 年、2013～2015 年、2016～2018 年为上升段,其余年份为下降段。6 月[图 1.13(b)]总累计暴雨量变化曲线与 5 月相似,表现为多寡年交替分布,其中 2011 年、2013 年、2015 年、2017 年和 2018 年均为山地暴雨量偏高年。7 月[图 1.13(c)]累计暴雨量呈三峰结构,峰值分别出现在 2013 年、2016 年和 2018 年,2010～2012 年变化平缓,2013～2017 年变化幅度大,在 2016 年达到峰值,之后的 3 年呈现下降—上升—下降的趋势,但暴雨量变化趋势不明显。8 月[图 1.13(d)]累计暴雨量波动较平缓,9 月[图 1.13(e)]山地暴雨呈周期变化的趋势,即每隔 4～5 年会出现一次波峰和波谷,其中 2016 年、2017 年为山地暴雨累计暴雨量偏低期。总累计暴雨量在 6～8 月达到最强,6 月开始三类暴雨累计暴雨量较 5 月均有加强,以川西山区和川东北山区的增加最为显著,7 月累计暴雨量达最大,以川西山区和两地并发最明显,8 月累计暴雨量开始减小,并以川西山区为主,9 月累计暴雨量中川东北山区雨量增加。

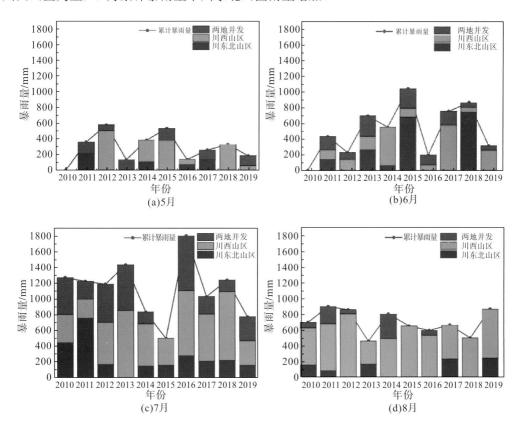

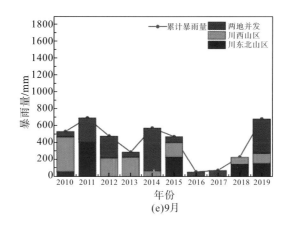

图 1.13　四川山地不同月份累计暴雨量的年际变化特征

3)汛期逐月暴雨峰值

图 1.14(a)为三类山地暴雨峰值的逐年变化图。由图可知,2010~2019 年川西山区暴雨峰值波动振幅较小且无明显的线性增减趋势,其峰值暴雨量总体大于另两类。川东北山区表现为先上升后下降的趋势,但增减幅度并不强烈,最大值与最小值相差大于 20mm。两地并发暴雨峰值基本呈现上升趋势,且幅度较大,在 2014 年达到最高,与 2010 年相差了 41mm。

从各月暴雨峰值的逐年变化图[图 1.14(b)]可以得出,5 月与 6 月峰值变化大致为高值—低值年交替分布趋势,且 5 月暴雨峰值基本大于 6 月。而对于 7 月来说,其峰值为整个汛期最高,但变化趋势较为平缓。8 月暴雨峰值在 2012 年前呈增加趋势,之后逐渐下降,于 2016 年达到最低点,之后为明显的上升趋势。9 月暴雨峰值变化幅度大,但无明显的周期性且总体强度较小,2015 年之前,暴雨峰值波动不明显,2015 年之后剧烈下降,于 2016 年达到最低,之后呈现强烈的上升趋势。

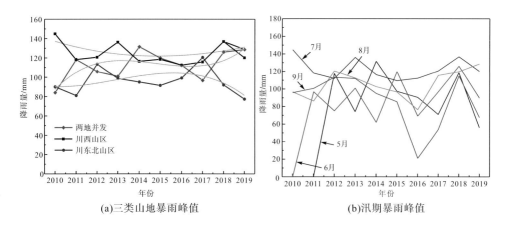

图 1.14　四川山地暴雨峰值的年际变化特征

1.5.4　四川山地暴雨事件的月变化

图 1.15 为汛期四川三类山地暴雨事件的累计暴雨量及暴雨频次的月变化图。从暴雨

频次的月变化曲线来看，三类暴雨事件发生频次的峰值均出现在 7 月，而谷值出现的时间均不相同，川西山区中谷值出现在 5 月，川东北山区中出现在 8 月，两地并发出现在 6 月。累计暴雨量峰值也同样出现在 7 月，其中川西山区在 8 月出现次峰。两地并发山地暴雨事件虽然 6 月频次最低，但该月累计暴雨量仅次于 7 月，表明 6 月两地并发降水的强度比较大。川西山区累计暴雨量在 7~8 月强度明显高于汛期其余月份，因此 7 月、8 月是四川西部山区山地暴雨的多发月份。不同于其他两类事件的是，川东北山区的频次和累计暴雨量均在 9 月出现次峰，因此汛期即将结束的 9 月应重点关注四川东北部的山地暴雨。

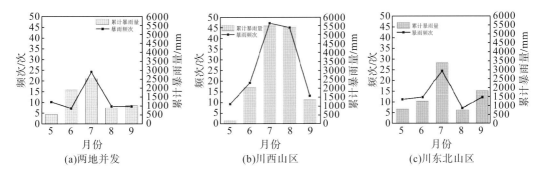

图 1.15　累计暴雨量和暴雨频次的月变化图

综合以上对三类山地暴雨事件的分析可知，5 月川东北山区暴雨出现的频次最高；6 月川西山区出现的频次最高，但两地并发的事件暴雨强度最大；7 月是山地暴雨全年的高发期，三类山地暴雨的频次和累计暴雨量峰值均出现在 7 月，其中川西山区发生的概率最大；8 月川西山区的暴雨频次和累计暴雨量均为最高；9 月川东北山区的暴雨频次和累计暴雨量最高。总体来说，在 5~9 月，川西山区的累计暴雨量和暴雨频次明显多于其他两类。三类山地暴雨事件中，累计暴雨量 5~7 月总体呈逐渐增加的趋势，7 月达到最大值之后，暴雨量逐月下降。

1.5.5　四川山地暴雨峰值的日变化

四川盆地是我国夜雨率最高的地区之一(张家诚和林之光，1985)，自古有"巴山夜雨"之说，说明四川盆地降水有明显的日变化。对于本节所研究的山地暴雨事件是否也有这样的日变化特征呢？

从山地暴雨峰值频次的年际演变图[图 1.16(a)]可以看出，山地暴雨峰值出现在夜间次数总体上显著高于白天，其中 2017 年达到峰值(20 次)，仅在 2011 年、2014 年有所下降，2014 年为最低(8 次)。从山地暴雨峰值频次的月际演变图[图 1.16(b)]可见，2010~2019 年整个汛期除了 6 月暴雨出现在白天的频次高于夜间外，其余月均为夜雨发生频次更高，且 5~7 月暴雨夜间发生次数越来越多，之后逐渐下降，其中 5 月山地暴雨发生夜雨的频次最低，7 月最多，分别为 15 次与 57 次。由暴雨事件的空间占比图[图 1.16(c)]可知，在三类事件中，2010~2019 年川西山区强降水时段发生在夜间的概率为 59.9%，远高于白天的 40.1%，而其余两类山地暴雨事件中，夜间与白天的发生概率基本持平，各占 50%。由此可知，相较于其他两类事件，川西山区夜间更易发生强降雨。从暴雨峰值出现的时间来看[图 1.16(d)]，北京时间 00:00～06:00 山地暴雨峰值出现频次显著高于其他时段，暴雨峰值出现频次较高的第二个时段是午后(14:00～16:00)，说明山地暴雨峰值更易出现在后半夜和午后。由于夜间一般为人们休息的时段，加上川西地形复杂、道路崎岖，如果发生山洪泥石流等次生灾害，往往来不及避险。因此，相较于白天，更应重视川西山区夜间暴雨的监测、预警。

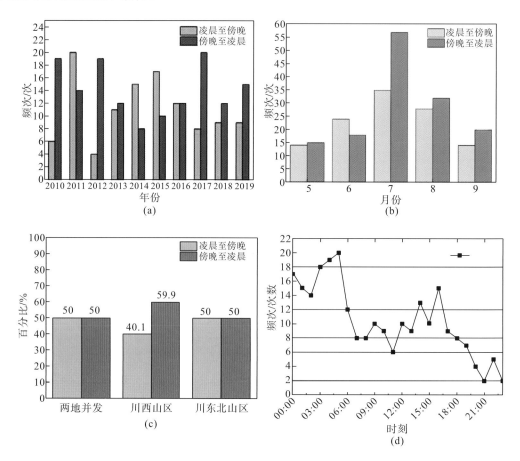

图 1.16　暴雨峰值出现时间的年际变化(a)、月变化(b)、空间占比(c)及逐时变化(d)

1.6　结论与讨论

本章首先利用西部山区(主要包括四川、云南东北部、贵州、广西北部、重庆、湖北西部、湖南西部)468 个国家级地面台站小时降水资料分析了该地区 1981～2017 年突发性暴雨事件的时空分布特征。分析时段内，区域内存在三个事件发生的高频中心，分别位于四川盆地(SR-A)、贵州南部—广西北部(SR-B)以及湖南西部(SR-C)，其中，SR-B 内各站录得的事件发生频次明显高于 SR-A 和 SR-C。进一步分析各站事件平均累计降雨量，雨强以及持续时间发现，各站累计降雨量主要与降水持续时间相关，与雨强关系不大。SR-B 内平均累计雨量及平均持续时间均明显低于 SR-A 和 SR-B；SR-A 内中东部地区平均累计雨量及平均持续时间高于其南部地区，但平均雨强弱于后者；SR-C 内平均累计降水和平均持续时间明显高于 SR-A 南部和 SR-B，但雨强明显弱于前两者。区域内事件的出现时间具有明显区域差异，地形较高区域(如云贵高原、大巴山等)内的事件倾向于在午后至傍晚(1500~2100 LST)开始出现；而地形较低区域(如四川盆地、广西北部等)内的事件倾向于在午夜至凌晨(2100~0300 LST)开始出现。但由于云贵高原等地突发性暴雨事件发生频次较少，使得区域内事件整体开始时间具有单峰结构的日变化特征，峰值出现在午夜(2100~0300 LST)。此外，与 SR-A 和 SR-B 具有明显午夜峰值结构的特征不同，SR-C 内峰值变化不够明显，傍晚至清晨(1800~0600 LST)均是事件容易出现的时间。对事件最大降水出现时间的分析发现，西部山区及其三个高频区域内事件最大降水出现时间均具有单峰结构的日变化特征，峰值出现在 0000~0300 LST，比事件开始时间平均滞后 3.4h。此外，对大气环流特征的分析发现，三个子区域在强降水日，大气在对流层低层至中层存在水汽正异常，相当位温的大梯度带和南北向的辐合异常，为降雨发生提供了有利的热动力条件。此外，SR-A 内近地面由地形造成的辐合也有利于触发对流，形成降雨。

然后，本章利用 2010~2019 年四川省国家基本气象站和加密自动气象站观测的降水资料，将四川山地暴雨事件分为三种类型：川西山区暴雨(SC-A)、川东北山区暴雨(SC-B)和川西、川东北两地并发型暴雨(SC-C)。采用三次多项式拟合方法，研究了气候变暖影响下 2010~2019 年四川山地暴雨的时空演变特征，得出以下主要结论。

(1)2010~2019 年中四川山地暴雨发生频次呈递减趋势，但累计暴雨量和地质灾害却呈逐年增多趋势。无论是山地暴雨的频次还是累计暴雨量，SC-A 均为最高，超过 50%，其次为 SC-B，SC-C 最低。对于暴雨峰值雨量，SC-A 最高且呈缓慢下降的趋势，SC-C 呈上升趋势，SC-B 则表现为不显著的先升后降趋势。值得注意的是，SC-A 暴雨发生的频次和暴雨强度呈现出与以往研究结果相反的变化趋势，这一方面与我们统计标准的界定有关，以往的研究多是对四川省所有地区的暴雨进行普查，没有对地区进行明显的界定，另一方面则是由于气候变暖，川西暴雨频次增加且极端性降雨增加，故累计暴雨量增加。

(2)根据暴雨峰值逐年变化，SC-A 暴雨峰值总体大于另两类暴雨，2010~2019 年，暴雨量峰值除在 8 月呈上升趋势外，其余月份山地暴雨量峰值无明显的线性增减趋势。对于暴雨频次和强度的月变化，其在 5~7 月递增，7~9 月递减。5 月和 9 月 SC-B 暴雨出现的概率最高，而 6~8 月 SC-A 暴雨发生概率最高。四川山地暴雨也具有明显日变化，暴雨峰值时段多出现在傍晚至凌晨，且一般夜间出现的频次显著高于白天，后半夜出现的频次高于前半夜。三类山地暴雨事件中，川西山区暴雨的峰值更容易在夜间出现。

虽然本章研究有针对性地就四川省 2010~2019 年以来山地暴雨事件的基本特征进行了初步探讨，一定程度上揭示了此类暴雨的长期演变发展趋势。然而，由于山区观测资料尤其是洪涝、地质灾情资料获取困难，按气候变化研究的要求则本工作所做的分析时段还不够长，山地暴雨年代际变化特征尚不清楚；尚未涉及川西南横断山区、川东平行岭谷的山地暴雨问题和选取不同山地海拔阈值对分析结果的影响；未对山地暴雨特征的机理进行分析等。这些问题有待在积累更多山区加密气象自动站降水资料(包括山地暴雨外场观测试验资料)的基础上加以完善。

第2章　中尺度对流系统与西南山地突发性暴雨

中国西南山区（24°N～34°N，100°E～112°E）地形复杂，包括青藏高原和云贵高原东坡、高原东侧的四川盆地、武陵和大巴山脉以及广西、贵州、湖南和湖北境内的山地，是我国易出现大暴雨的地区之一（陶诗言，1980），且降水具有显著的突发性和高强度性（Luo et al.，2016），相较于东部平原地区更易引发巨大的危害，而且受到诸多因素影响，强降水形成机制复杂，特别是山地突发性暴雨，预报难度大。Chen 等（2021）研究该地区的突发性暴雨事件，明确了其具体时空分布特征：无明显年际变化趋势、在 5～8 月频发；存在四川盆地、贵州南部至广西西北部和湖南西部主要的三个高频中心；季节变化和日变化明显，两者具有显著的区域差异，而且日变化特征还存在持续时间的差异性。故造成西南山地突发性暴雨事件的中尺度对流系统（mesoscale convective system，MCS）的研究是探索该地区强降水形成机制、提高预报能力的基础。

在东亚夏季风的影响下，我国暖季经常发生暴雨（陶诗言，1980）。暴雨主要发生在我国中东部地区，但西南地区也是暴雨高频区，尤其是地形复杂的四川盆地和云贵高原地区（Zheng et al.，2016）。MCS 是产生暴雨的主要系统之一，很多学者利用高时空分辨率的卫星观测资料分析了很多地区 MCS 的活动特征和时空分布特征（Maddox，1980；Laing and Fritsch，1997；Anderson and Arritt，1998；Jirak et al.，2003；Zheng et al.，2008；Goyens et al.，2012；Ai et al.，2016；Yang et al.，2017；Feng et al.，2019；Song et al.，2019）。比如，Ai 等（2016）利用静止卫星和 CMORPH［CPC（climate prediction center）morphing technique］卫星反演降水资料追踪了 MCS。Feng 等（2019）利用卫星、降水和雷达资料分析了美国 MCS 的特征，并指出长生命史和强度大的 MCS 占大平原暖季降水的 50%以上。

很多研究分析了 MCS 的云团属性、降水和大气环流特征，并给出了这些属性之间的关系。一般而言，冷云面积越大，MCS 维持的时间越长（Durkee and Mote，2010；Rafati and Karimi，2017）。黑体温度（black body temperature，TBB）梯度越大，MCS 发展越快（Kondo et al.，2006）。MCS 的云团面积和持续时间受到早期的云团面积增长率（McAnelly and Cotton，1992）和对流簇合并的影响（Jirak et al.，2003）。研究指出，澳大利亚北部及其周边地区短生命史 MCS 的维持与其初始面积扩张率有关，而且云团合并是长生命史 MCS 发展的关键因素（Pope et al.，2008）。我国第 2 级阶梯地形附近，相对于准静止的 MCS 而言，东移的 MCS 生命史更长，移动距离更远，最低云体亮温更低，并且对降水的影响更大（Yang et al.，2020）。

MCS 的生成和成熟受到天气尺度的环境条件影响。前人的研究表明，特定的动力和热力条件有利于 MCS 的演变和发展（Maddox，1983；Cotton et al.，1989；Coniglio et al.，2010；郑淋淋和孙建华，2013；Zheng et al.，2013；Punkka and Bister，2015）。与高压脊/反气旋相关的辐散条件（李佳颖 等，2015；麦子 等，2019），以及短波槽、切变线和气旋，大量的水汽由南风低空急流输送(Anderson and Arritt，1998；Takemi，2007；Lane and Moncrieff，2015)，并且对流层低层的涡旋和锋面(Hane et al.，1993；Wilson et al.，1992)为 MCS 的发生、维持和发展提供了有利条件。研究还发现，有组织的强烈、持久的 MCS 往往与强的风垂直切变(Takemi，2007；Lane and Moncrieff，2015)、水汽及垂直分布有关(He et al.，2016)。MCS 除了受到大气层(天气尺度环境条件)的影响，还受到山地的动力和热力过程的作用。山区附近存在对流触发的高频中心(Kuo and Orville，1973；Banta and Schaaf，1987)。有研究表明，青藏高原，包括长江—淮河流域和我国北方在内的第 2 级阶梯地形是 MCS 的高发区(Bao and Zhang，2013；Hu et al.，2016；Hu et al.，2017；Yang R Y et al.，2018；Yang et al.，2020)。

我国西南地区的地形非常复杂，包括青藏高原和部分第 2 级阶梯地形(指青藏高原与东部平原之间的高山)(Sun and Zhang，2012)。目前对 MCS 的研究多集中在青藏高原和长江、淮河流域(Zheng and Chen，2013)，但尚未很好地揭示西南山区 MCS 活动的具体特征。本章对中国西南山区的 MCS 进行识别和追踪，对其进行分类后研究了其基本特征和有利于它们生成和移动的环流特征。

2.1 资料和方法

选取 2010～2018 年 5～8 月西南地区突发性暴雨事件，用卫星资料统计突发性暴雨事件过程中 MCS 的活动特征。所用资料主要包括：2010～2018 年 5～8 月 FY-2 静止卫星 1 小时平均相当黑体温度(TBB)资料(2010 年 5 月～2015 年 5 月为 FY-2E、2015 年 6 月～2018 年 8 月为 FY-2G)，水平分辨率为 0.1°×0.1°。对应时段内，468 个国家级地面观测站逐小时累积降水资料。欧洲中期天气预报中心的第五代再分析资料(ERA5)，时间分辨率为 1h，水平空间分辨率为 0.25°×0.25°。

利用国家气象中心郑永光研究员基于面积重叠法(Arnaud et al.，1992)开发的卫星云图中尺度对流识别追踪系统(SatImageViewer)并结合风云卫星 TBB 资料，以云顶 TBB≤−32℃、覆盖面积≥5000km² 作为判识中尺度对流云团的基础标准，识别追踪出现在我国西南山区的 MCS。基于研究区域内 2010～2018 年雨季(5～8 月)突发性暴雨事件出现的具体时间和位置，根据 MCS 的逐小时云顶覆盖范围下方是否存在强降水事件的站点，挑选出与突发性暴雨事件相关的中尺度对流系统(MCSs associated with abrupt heavy rainfall events，AHR-MCS)，统计分析其时空分布特征。

2.1.1 资料

本章使用日本高知大学提供的静止卫星 TBB 资料(http://weather.is.kochi-u.ac.jp/archive-e.html)对 2009～2018 年暖季(5～9 月)中国西南部地区(100°E～114°E，24°N～35°N)的 MCS 进行追踪和识别。TBB 资料的时间分辨率为 1h，空间分辨率为 0.05°×0.05°。Hu 等(2017)和 Mai 等(2021)研究指出在青藏高原中部 90°E 附近生成的 MCS 会向东移动并影响西南地区。因此，MCS 的初始统计范围是 90°E～114°E，24°N～35°N。本章还使用了国家气象信息中心提供的时间分辨率为 1h，空间分辨率为 0.1°×0.1° 的 CMORPH-自动站融合降水数据(以下简称"融合数据"，COMB)(潘旸 等，2012；沈艳 等，2013；张蒙蒙和江志红，2013)分析与 MCS 有关的降水特征。融合数据是国家气象信息中心利用中国三万多个自动站的降水数据与美国国家海洋和大气管理局(National Oceanic and Atmospheric Administration，NOAA)的 CMORPH(climate prediction center MORPHing technique)卫星反演降水产品进行融合开发的逐小时降水产品。由于 TBB 资料和融合数据存在不同程度的缺失，为了保证统计结果的可信性和可靠性，我们首先检查了资料的完整率(图 2.1)，结果发现，2009~2018 年 TBB 资料的平均完整率为 96.99%，每年的完整率均超过了 92%，完整率较高[图 2.1(a)]。COMB 数据的平均完整率为 97.48%，除了 2016 年的 99% 和 2017 年的 76.47%(大于 75%)，其他年份均近于 100%[图 2.1(b)]。因此，这两套资料是可信和可靠的。另外，本章还利用欧洲中期天气预报中心(ECMWF)的时间分辨率为 1h，空间分辨率为 0.25°×0.25° 的 ERA5 气候再分析资料对 MCS 的环流背景场进行了分析(Hersbach et al.，2019)。

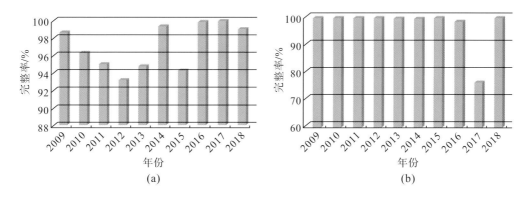

图 2.1　2009~2018 年 TBB 资料(a)与 COMB 降水资料(b)的完整率分布

2.1.2　MCS 的定义与追踪方法

对 MCS 进行识别时，需要给出其面积、温度和生命史标准。Zheng 等(2008)统计了中国及周边地区夏季的 MCS，并指出 TBB≤−52℃ 可以很好地反映 MCS 的时空分布特征。因此，在对长江中游二级地形附近和青藏高原的 MCS 进行统计时，多采用 TBB≤−52℃ 这一标准(Yang R Y et al.，2018；麦子 等，2019)。在对 MCS 进行识别时，需要规定它的面积。Mathon 和 Laurent (2001)指出当面积小于 5000km² 时，MCS 的再生现象有可能会被忽略，并且可以很好地得到它的生成和消亡时间。Parker 和 Johnson(2000)根据纳维-斯托克斯流体运动方程得到，中尺度对流的时间尺度为 f^{-1}，在中纬度地区约为 3h。基于上述研究内容和本章的研究区域，MCS 的标准 I 规定如下：①MCS 在 90°E~114°E，24°N~35°N 范围内生成；②TBB≤−52℃ 的连续冷云区面积≥5000km²；③MCS 的生命史在 3h 及以上。本章的研究地区是西南山地地区，因此，需要进行第二步的筛选(即标准 II)：①MCS 经过西南地区(100°E~114°E，24°N~35°N)，且生成位置的海拔≥500m；②剔除 COMB 降水存在缺测时刻的 MCS；③为了统计生命史完整的 MCS，MCS 的消亡位置必须位于 120°E 以西。

　　本章采用模式匹配算法对 MCS 进行自动追踪和识别(李俊 等,2012;Li et al.,2012;李佳颖 等,2015;Mai et al.,2021),该算法首先利用 9 点平滑方法消除噪声干扰,接着根据 TBB≤−52℃的连续冷云区面积≥5000km^2 的标准识别每个时刻的对流云团,然后利用距离判别(前后两个时刻的对流系统距离≤165km,认为是一个系统)、面积变化率(0.5)、R 描绘子比较判别(陆心如 等,1987)和 Hu 不变矩判别(Hu,1962)对前后时刻的对流进行匹配,最后输出包含面积、周长、重心、最低 TBB、平均 TBB 和最大 TBB 梯度等的对流云团属性。该方法能够较为准确地识别和追踪对流系统,但是它不能很好地解决对流云团的合并和分裂。为了减少这些误差,我们对识别的结果进行了人工订正,根据已有研究(Mathon and Laurent,2001;Feng et al.,2012;Yang R Y et al.,2018;Mai et al.,2021)确定具体订正步骤如下:①当两个或者多个云团合并时,合并后的云团继承合并前最大面积云团的属性,并继续追踪,其他云团则停止追踪;②当云团分裂时,分裂后面积较大的云团继承其属性,较小的云团若满足识别标准,则继续追踪,否则即停止追踪。另外,有些云团属于同一个云团,当遇到 TBB 缺测时刻时,算法会把它作为 2 个云团进行识别,对于这类情形也需要进行纠正,补充缺少的时次。一般而言,每 5 个时刻允许有一个缺测时刻。

2.1.3　K-means 聚类算法

　　K-means(MacQueen,1967;Lloyd,1982)是常用的聚类方法之一,本章利用该方法根据 MCS 的生成位置对其进行分类。K-means 聚类算法的基本思想是:①给出 k 个初始质心(MCS 的生成位置),k 表示要聚类的类别数;②分别计算每个样本到 k 个质心的距离,样本与离它最近的质心是一类,如果某个样本到所有质心的距离一样,随机分配到某一类中;③计算每个类别中样本之间的距离均值,作为新的质心;④重复②~③步骤,直到新的质心和原质心相等,算法结束(Jin and Han,2010)。K-means 算法的优点是使得各类内尽可能相似,不同类之间尽可能不同。但是它对初始质心的选择比较敏感,质心选择不同,即使聚类数相同,聚类结果也不同。为了使算法尽快收敛和稳定,选择初始质心时,质心之间的距离应尽可能远,且在计算距离时采用欧氏距离,即两点之间的实际距离。

2.1.4　MCS 有效降水的计算方法

　　MCS 产生的降水是衡量 MCS 对强对流天气影响的重要指标(Feng et al.,2012;Xu,2013),Schumacher 和 Johnson (2004)指出,1999~2001 年发生在美国落基山东部(不包括佛罗里达)的极端暴雨事件中有 65.5%是由 MCS 引起的。对流云团与降水进行匹配时,降水指的是对流系统影响范围内的降水。已有研究对 MCS 影响的降水范围进行了估量(Goyens et al.,2012;Ai et al.,2016;Yang R Y et al.,2018; Mai et al.,2021),Goyens 等(2012)根据对流的经纬度把 MCS 近似为一个完全包含对流系统的长方形,结合降水图把其影响的降水规定为一个包括 MCS 方形的范围更大的长方形。在此基础上,Ai 等(2016)以对流系统长方形的对角线为半径作圆,作为 MCS 影响的降水范围。以上方法均是把对流系统近似为一个长方形，而 Mai 等（2021）把对流系统看作一个椭圆，并根据椭圆的长短半轴作长方形，然后再以长方形的对角线为半径作圆，作为 MCS 降水影响的范围。本章采用的是 Mai 等（2021）采用的方法（图 2.2），具体如下：椭圆代表 MCS，假设追踪程序给出的系统内最大半径为椭圆的半长轴 a，根据半长轴 a 和椭圆率 e 计算出半径 r（$r = a \times \sqrt{(1+e^2)}$），以半径 r 作圆，即为单个 MCS 的有效降水范围。

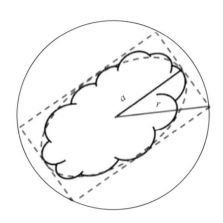

图 2.2　计算 MCS 降水范围的示意图

注：椭圆形表示 MCS 的主要范围，a 表示 MCS 的半长轴，圆形表示降水范围，r 为圆形降水范围的半径。

2.2　ERA5 再分析资料在中国西南地区适用性评估

2.2.1　数据说明

本节利用站点观测资料对西南地区高空再分析数据的适用性展开研究，为了便于比较，选用中国高空气象站定时观测资料作为验证标准，同时选择 ECMWF 的两种再分析数据（ERA-Interim 和 ERA5）作为分析对象。为了便于比较各类不同数据，时间范围统一定为 2016 年 1 月 1 日～2018 年 12 月 31 日，空间范围为西南地区（22°N～35°N，100°E～113°E）。

1. 中国高空气象站定时观测资料

中国高空气象站定时观测资料来自国内通信系统实时上传的高空报文解报数据，包含各高空站观测获得的标准等压面、温湿特性和风特性层等的气压、位势高度、温度、露点温度和风向、风速等气象要素，以及放球时间、垂直探测意义、时间偏差、经纬度偏差等探测参数数据。本书中选取西南地区 27 个高空探测站（表 2.1，图 2.3），评估要素选取标准层（925hPa、850hPa、700hPa、500hPa、400hPa、300hPa、250hPa、200hPa、150hPa、100hPa）上的位势高度、温度、湿度、风向和风速。

为了进一步了解再分析资料在不同地形条件下的适用性，将所有站点按照海拔分为三类，分别为平原站（测站海拔＜500m）、山地站（500m≤测站海拔＜1500m）和高原站（测站海拔≥1500m），其中平原站 15 个、山地站 7 个、高原站 5 个（位于川西高原和云贵高原），综合比较各类站点要素变化以及再分析数据在相应位置的误差情况。

表 2.1　西南地区高空探测站点列表

站号	站名	经度/(°)	纬度/(°)	海拔/m	站号	站名	经度/(°)	纬度/(°)	海拔/m
56187	温江	103.87	30.75	550	59431	南宁	108.22	22.63	120
56651	丽江	100.22	26.85	2380	56691	威宁	104.28	26.87	2240
56096	武都	104.92	33.40	1080	57816	贵阳	106.73	26.58	1220
56778	昆明	102.65	25.00	1890	57127	汉中	107.03	33.07	510
57447	恩施	109.47	30.28	460	57131	泾河	108.97	34.43	410
57461	宜昌	111.44	30.77	260	57679	马坡岭	112.78	28.12	120
56964	思茅	100.97	22.78	1300	57749	怀化	110.00	27.57	260
56985	蒙自	103.38	23.38	1300	57957	桂林	110.30	25.32	160
56571	西昌	102.27	27.90	1590	59023	河池	108.03	24.70	260
57245	安康	109.03	32.72	290	57516	沙坪坝	106.47	29.58	259
56173	红原	102.55	32.80	3490	57328	达州	107.50	31.20	340
57067	卢氏	111.03	34.05	570	57178	南阳	112.58	33.03	180
56492	宜宾	104.60	28.80	340	59211	百色	106.60	23.90	170
59265	梧州	111.30	23.48	110	—	—	—	—	—

2. ERA5 和 ERA-Interim 再分析资料

ERA5 是 ECMWF 最新的再分析数据。它是由综合预报系统(integrated forecasting system，IFS)中的四维变分同化得到的，垂直方向有 137 层，最高层可达到 0.01hPa，水平分辨率为 0.25°×0.25°(约 31km)，时间分辨率为逐小时，拥有超过 240 个变量(包括地面数据和单层数据)，从 1950 年起至准实时都能下载。

要素和高度层的选择与站点数据相一致。为了便于统一比较，将 ERA-Interim 数据插值到 0.25°×0.25°格点上(在下载过程中直接选取该分辨率，系统可自动插值)。

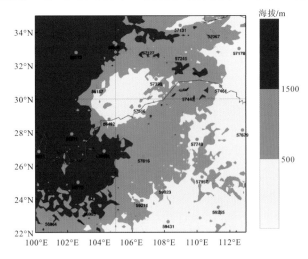

图 2.3　西南区域高空探测站点示意图

注：粉色点为高空探测站点位置；数字为站号。

3. 数据处理

1）插值方法

对再分析数据，利用双线性插值方法将格点值插值到对应站点经纬度位置上。如图 2.4 所示，选择观测站点最近的 4 个格点，采用两次双线性插值获得相应站点位置的格点值。

$$y = \frac{x_2 - x}{x_2 - x_1} y_1 + \frac{x - x_1}{x_2 - x_1} y_2$$

2）风向计算

u 和 v 分别为纬向风和经向风，其中西风时 $u>0$，南风时 $v>0$。

当 $u>0$ 时，

$$\text{direct} = 270° - \arctan\left(\frac{v}{u}\right) \times \frac{180°}{\pi} \tag{2.1}$$

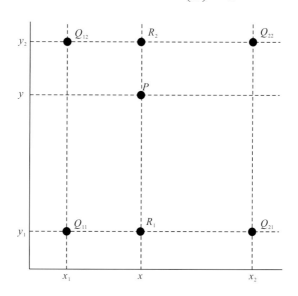

图 2.4　双线性插值

注：Q 为格点数据，P 为待插值格点位置。

当 $u<0$ 时，

$$\text{direct} = 90° - \arctan\left(\frac{v}{u}\right) \times \frac{180°}{\pi} \tag{2.2}$$

3）相对湿度计算

根据温度 t 和露点温度 t_d 计算相对湿度，其中饱和水汽压

$$e_\mathrm{s} = e_{\mathrm{s}0}\exp\left(\frac{at}{273.15 + t - b}\right) \tag{2.3}$$

水汽压

$$e = e_{s0}\exp\left(\frac{at_{\mathrm{d}}}{273.15+t_{\mathrm{d}}-b}\right) \tag{2.4}$$

相对湿度

$$f = \frac{e}{e_s}\times100\% \tag{2.5}$$

式中，e_{s0} 为0℃时的饱和水汽压，e_{s0}=6.1078hPa，根据水面和冰面的不同情况，a、b系数取值不同：

当 t 或 $t_{\mathrm{d}}>$-15℃时，可认为是水面，a=17.269，b=35.86；

当 t 或 $t_{\mathrm{d}}<$-40℃时，可认为是冰面，a=21.8746，b=7.66；

当-40℃$\leqslant t$ 或 $t_{\mathrm{d}}\leqslant$-15℃时，认为是冰水混合，此时的 e_s 和 e 要特殊考虑：

$$e_s = 0.002\left[(80+2t_{\mathrm{d}})e_{s水}-(30+2t_{\mathrm{d}})e_{s冰}\right] \tag{2.6}$$

$$e = 0.002\left[(80+2t_{\mathrm{d}})e_{水}-(30+2t_{\mathrm{d}})e_{冰}\right] \tag{2.7}$$

其中，$e_{s水}$ 为水面饱和水汽压，$e_{s冰}$ 为冰面饱和水汽压，$e_{水}$ 为水面水汽压，$e_{冰}$ 为冰面水汽压。

2.2.2 检验方法

利用相对误差、平均绝对偏差对比观测数据与再分析数据的偏离程度，利用线性相关系数来对比在时间序列上再分析数据与观测数据的线性相关程度。各检验参数公式如下。

平均相对误差

$$\mathrm{bias} = \frac{\dfrac{\sum_{i=1}^{n}(g_i-o_i)}{n}}{\dfrac{\sum_{i=1}^{n}o_i}{n}}\times100 \tag{2.8}$$

平均绝对误差

$$\mathrm{mae} = \frac{\sum_{i=1}^{n}|g_i-o_i|}{n} \tag{2.9}$$

线性相关系数

$$\mathrm{corr} = \frac{\sum_{i=1}^{n}(g_i-\overline{g})\times(o_i-\overline{o})}{\sqrt{\sum_{i=1}^{n}(g_i-\overline{g})^2\sum_{i=1}^{n}(o_i-\overline{o})^2}} \tag{2.10}$$

式中，n 为有效样本数；g 和 o 分别代表再分析格点数据和站点观测数据。

2.2.3　检验结果

1. 数据完整性

为研究西南区域内高空站点数据的完整性,利用实际到报观测样本数量除以应到报观测样本数量(2016~2018 年每个站点每个要素的观测样本数应为 1096 条),计算参与检验的 5 个要素的到报率。

如图 2.5 所示,从到报率情况来看,除马岭坡(57679 站)因 2018 年 4 月 1 日后的数据缺失,到报率约为 74%,卢氏(57607 站)因 2017 年 12 月 1 日前仅观测高空风,位势高度、温度和相对湿度(露点)要素到报率约为 36%,其余西南区域大部分站点到报率均在 99% 以上,数据完整性能够满足检验评估的需求。

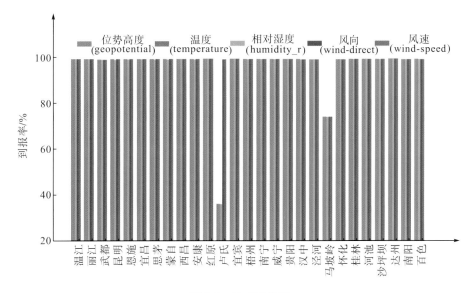

图 2.5　站点到报率

2. 平均态

为了对比再分析数据和站点观测数据的平均状况,图 2.6 给出了站点观测、ERA5 和 ERA-Interim 再分析资料的位势高度(geopotential)、温度(temperature)、相对湿度(humidity_r)、风向(wind_direct)和风速(wind_speed)等要素 2016~2018 年平均值随海拔分布的情况。分析得出,除相对湿度外,站点资料和再分析资料所反映的各要素随海拔的平均分布特征基本一致,再分析资料很好地再现了气象要素的平均状态;相对湿度的站点资料和再分析资料在 500hPa 以下的分布特征基本一致,但在 500hPa 以上有较大差异;随着测站海拔升高,再分析资料相对站点资料的偏离程度有逐渐增大的趋势,在山地和高原地区再分析资料的误差可能会更大。

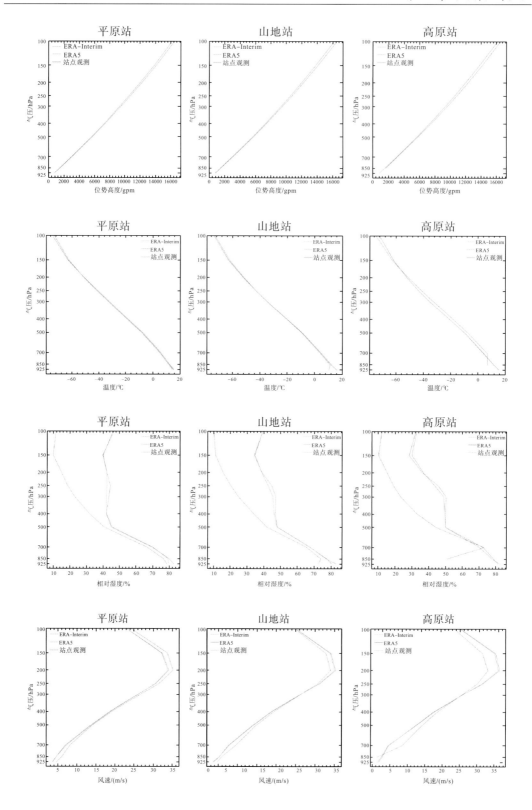

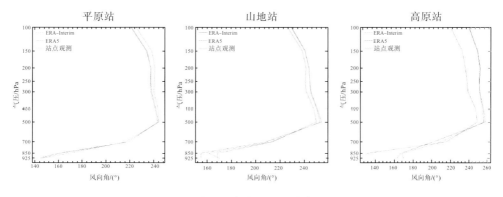

图 2.6　各类站点平均态

注：绿色线为 ERA-Interim 资料，橙色线为 ERA5 资料，蓝色线为站点资料。

3. 位势高度

图 2.7 给出了位势高度的平均相对误差、平均绝对误差、线性相关系数随海拔的分布情况图。从相对误差对比来看，再分析资料与站点资料的相对误差为-3%～-1%；平原站和高原站误差随高度变化较为明显，但变化特征相反，平原站相对误差先减小后增大、高原站先增大后减小，在 250～200hPa 二者误差达到极值；700gpm（位势米）高度以上，平原站误差最小、高原站误差最大，700hPa 以下山地站略小于平原站。从平均绝对误差来看，误差随高度的升高而增加，在 100hPa 时为 300～400gpm，其中高原站误差随高度的增长率最大，平原站误差随高度的增长率最小。从相关系数来看，再分析资料与站点资料的相关系数均在 0.92 以上，700hPa 的相关程度相对最低，而低层和高层的相关程度相对较高。比较两种再分析资料的结果，平原站和山地站 ERA5 的相关程度更高。总的来说，再分析资料与站点资料位势高度的误差整体上较小，而山地站的误差更大、相关性较低，再分析资料在 700hPa 以下的表现略好于高层。

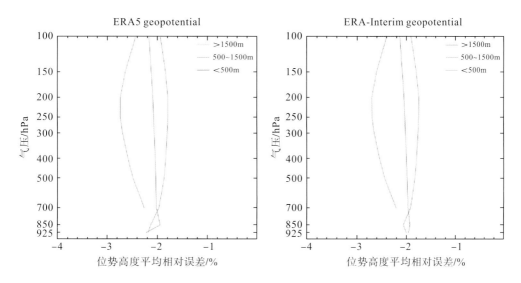

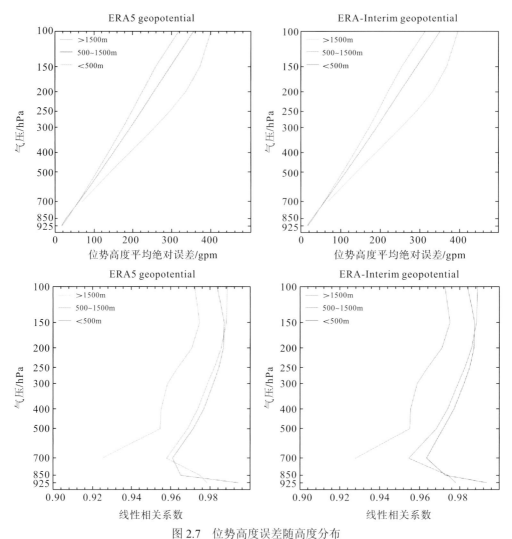

图 2.7 位势高度误差随高度分布

注：绿色线为高原站，橙色线为山地站，蓝色线为平原站。

4. 温度

图 2.8 给出了温度的平均相对误差、平均绝对误差、线性相关系数随高度的分布情况图。从平均相对误差对比来看，在 700hPa 时相对误差较大，850hPa 以下和 500hPa 以上相对误差较小；在 700hPa 高原站为负偏差，平原站和山地站为正偏差，平原站和山地站相对误差较小。从平均绝对误差来看，平原站和山地站误差基本在 2℃ 以内，高原站误差在 3℃ 以内，各高度层上高原站误差均大于平原站和山地站；850hPa 以下、300hPa 和 100hPa 时误差相对较大。从相关系数来看，再分析资料与站点资料的相关系数基本都在 0.8 以上，平原站和山地站基本在 0.9 以上；低层相关性高于高层，在 150hPa 时相关性最低；平原站和山地站再分析资料的相关性更高，平原站略高于山地站。即再分析资料与站点资料位势高度的误差基本控制在 2～3℃，山地站的误差更高、相关性较低。从站点气温平均态随高度分布情况(图 2.6)可知，由于 700hPa 时平均气温更接近 0℃，使得该层相对误差数

值较大，而绝对误差不明显；而 850hPa 时更接近地面，受下垫面影响气温差异性较大，在计算相对误差时被相互抵消，使得相对误差数值较小，因而在 850hPa 时相对误差较小而绝对误差较大。

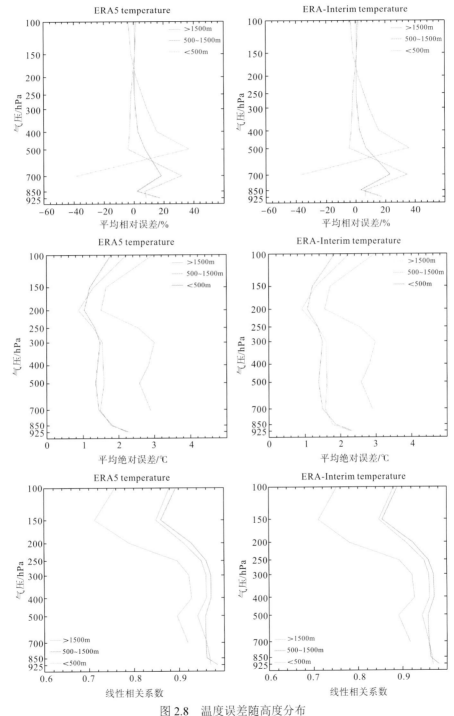

图 2.8　温度误差随高度分布

注：绿色线为高原站，橙色线为山地站，蓝色线为平原站。

5. 相对湿度

图 2.9 给出了相对湿度的平均相对误差、平均绝对误差、线性相关系数随高度的分布情况图。从平均相对误差来看，再分析资料与站点资料在低层的相对误差较小，并随高度增加而增加，在 200hPa 左右相对误差最大；500hPa 以下，各地形站点差别不大，250～500hPa，平原站和山地站误差更小，250hPa 以上高原站误差更小。从平均绝对误差来看，再分析资料与站点资料在低层的误差较小，并随高度增加而增加，平原站和山地站在 200hPa 误差最大、高原站在 300hPa 误差最大，之后随高度增加而减小；在 250hPa 以下，高原站误差大于平原站和山地站，在 250hPa 以上，高原站误差略小于平原站和山地站。从相关系数来看，再分析资料与站点资料的相关性低层大于高层，在 500hPa 相关性最高，并且在 200hPa 以上迅速减小；山地站和平原站 200hPa 以下相关系数为 0.7 左右，高原站为 0.5 左右，高原站的相关性低于平原站和山地站。所以再分析资料与站点资料相对湿度的误差高层大于低层，其中在 200～250hPa 误差最大，山地站在高层表现稍好，200hPa 以上再分析资料与站点资料相关性较差。

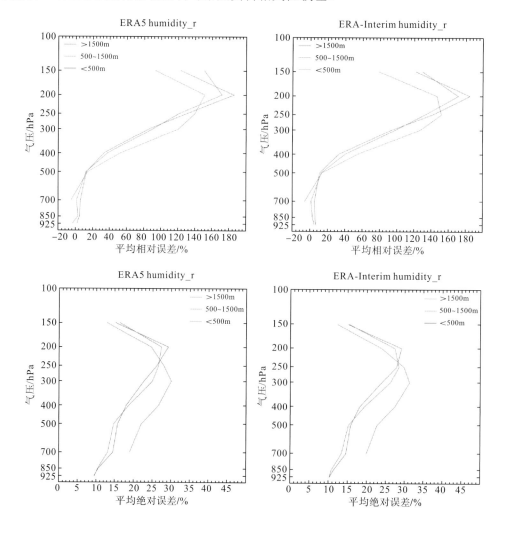

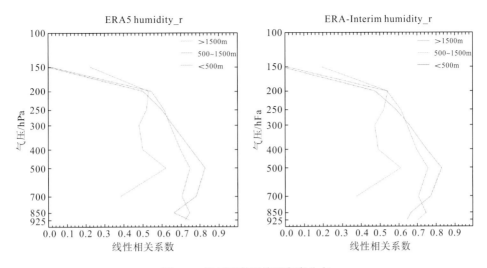

图 2.9　相对湿度误差随高度分布

注：绿色线为高原站，橙色线为山地站，蓝色线为平原站。

6. 风速

图 2.10 给出了风速的平均相对误差、平均绝对误差、线性相关系数随高度的分布情况图。从平均相对误差来看，再分析资料与站点资料的相对误差低层大于高层，500hPa 以下相对误差大于-20%，500hPa 以上平原站和山地站相对误差在 10% 以内；高原站相对误差在所有高度上均大于平原站和山地站。从平均绝对误差来看，再分析资料与站点资料的绝对误差低层大于高层，随高度的增加而增加，在 200～250hPa 达到最大值，之后随高度减小；高原站误差最大、山地站误差最小，700hPa 平原站和山地站误差相当。从相关系数来看，再分析资料与站点资料在 500hPa 高度以上相关系数更高，为 0.8～0.9；山地站相关性最高，高原站相关性最小；500hPa 以下，越往低层相关性越差；在低层，700hPa 以下，ERA5 的相关系数要高于 ERA-Interim，山地站从 0.4 提升到 0.5，平原站从 0.5 提升到 0.6。

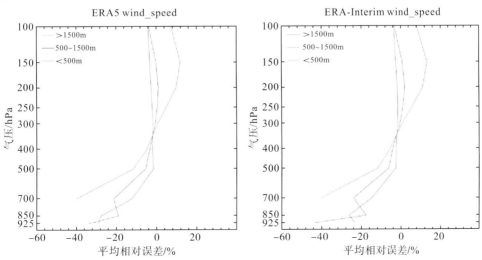

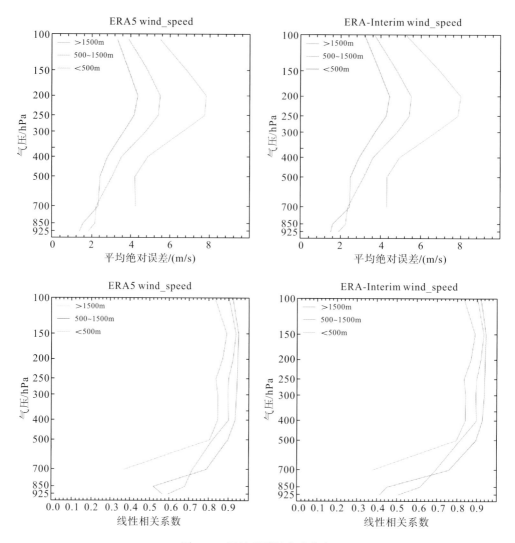

图 2.10　风速误差随高度分布

注：绿色线为高原站，橙色线为山地站，蓝色线为平原站。

总体而言，再分析资料与站点资料低层风速的绝对误差较小，在中高层风速的相对误差较小，山地站的误差更大、相关性较低，在 700hPa 以下，ERA5 相关系数较高。由于 200～300hPa 风速较大(图 2.10)，使得该层相对误差的数值较小，但绝对误差较大。

7. 风向

考虑到风向的特殊性，改用其平均误差来检验[横坐标为误差大小，单位为(°)]，图 2.11 给出了风速的平均相对误差、平均绝对误差、线性相关系数随高度的分布情况图。从平均相对误差结果来看，再分析与站点资料的平均误差低层大于高层，特别是在 700hPa 以下，误差明显高于中高层；在 700hPa 以上，平原站和山地站的误差小于高原站，在 200～250hPa，平原站误差明显小于山地站；ERA5 在 700hPa 以下误差明显小于 ERA-Interim。从平均绝对误差来看，再分析资料与站点资料的误差低层大于高层，并随高度的增加而减小，500hPa 以上，风速误差在 30° 以内；高原的误差最大，平原站和山地站的误差在 700hPa 以上基本相当，700hPa 以下平原站较小；ERA5 在 700hPa 以下的误差要小于 ERA-Interim。从相关系数来看，再分析资料与站点资料的相关性高层大于低层，并随高度的增加而增加，500hPa 以上，平原站和山地站相关系数在 0.7 左右，高原站在 0.55 左右，平原站和山地站比高原站相关性更高；ERA5 的相关性略高于ERA-Interim。故再分析资料与站点资料风向的误差高层大于低层，山地站的误差更大、相关性较低，在 700hPa 以下，ERA5 资料误差较小、相关性较高。

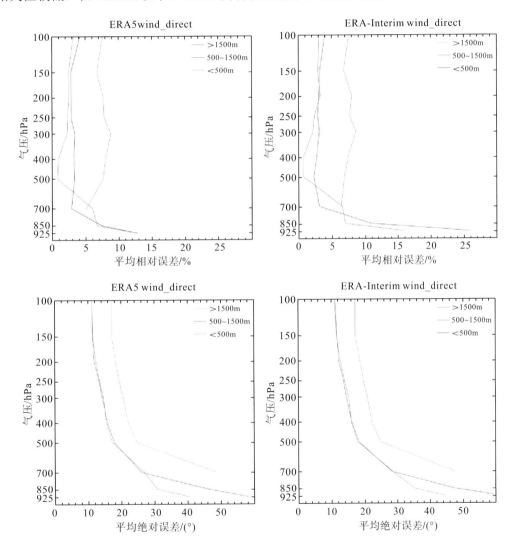

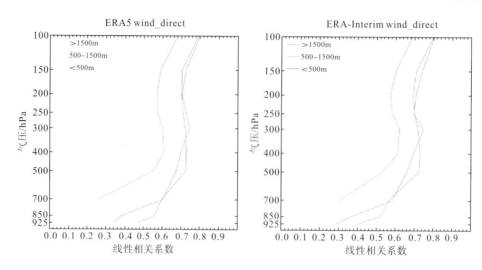

图 2.11   风向误差随高度分布

注：绿色线为高原站，橙色线为山地站，蓝色线为平原站。

8. 关键层相对误差分布特征

由于研究和预报业务中，500hPa、700hPa 和 850hPa 是主要的指标层和关键层，因此对 500hPa、700hPa 和 850hPa 的再分析资料相对于实况站点资料的误差，按照站点、要素和测站海拔进行对比分析，能够反映出两类再分析数据在关键高度层的适用情况，为评估 ERA5 在相应区域的适用性提供数据基础。

为了能够客观反映各层间的误差分布和变化特点，选取平均相对误差作为比较对象，将西南区域参与比较的所有站点按海拔从低到高排列，其中平原站、山地站和高原站分别用绿、蓝、红色显示，ERA5 和 ERA-Interim 资料用深色和浅色分别显示（图 2.12）。另外，由于在 850hPa 高原站没有数据，做缺省显示。

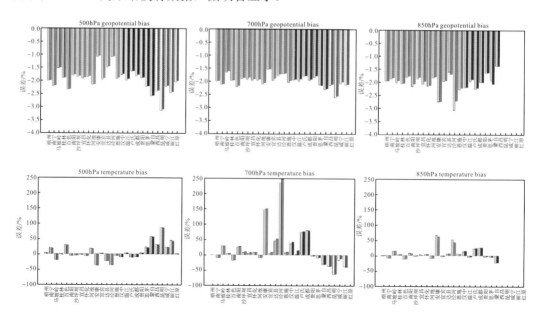

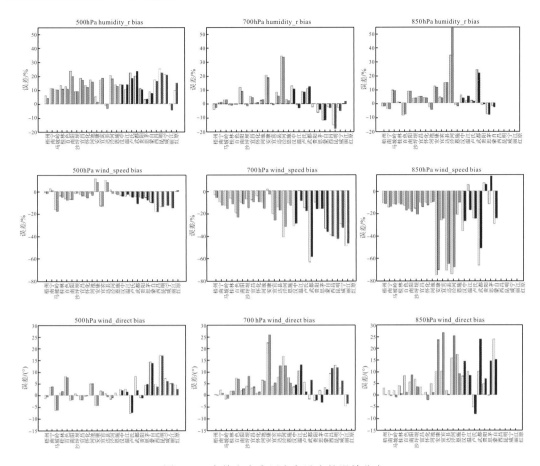

图 2.12 在特定高度层上各站点的误差分布

从位势高度的相对误差分布来看，再分析资料相对站点实况资料普遍偏小，三个高度层误差基本都在 3%以内，整体误差较小；平原站中安康(57245)、泾河(57131)在低层时误差相对较小，但在 700hPa 和 850hPa 时误差却迅速增长，其他平原站在各层误差变化不大；其他站点随高度降低误差有减小的趋势；除850hPa 的泾河(57131)外，ERA5 和 ERA-Interim 再分析资料的误差较为接近，平均差别仅 0.05%。

从温度的相对误差分布来看，各站点间的差别较大，正负偏差也不统一，个别站点(安康和泾河)出现误差较大的情况，但大部分站点在 10%左右；700hPa 时温度误差有明显的增大趋势，但 850hPa 时整体误差较小；高原站的误差整体相对较大，且正负变化较大；在 500hPa 和 700hPa 时 ERA5 误差小于 ERA-Interim。

从相对湿度误差分布来看，在 500hPa 时基本都为正偏差，700hPa 和 850hPa 负偏差开始增多；除个别站外，大部分站点误差接近或小于 20%；700hPa 和 850hPa 相对 500hPa 误差较大；高海拔站点(部分山地站和大部分高原站)在 500hPa 和 700hPa 的误差正负偏差是相反的；平原站和山地站 ERA5 误差与 ERA-Interim 接近，ERA5 相对 ERA-Interim 的改进主要是在高原站及平原站的 700hPa 和 850hPa。

从风速的误差分布来看，大部分站点均为负偏差，且随高度的降低误差增大；海拔越高，风速的误差的变化越大，安康之后的部分站点在 850hPa 之后误差大于 40%；大部分站点 ERA5 误差小于 ERA-Interim，ERA5 在 500hPa 和平原站点改进更明显。

由于风向很难比较相对误差，这里采用平均误差进行比较，纵轴的单位为(°)。从风向的误差分布来看，大部分站点均为正偏差，平原站在 700hPa 误差较大，山地站在 850hPa 误差较大；大部分站点 ERA5 误差与 ERA-Interim 接近，但在部分站点 ERA5 的改进幅度较大，误差明显小于 ERA-Interim。

总的来说，再分析资料相较于站点资料，位势高度、风速整体偏小，相对湿度整体偏大，风向(角度)整体偏大；高原站的误差普遍大于平原站，山地站误差较小；大部分站点 ERA5 误差与 ERA-Interim 接近，但 ERA5 在中层的相对湿度和低层的风向有明显的改进。

2.3　西南山地中尺度对流系统的统计特征

2.3.1　基于 FY-2 卫星 TBB 的 MCS 统计特征

考虑到 AHR-MCS 的特征，统计发现 TBB≤-32℃、云顶面积超过 5000km^2 且对形状和持续时间不设限时得到的 MCS 所能覆盖的强降水事件占比最高(图略)，于是明确了如表 2.2 的具体识别标准开展相应统计工作。

表 2.2　依据 TBB 识别西南山区 MCS 的具体标准及其生命史规定

依据	描述
尺度	TBB≤-32℃的云顶面积必须≥5000km^2
生命史	满足尺度条件的持续时间不设限
形状	面积最大时的偏心率不设限
生成	第一次满足尺度条件且位于研究区域内
成熟	TBB≤-32℃的云顶面积达到最大时
消亡	不满足尺度条件或云团形心移出研究区域

1. 西南山区 AHR-MCS 的时空分布

依据表 2.2 标准，统计得到我国西南山区 2010～2018 年 5～8 月 MCS 19684 个，其中 AHR-MCS 共计 1724 个(涵盖了约 64%的突发性暴雨事件)，仅占所有 MCS 的 8.8%，作为引起降水的直接系统，这也间接表明了突发性暴雨事件的极端性。9 年内的雨季，西南山区生成的 MCS 数量无显著的年际变化趋势(图略)，但与强降水事件一致(Chen et al.，2021)，AHR-MCS 则在 2013～2015 年显著偏少[图 2.13(a)]。区域内 MCS 在 7 月生成最多，5 月和 8 月生成数量相近，但 AHR-MCS 在夏季(6～8 月)出现更频繁，其中 7 月最多、5 月最少[图 2.13(b)]。

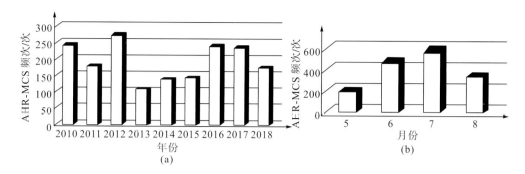

图 2.13　2010～2018 年 5～8 月西南山区 AHR-MCS 生成数量的年际分布(a)和月分布(b)

9 年雨季内 MCS 在我国西南山区主要频繁地生成于复杂地形的过渡区域,如青藏高原、云贵高原的东部、东坡以及地势第 2 级阶梯地形以东的广西、湖南地区[图 2.14(a)],其中青藏高原东南部是整个研究区域内 MCS 的高频生成中心。AHR-MCS 生成时的空间分布则明显不同,与突发性暴雨事件更一致(Chen et al., 2021),存在 4 个空间不连续的频发中心,分别位于四川盆地西南缘、湖南西部、广西北部和贵州西南部[图 2.14(b)],于是根据其生成时形心的具体空间分布情况(图略)划分得到图 2.14(b)中 AHR-MCS 频繁生成的 4 个不连续子区域(SR-A、SR-B、SR-C、SR-D),且子区域内 AHR-MCS 数量占 MCS 总数的比例明显更多,可达到 10%～25%。

4 个子区域中,SR-A 内有 293 个 AHR-MCS,数量最多,其次是 SR-C(215 个)、SR-D(193 个),SR-B 内有 174 个,数量最少,而 AHR-MCS 生成时逐月的空间分布[图 2.14(c)～图 2.14(f)]则表明其月变化直接导致了频发的区域性差异。5 月研究区域内西部的地形较高处基本不存在 AHR-MCS,多在研究区域东南部 SR-C 的南边界附近生成,6 月高频范围则向西、北扩展,还覆盖了 SR-B、SR-D,而 7 月则逐步向北向西使 SR-A 和 SR-B 内更多,之后 8 月则主要在 SR-A 的四川盆地东南部存在明显高频区域,其空间分布的月变化与影响我国西南地区降水的夏季风的爆发和推进息息相关(伍荣生和顾伟,1990),即研究区域内偏南的 SR-C、SR-D 在整个雨季内都会较频繁地生成 AHR-MCS,但生成峰值在 6 月;而偏北偏东的 SR-B 则主要在 6～7 月频繁生成 AHR-MCS;SR-A 内的则主要出现在 7～8 月,其中 7 月数量最多,且主要集中在盆地的西部及其边缘。

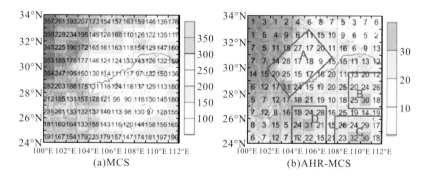

(a)MCS　　　　(b)AHR-MCS

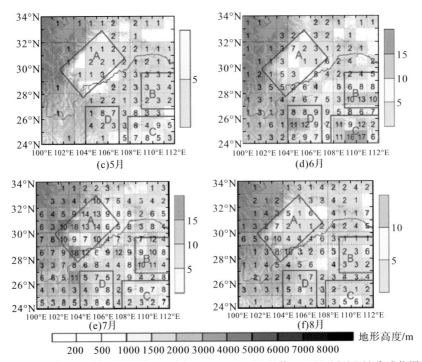

图 2.14 2010~2018 年 5~8 月西南山区 MCS(a)、AHR-MCS(b)及其逐月 (c) (d) (e) (f)生成位置的空间分布

注：所有子图中，灰色阴影代表地形高度(m)；黑色数字和方格为 MCS 形心在 1°×1°经纬格距内的生成数量；实线方框及 A~D 为根据 AHR-MCS 具体的形心位置划分的 4 个 MCS 频发区域。

2. 西南山区 AHR-MCS 的演变特征

依据表 2.2 的标准可知，西南山区 9 年雨季 90%的 MCS 的生命史在 6h 以内，最长可达 41h，但 90%的 AHR-MCS 则是集中在 18h 以内。不同生命史的 AHR-MCS 占所有 MCS 的比例分布情况(图 2.15)则显示 AHR-MCS 是其中生命史更长的那些，尤其是超过 12h 的长生命史 MCS，约 43%以上都与突发性暴雨事件相关，且持续时间越长其占比越大。

AHR-MCS 的平均生命史约为 4.5h，其中 7 月则约为 3.8h，是雨季中最短的，通过排查发现这主要是由于识别追踪 MCS 时(表 2.2)，对其生命史的持续时间不设限引起的，统计得到持续 1h 的 AHR-MCS 数量占比在 7 月达到 34%，较其他月份(26%~29%)明显更高，即在雨季 7 月大量生命史仅有 1h 的 AHR-MCS，使其平均生命史更短。但长达 41h 的最长持续时间同样也出现在 7 月，发现较长生命史的 AHR-MCS 都存在多次分裂、合并过程。研究区域内 95%的 AHR-MCS 生命史在 12h 以内(包含 12h，下同)，超过 12h 的则多出现在 6~7 月。

生成于 SR-B、SR-C 内 AHR-MCS 的平均生命史约为 3h，较位置偏西的 SR-A、SR-D 短 2h。各子区域生命史频次分布(图 2.15)则显示，与所有 AHR-MCS 的分布情况(图略)一致，1h 的数量最多，此后随着持续时间变长，生成数量急剧减少，尤其是 SR-B 和 SR-C 中短生命史的更多，而 SR-A、SR-D 中则长生命史的更多，其中 1~2h 的在 SR-D 中最少，超过 12h 的则在 SR-A 中最多。子区域 SR-B、SR-C 中，AHR-MCS 的持续时间多集中在 4h 以内，分别占该区域的 80%、74%。SR-A、SR-D 中 5~8h 和超过 12 小时的 AHR-MCS

均较其他两个子区域出现更频繁，这也导致了其更长的平均持续时间。

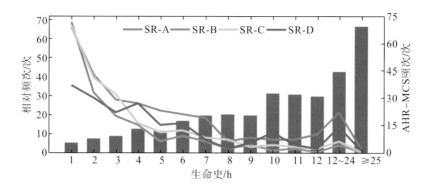

图 2.15　西南山区不同生命史 AHR-MCS 占 MCS 的比例分布(蓝色柱状图)
以及生成于 4 个子区域内不同生命史 AHR-MCS 的频次分布(彩色折线图)

将生成和消亡时刻的相对位置作为 MCS 的移动方向，并以风向方位为标准将移动方向分成 16 等份。发现西南山区雨季 MCS 主要向东移动，约 43% 的 MCS 向偏东(东、东东北和东东南，下同)方向移动[图 2.16(a)]。而 AHR-MCS 明显区别于 MCS 的是虽然偏东依旧是主要的移动方向，但还存在数量可观的 AHR-MCS 向偏南(南、南西南、南东南)方向移动，其占比可达 20%[图 2.16(b)]。

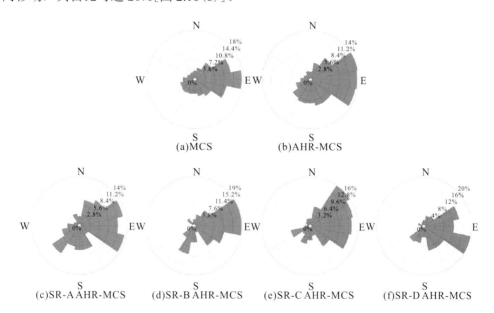

图 2.16　MCS(a)、AHR-MCS(b)和生成于 4 个子区域内 AHR-MCS(c)(d)(e)(f)的移动方向分布情况

生命史对 MCS(AHR-MCS)主要偏东的移动方向没有明显影响(图略)，但不同生成位置的 AHR-MCS 的移动方向则存在较显著差异[图 2.16(c)～图 2.16(f)]。SR-A 中的移动方向较其他子区域更分散，除去西北、东南和偏北，其余方向都存在超过 2% 的 AHR-MCS，但主要移动方向依旧为偏东，数量占比达到 38%，其次是偏南和西南，数

量可达该区域 AHR-MCS 的 28%左右，然后就是东北和北东北，数量占比为 16.2%。其余 3 个子区域内，移动方向都集中偏东，其中 SR-B 内向偏东方向移动的 AHR-MCS 达 49%，是四个子区域中比例最高的，虽然 SR-D 内向偏东方向移动的 AHR-MCS 数量也达到了 47%，但不同于 SR-B 主要向东和东东北方向移动，该区域内东东南对偏东方向的贡献更大；而 SR-C 内除去主要的偏东移动方向，还存在约 15%的 AHR-MCS 向东北方向移动。

对于较特殊的 SR-A 内向南、西南方向移动的 AHR-MCS，发现其主要生成于盆地西缘以及重庆西部及其以北的四川盆地中部区域，因为对流层中低层环境风(700~500hPa)和较大尺度地形的确是限制 AHR-MCS 移动方向的重要因素(项续康和江吉喜，1995)。基于主要的偏东移动方向，可知生成于 SR-B、SR-C 的 AHR-MCS 平均持续时间明显短于位置偏西的 SR-A、SR-D，这是前两个子区域的东边界受限于整个研究区域的东边界所致。

云顶面积和亮温可用来反映中尺度对流系统的发展状态和强度，2010~2018 年雨季，西南山区 MCS 及其中 AHR-MCS 成熟时的平均状态及生命史特征如表 2.3 所示。首先可知，研究区域内生命史越长的 MCS 在成熟时的云顶面积更大、平均 TBB 和最低 TBB 更低、偏心率更大，生命史≥2h 的 AHR-MCS 也具有相似的规律。但在表 2.3 中值得注意的是，生命史为 1h 的 AHR-MCS 其平均云顶面积的均值反而最大、最低 TBB 的均值最低，这表明研究区域内生命史仅为 1h 的 AHR-MCS 发展得更旺盛，通过排查相关小时降水超过 20mm、持续时间仅为 1h 的 AHR-MCS 发现，其生命史主要受限于两个因素：①由于研究区域的限制，云顶面积大、高度高且发展十分旺盛的 AHR-MCS 仅在该时刻形心位于区域内；②由于对流云团的分裂、合并所致，前后时刻存在显著的云团分裂或者合并，以至于该时刻云团作为满足条件的新的 AHR-MCS 被识别。所有 MCS 发展(生成—成熟)阶段较消亡(成熟—消亡)阶段长 1~3h；最低 TBB 出现时间较成熟时平均早 0.4~4h，且生命史越长的 MCS 其最低 TBB 较成熟时间出现得越早。最后，对比 MCS 和 AHR-MCS，AHR-MCS 成熟时的云顶面积是 MCS 的近 4 倍、平均 TBB 低约 6℃、最低 TBB 低 15℃，而且长生命史的 AHR-MCS 消亡阶段短于发展阶段的时间较 MCS 更长，综上即可知 AHR-MCS 是研究区域内中发展十分旺盛的 MCS。

表 2.3　西南山区 MCS 和 AHR-MCS 成熟时的平均特征以及生命史特征

指标	MCS				AHR-MCS			
	1h	2~5h	6~11h	≥12h	1h	2~5h	6~11h	≥12h
云顶面积/(×10⁵km²)	0.6	0.5	0.6	0.9	1.2	2.4	3.4	2.2	1.6	1.6
平均 TBB/℃	-42.4	-41.0	-43.2	-45.8	-46.9	-48.1	-47.5	-48.1	-49.0	-48.2
最低 TBB/℃	-55.3	-52.6	-56.8	-62.8	-65.7	-70.3	-71.3	-69.8	-70.4	-69.1
偏心率	0.49	0.47	0.51	0.54	0.56	0.49	0.46	0.49	0.52	0.55
持续时间/h	2.5	1.0	2.9	7.6	14.8	4.3	1.0	3.1	7.9	15.4
生成–成熟时段/h	2.6	—	2.0	4.4	8.0	3.9	—	2.3	5.3	9.0
成熟–消亡时段/h	1.5	—	0.9	3.2	6.8	1.9	—	0.8	2.6	6.4
成熟与最低 TBB 的时间差/h	0.6	—	0.4	1.2	2.9	1.0	—	0.4	1.4	3.5

　　考虑其移动性，统计得到有 88% 的 AHR-MCS 在成熟时未移出子区域，即使除去 28% 生命史为 1h 的，仍旧有 60%。于是统计生成于各子区域 AHR-MCS 成熟时的特征如图 2.17 所示，成熟时云顶面积在均值（$1.8\times10^5\sim2.7\times10^5\mathrm{km}^2$）以下的出现频率更高［图 2.17(a)］；位置偏西且明显受高原坡地影响的 SR-A 和 SR-D 内成熟时平均面积偏小且范围也更窄，偏东的 SR-D 和 SR-C 则相近且更大，其中 SR-B 的均值和范围均最大。成熟时云顶 TBB 的平均值［图 2.17(b)］则在 SR-D 最小，但与其余三个子区域的差异不大；但最低 TBB ［图 2.17(c)］则从 SR-A 到 SR-D 明显减小，且 SR-D 最低 TBB 的集中范围较其他三者更窄也更低，平均值为-74℃，比 SR-A 低 8℃。将偏心率在 0.2～0.6 的识别为拉长形 AHR-MCS（Jirak et al.，2003；项续康和江吉喜，1995），据此可知［图 2.17(d)］，四个子区域内拉长形 AHR-MCS 数量均可达到 75% 左右，其中 SR-D 内 AHR-MCS 的偏心率大于其他三个子区域，而 SR-B 中该值范围则最集中。综上可知，频发于我国西南山区的 AHR-MCS 在四川盆地(SR-A)不需要发展更高、面积更大就可以引发该子区域内的突发性暴雨事件；位置偏东的 SR-B、SR-C 基本位于海拔低于 500m 的平坦地区，在云顶高度相差不明显的情况下，更大云顶面积的 MCS 才能引发突发性暴雨事件；云贵高原东坡位于海拔多高于 1000m 的 SR-D 内，MCS 发展至云顶高度更高的情况下才更有利于该类降水事件发生。

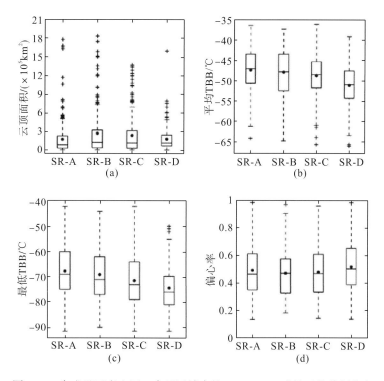

图 2.17　生成于西南山区 4 个子区域内的 AHR-MCS 成熟时的特征分布

注：所有箱图中"+"表示异常值，"•"表示平均值，箱中的横线表示中位数。

3. 西南山区 AHR-MCS 的日变化特征

我国 MCS 的日变化存在明显的区域性差异，高原地区多存在单峰型 MCS，平原和盆地则以多峰型为主(郑永光 等，2008)。2010～2018 年雨季，西南山区内 AHR-MCS 生成和成熟时在一天内频繁出现时段的空间分布显示其夜发性十分显著，大部分地区在 20:00～02:00(北京时间，后同)是频发时段[图 2.18(a)]，且绝大部分地区的高频成熟时段是在 02:00～08:00[图 2.18(b)]，这与我国西南地区降水峰值的出现时间较匹配。受复杂因素影响，高频时段的确存在明显的区域性差异，在云贵高原东坡以及研究区域的东北部部分区域，AHR-MCS 更多在 14:00～20:00 生成；四川盆地东部边缘的则更频繁地在上午生成[图 2.18(a)]，这可能是受山谷风环流的影响，08:00～14:00 由于盆地的非绝热加热增强了盆地东坡谷风，抵消减弱了此处的地形下坡风，从而更有利于对流触发。同时发现研究区域西南、东北角附近 AHR-MCS 成熟的高频时段与生成时较一致，主要是由于这些区域内 AHR-MCS 较少且还有不少短生命史的[图 2.18(b)]。

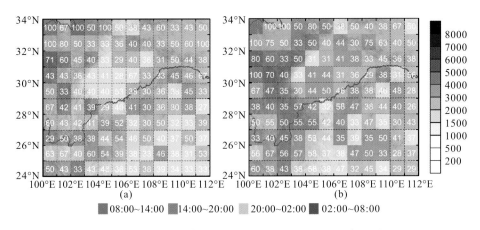

图 2.18　2010～2018 年 5～8 月西南山区 AHR-MCS 生成时(a)
及成熟时(b)在一天中出现频次最高时段的空间分布

注：灰色阴影代表地形高度(m)；填色代表一天内在 1°×1°经纬格距内 AHR-MCS 出现频次最多的时段(北京时)；白色数字代表出现频次最高时段的 AHR-MCS 在格距内所占比例(%)。

西南山区内所有 AHR-MCS 的具体日变化特征如图 2.19(a)所示，生成时间呈明显的单峰结构，即在 20:00～23:00 生成最多，11:00～14:00 最少；峰值出现时间明显晚于所有 MCS 的峰值(14:00～17:00，图略)，该峰值主要贡献来源于生命史是 1h 和超过 6h 的 AHR-MCS。排除 1h 生命史的，该区域内生命史越长，频发峰值的出现时间越晚，值得注意的是，生命史超过 12h 的 AHR-MCS 不仅存在 23:00～02:00 的峰值，还存在 17:00～20:00 的次峰值。而成熟时间则明显存在两个峰值时段：17:00～20:00、05:00～08:00，这分别是由较短(2～5h)和较长(≥6h)生命史的 AHR-MCS 贡献所致。

具体至四个子区域的日变化特征图 2.19(b)～图 2.19(e)则显示，位置靠西的 SR-A、SR-D 生成和成熟均是明显单峰结构，其余两者则是多峰结构。SR-A 内的 AHR-MCS 主要生成于 23:00～02:00，比成熟峰值早出现 5h，这与川渝地区 MCS 具有明显多峰型日变化特征（郑永光 等，2008；祁秀香和郑永光，2009）不同，即可知盆地内频繁在夜间生成（成熟）的 MCS 更容易引起突发性暴雨事件。对比两者，SR-A 生成（成熟）时间比 SR-D 晚 6（或8）h，该差异可能主要得益于两者高原东坡、盆地的大地形热力差异（Yu et al.，2007）。SR-D则贡献了所有长生命史（≥12h）AHR-MCS 的傍晚生成次峰值[图 2.19（a）]，而且该子区域内较长生命史（≥6h）的生成峰值出现时间反而早于较短生命史（2~5h）的，这可能与高原东坡地形下的 MCS 易在夜间增强且向东传播有关（Huang et al.，2010；王婧羽 等，2019）。而 SR-B 和 SR-C 中 AHR-MCS 生成（成熟）则呈现明显的多峰结构，变化特征主要受较短生命史（1~5h）的 AHR-MCS 影响，但依旧是夜间发生（成熟）频率更高，尤其是较长生命史（≥6h）的，多出现在 20:00 以后；SR-B 的生成峰值主要出现在 20:00~23:00 和 02:00~05:00，但 SR-C 则主要生成于 23:00~02:00 和傍晚 17:00~20:00，其中同样位于云贵高原东侧的 SR-C 主峰值出现时间与盆地 SR-A 一致，这可能是由高原大地形与东侧地区热力差异的日变化以及边界层非地转风的惯性振荡所致（Zhang et al.，2019）。

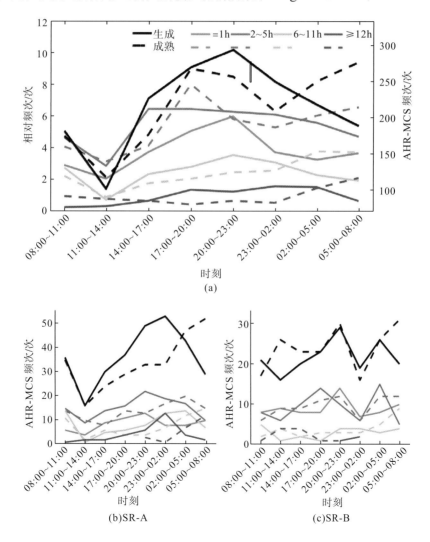

（a）

（b）SR-A　　　　　　　　　（c）SR-B

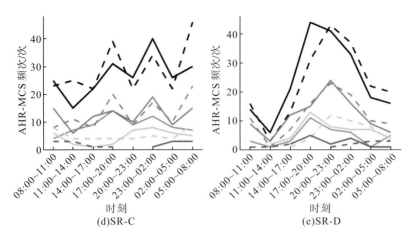

图 2.19　生成于西南山区(a)及其中 4 个子区域(b)(c)(d)(e)不同生命史(不同颜色)
的 AHR-MCS 生成(实线)、成熟(长虚线)时间出现频次的日变化分布

4. 西南山区 AHR-MCS 与降水的关系

根据突发性暴雨事件可得到研究区域内每一个AHR-MCS对应的小时最大降水出现时间和位置。还可得到其成熟时间和最低 TBB 出现时间与最大降水出现时间的差异的频率分布,如图 2.20 所示,发现所有子区域中的 AHR-MCS 约 82%(86%)的最大降水集中出现在其成熟时(最低 TBB 出现时)的±2h 内。排除 28%生命史为 1h 的 AHR-MCS,成熟时(最低 TBB 出现时)与最大降水出现时重合的 AHR-MCS 数量仍旧最多,可达到22%(25%),不同子区域中 SR-B、SR-C 内最大降水出现在成熟(最低 TBB 出现)前后的集中程度更高(图2.20)。同时发现成熟时间晚于最大降水出现时间的 AHR-MCS 明显更多,即最大降水时间更容易出现在 AHR-MCS 的发展阶段(生成—成熟时段内),这在长生命史更多的 SR-A、SR-D 中也更突出。与成熟时相比,最大降水出现在最低 TBB 出现时前后的集中程度明显更高,多集中在±1h 内,且不同于成熟时,最大降水更容易晚于最低 TBB出现[图 2.20(b)]。综上结合表 2.2 可知,西南山区与突发性暴雨相关的 MCS,发展过程中最低 TBB 更容易出现在成熟之前,且降水与之相关性更高,对于生命史较长的 MCS,强降水更容易出现在最低 TBB 之后、成熟之前。

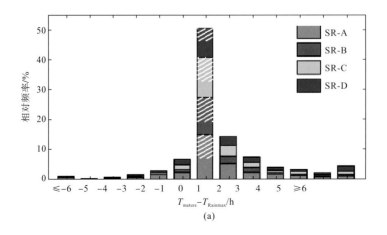

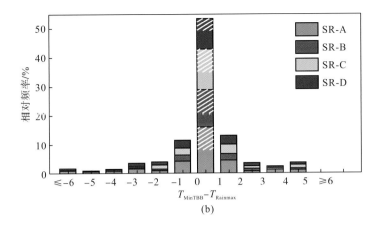

图 2.20　2010～2018 年 5～8 月生成于西南山区 4 个子区域内的 AHR-MCS 成熟时间(a)、
最低 TBB 出现时间(b)与最大降水出现时间差异的频率分布

注：白色斜杠覆盖区域表示生命史为 1h 的 AHR-MCS 所占比例；Tmature 表示 AHR-MCS 成熟时间；

TminTBB 表示最低 TBB 出现时间；Trainmax 表示最大降水出现时间。

若以 AHR-MCS 逐时云团的形心为原点建立直角坐标系，则可去除 AHR-MCS 移动的影响，同时还得到了从右上开始逆时针排列的四个象限(Ⅰ、Ⅱ、Ⅲ，Ⅳ)，此时地面站相对于原点在不同象限的分布情况即可表征地面出现降水的位置相对于对流云团的空间分布情况。根据上述可知，较强的降水更容易在 AHR-MCS 最低 TBB 出现时发生，故可探讨此时最大降水站点相对于对流云团的空间分布情况[图 2.21(a)～图 2.21(d)]。结果显示最大降水超过 83%出现在相应时刻对流云团形心的±3°(±2°)经度(纬度)范围内，且纬向的扩展程度更大，这主要受限于对流云团的面积和形状[图 2.17(a)、图 2.17(d)]。同样也存在可识别的区域性差异如图 2.21(a)～图 2.21(d)所示，除去 SR-B 在第Ⅲ象限，其余子区域内最大降水都在对流云团的第Ⅰ象限出现最多；毗邻研究区域东边界的 SR-B、SR-C 中均在第Ⅳ象限最少，其余两者则是在第Ⅱ象限最少，相应的 700hPa 合成风场(图略)表明对于 SR-A 受制于其西侧的青藏高原，云团形心多分布在气旋性环流的东部，SR-D 中的云团形心多分布在气旋性环流的西南侧，故上述两个区域内云团的第Ⅱ象限更易受较弱偏北风影响，不利于强降水的发生；而 SR-B 和 SR-C 两者的第Ⅳ象限则多位于西南风大风速中心的左后方，类比低空急流对于对流系统的影响，该区域不利于对流的发展和维持。

其次，各子区域内能够产生较强降水的 TBB 均值都低于-51℃，而其中 SR-D 最低、SR-B 最高[图 2.21(e)]，这可能是由于 SR-D 位于海拔超过 1000m 的云贵高原东坡，故受其影响若要产生同样强度的降水，需对流发展更高，从而具有更低的云顶亮温。对比各子区域内不同象限降水对应的 TBB，强降水频次较低的象限内 TBB 的均值也更高，即强降水明显与更低的 TBB 存在较好的对应关系，但也存在约一半降水站点对应的 TBB 大于-52℃[图 2.21(e)]。又知中尺度对流系统的发展、雷暴大风以及强降水与 MCS 边缘的梯度大值区存在较密切的对应关系(石定朴和王洪庆，1996)，于是得到 4 个子区域内强降水点对应的 TBB 梯度均值(中位数)为 0.5～0.6℃·km^{-1}(～0.4℃·km^{-1})，最大值可达到 3.3℃·km^{-1}，约 42%大于等于 0.5℃·km^{-1}，且 SR-A 最大、SR-D 最小。虽不及我国东部地区发生雷暴大风所能达到的均值在 $1℃ \cdot km^{-1}$ 以上,但与华中地区短时强降水出现时的 $34℃ \cdot (0.5°E)^{-1}$ 较接近。SR-A、SR-D 的四个象限中 TBB 梯度差异不明显但都在第Ⅳ象限最大,而 SR-B、SR-C 中则明显在 Ⅰ、Ⅳ 象限内更低[图 2.21(f)],这也许是由该两个子区域的东边界与研究区域的东边界重合导致的。综上可知,研究区域内突发性暴雨事件的较强降水不仅易出现在对流云团发展较旺盛的低值区,还容易出现在 TBB 的梯度大值区。

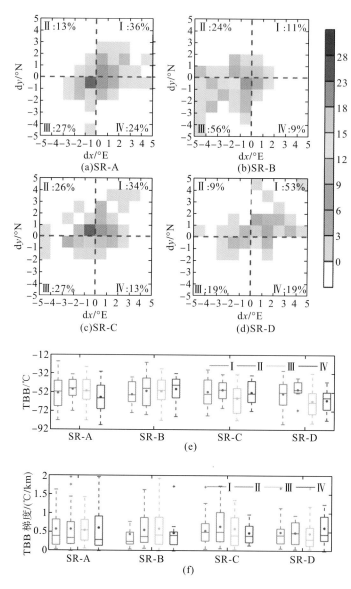

图 2.21　4 个子区域的 AHR-MCS 在最低 TBB 与最大降水出现时间相同时所覆盖的最大降水站点与云团形心相对位置的分布情况(a)(b)(c)(d)、出现在 AHR-MCS 云团不同象限的降水站点所对应的 TBB(e)以及 TBB 梯度(f)分布情况

注:箱线图中尾端加号表征有异常值,方盒中间的实心圆点表示平均值,实线表示中位数。

2.3.2　基于日本静止卫星 TBB 的西南山地 MCS 的统计特征

根据 2.1.2 节的方法，西南地区共追踪识别到 4051 个 MCS[图 2.22(a)]，西南山区(海拔不低于 500m)共筛选出 3059 个 MCS[图 2.22(b)]。我们利用 K-means 聚类算法根据 MCS 的生成位置将 3059 个对流系统分为四类。第一类 MCS(简称 C1)生成于青藏高原东北部(90°E～105°E，28°N～35°N)，包含 1161 个个例[图 2.23(a)，红色圆点]，占了总数的 37.95%[图 2.23(b)]；第二类 MCS(简称 C2)生成于青藏高原东南侧(98°E～106°E，24°N～30°N)，共有 966 个个例[图 2.23(a)，蓝色圆点]，比第一类约少 200 个，占总数的 31.58%[图 2.24(b)]；第三类 MCS(简称 C3)有 421 个个例[图 2.23(a)，紫色圆点]，占总数的 13.76%[图 2.23(b)]，约为第二类的 1/2，第一类的 1/3，它们生成于秦岭、大巴山和巫山山脉(104°E～114°E，28°N～35°N)；第四类 MCS(简称 C4)有 511 个[图 2.23(a)，绿色圆点]，比 C1 少 650 个，数目与第三类差不多，占总数的 16.70%[图 2.23(b)]，C4 主要生成于武陵山和雪峰山(105°E～114°E，24°N～28°N)。

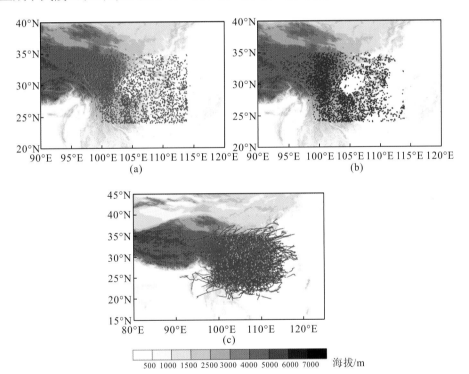

图 2.22　西南地区(a)和西南山地地区(b)MCS 生成位置图和西南山地地区 MCS 移动路径图(c)

注：(a)和(b)中的圆点表示 MCS 生成位置，(c)中实线即是路径。阴影表示大于 500m 的海拔。

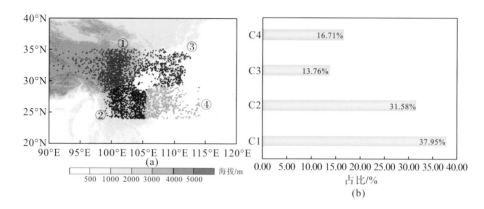

图 2.23　西南山区 MCS 生成位置的聚类分布图(a)和四类 MCS 的占比统计图(b)

注：区域①圆点表示 C1 类 MCS，区域②圆点表示 C2 类 MCS，区域③圆点表示 C3 类 MCS，区域④圆点表示 C4 类 MCS，灰色阴影为大于 500 m 的地形高度。

1. MCS 的时间变化特征

西南山区生成的 MCS 具有年际变化特征，从图 2.24(a)可以看出，平均每年有 306 个 MCS，2017 年 MCS 数目较少，有 243 个，2010 年最多，有 355 个。2017 年个数最少，有可能是因为 2017 年降水数据缺测时次多[完整率低于 80%，图 2.20(b)]造成的。四类 MCS 也存在年变化特征，C1 类 MCS 平均每年有 116 个，2009 年数目最多，2017 年最少，仅有 88 个；C2 类和 C3 类 2010 年均最多，而 C2 类最少的是 2011 年的 67 个，C3 类最少的是 2015 年的 24 个，约为 C2 类的 1/3；C4 类 2015 年最多，2011 年最少，平均每年 51 个[图 2.24(a)]。

MCS 月变化特征显著，7 月最多，其次是 6 和 8 月，5 月最少[图 2.24(b)]。这个特征与 Yang 等(2015)和 Yang R Y 等(2018)结论一致。对比四类 MCS 的月变化特征，可以看到其月变化特征和总体特征相似[图2.24(b)]。然而，C1 类 MCS 9 月份个例数不低于 6～8 月，有可能是因为 9 月份青藏高原生成的 MCS 能移出青藏高原的比例较高，而 6～8 月相对较低(Mai et al.，2021)。此外，四类 MCS 的生命史均是随着持续时间的增长，数目呈减少趋势，且四类 MCS 的维持时间大部分在 3～21h[图 2.24(c)]。C1 类最长可维持 68h，其平均生命史是 8.40h；C2 类最长可维持 54h，其平均生命史是 8.07h；C3 类最长可维持 39h，其平均生命史是 6.87h；C4 类持续时间最长有 33h，其平均生命史是 7.09h。可见青藏高原生成的 MCS(C1 和 C2 类 MCS)持续时间较长。

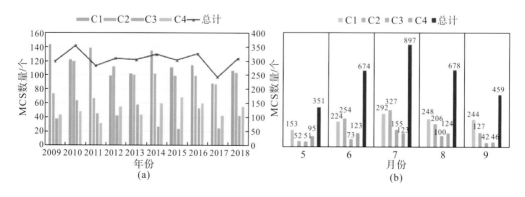

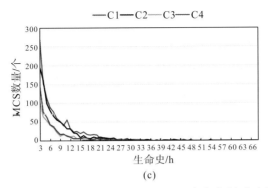

(c)

图 2.24　四类 MCS 的年(a)、月(b)和生命史(c)分布图

为了进一步分析四类 MCS 的时间变化特征，对它们的 3 个典型阶段(生成、成熟和消亡阶段)的日变化特征进行分析。由于研究区域包括青藏高原，为了避免因生成地经度不同造成的时差，将每个系统的生成、成熟和消亡时间(世界时)按照经度以 1h 为单位，计算对应时刻的当地时间，从而得到生成、成熟和消亡时刻的日变化分布(图 2.25)。生成时刻是指初次满足 TBB≤-52℃的连续冷云区面积超过 5000km² 的时刻；成熟时刻是指 MCS 整个生命史阶段中 TBB≤-52℃的连续冷云区面积达到最大的时刻；消亡时刻是指 MCS 最后满足 TBB≤-52℃的连续冷云区面积超过 5000km² 的时刻。

图 2.25 是四类 MCS 生成、成熟和消亡时刻的日变化分布图。可以看到，MCS 生成高峰期是在下午至傍晚(1400~1800 LST)，这与西南地区 MCS 生成高峰期一致(Xie and Ueno, 2011)。MCS 1600~2300 LST 达到成熟，另外，C1 和 C2 类 MCS 还有一个成熟次高峰 0000~0300 LST。MCS 在晚上(1800~2300 LST)消亡，且 C1 和 C2 类 MCS 在凌晨至早晨(0000~0900 LST)有一个次高峰。另外，C1 类 MCS 的生成、成熟高峰期与C2 类一致。

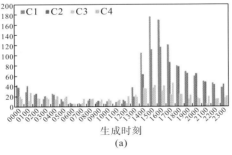

生成时刻

(a)

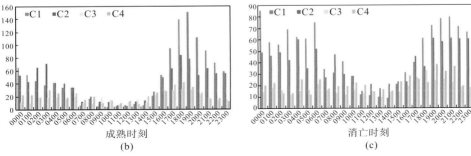

成熟时刻　　　　　　　　　　　　消亡时刻

(b)　　　　　　　　　　　　　　　(c)

图 2.25　四类 MCS 生成(a)、成熟(b)和消亡(c)时刻(当地时)的日变化

2. MCS 的空间分布特征

西南山地 MCS 活跃在 20°N～40°N 范围内，MCS 可在西南山区任意地点生成，移动方向以东移为主。C1 类 MCS 活跃在青藏高原东部，并向东、东北和东南方向移动，有些 MCS 甚至可以影响到 115°E 左右。C2、C3 和 C4 类 MCS 多数向东移动，少数个例向西南方向移动，且 C3 类 MCS 消亡位置更偏东，达到 118°E 附近。

为了统计每个格点上对流出现的频次，把 MCS 活动影响范围的逐点经纬度信息以 0.5°×0.5°分辨率格点化(图 2.26)，四类 MCS 的活跃区域存在显著不同，C1 类 MCS 活跃于青藏高原东侧[图 2.26(a)]；C2 类 MCS 主要活跃于青藏高原东南侧和云贵高原西侧[图 2.8(b)]；C3 类 MCS 密集区域位于秦岭、大巴山和巫山山脉[图 2.26(c)]；而 C4 类 MCS 在武陵山和雪峰山附近活动更为频繁[图 2.26(d)]。这与移动路径图的结果类似。此外，C1 类 MCS 的活动中心是频次最多、影响范围最大的，其次是 C2 类，C3 类 MCS 的中心频次是最少的。

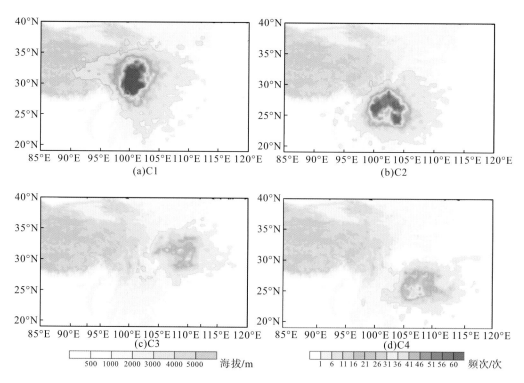

图 2.26 四类 MCS 的移动路径空间分布图

注：阴影表示海拔大于 500m。

MCS 三个阶段的日变化特征存在差异(图 2.25)，生成和消亡位置也是不同的，因此，有必要分析一下三个阶段四类 MCS 日变化的空间分布。图 2.27 是 MCS 生成、成熟和消亡时刻位置和日变化的分布图，C1 类 MCS 多在 1400～1800 LST 生成于青藏高原东部稍偏北部分，大部分在 1600～2300 LST 达到成熟，也有极少数在 0000～0300 LST 移动到四川盆地达到成熟，此类 MCS 多在 2100～2300 LST 消亡，且位置相对于生成位置偏东，说明 C1 类 MCS 大部分是在傍晚到晚上东移达到成熟并消亡。C2 类 MCS 基本是在 1400～1800 LST 于青藏高原东南侧和云贵高原西侧生成，下午达到成熟，并在东移过程中晚上消亡，与 C1 类 MCS 特征相似。C3 类 MCS 多数是在下午到晚上在秦岭大巴山脉附近生成和成熟，晚上东移到下游平原地区消亡。C4 类 MCS 的特征与 C3 相似，但此类主要生成于武陵山和雪峰山附近。

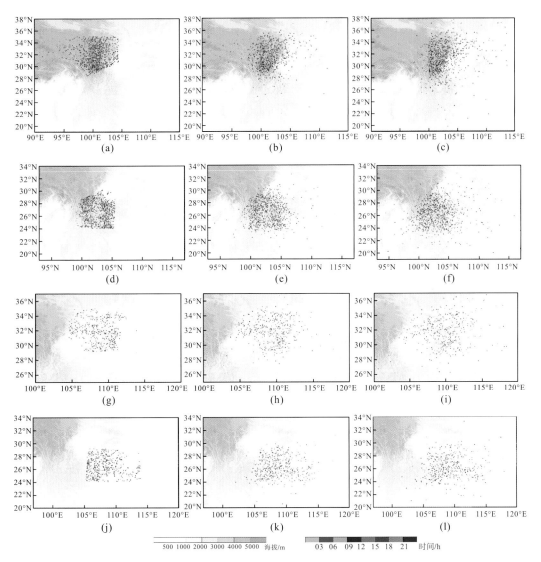

图 2.27　C1(a～c)、C2(d～f)、C3(g～i) 和 C4(j～l) 类 MCS 的生成(左)、
成熟(中)和消亡(右)位置及其对应的日变化分布图

注：圆点表示位置，圆点的颜色表示时间，阴影表示海拔大于 500m。

　　MCS 的生成和成熟会受到地形的影响(Houze，2012；Laurent et al.，2002)，因此，分析 MCS 的生成和成熟位置海拔与频次的关系是有必要的。本节统计的是生成位置海拔高于 500m 的 MCS，其以东移为主，因此其成熟位置海拔有可能低于 500m。生成位置海拔是从 500m 开始, 成熟位置海拔始于 100m。以 300m 间隔来做统计分析, 比如, 海拔高度 300 代表 100~300m, 以此类推, 其中 MCS 频次是对应海拔范围内所有 MCS 的数目之和。从图 2.28 可以看出, 生成和成熟位置海拔与频次存在双峰特征, 生成和成熟位置海拔在 900m 和 4500m 是峰值, 2700~3300m 是低值区。

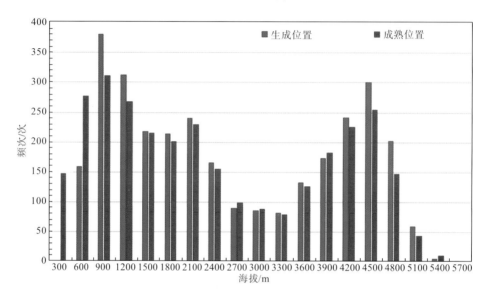

图 2.28　MCS 生成和成熟位置海拔的频次分布图

2.4　西南山地中尺度对流系统发生的局地条件

西南山地突发性暴雨的形成与局地水汽含量、水汽来源密不可分, 水汽条件直接决定了突发性暴雨的强度。根据第 1 章的统计分析得到西南山地突发性暴雨的高频次区域: 四川盆地、湘西北地区和贵州、广西交界地区, 选取 2016 年和 2020 年西南山地突发性暴雨事件 57 个, 这些事件基本位于统计的高频区内。由于湘西北和贵州南部的突发性暴雨事件大多在相同的大范围暴雨过程中挑选出来, 环境场的水汽和风场很难区分各自较大的差异, 故将这两个高频区事件的水汽和风场合成进行讨论, 盆地事件单独合成分析。

图 2.29 给出了西南山区盆地突发性暴雨事件发生前对流层中低层的合成比湿和风场。山地突发暴雨发生前, 低层比湿大, 最大比湿区在盆地东南侧, 而中层比湿分布有明显差异, 比湿大值区位于盆地西部上空, 这与两层风场特征有关。低层 850hPa 盆地为气旋性涡旋环流, 西南低涡(简称西南涡)位于盆地东南部, 低涡下游东南风将南方丰沛的水汽带至盆地辐合聚集, 中层 700hPa 盆地上空以西南风为主, 将来自西南方向的水汽带至盆地上空, 这样中低层风场的组合, 一方面有利于将孟加拉湾和南海充足的水汽输送到四川盆地, 另一方面在西南低涡环流和风垂直切变作用下盆地辐合上升增强, 形成了突发性暴雨天气良好的动力条件。在突发性暴雨发生期, 中低层合成比湿场分布类似于图 2.29(a), 但比湿大值范围略有收缩, 风场则体现为盆地中低层风速增加, 西南低涡环流显著加强, 700hPa 盆地上空也出现强的气旋性环流, 说明强暴雨期水平辐合增强、强的垂直上升运动形成。

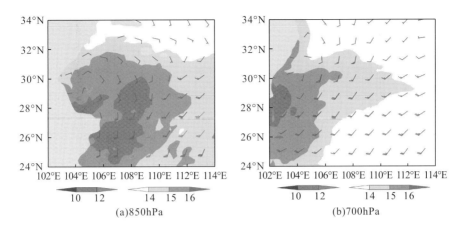

图 2.29　西南山区盆地突发性暴雨事件发生前合成比湿和风场

注：深灰色阴影表示比湿（单位为 g·kg⁻¹）和风场（风向杆长、短杆分别为 2m·s⁻¹ 和 4m·s⁻¹，虚线风向杆为风速大于 10m·s⁻¹），浅灰色阴影为地形。

发生在湘西北和贵州、广西交界处的西南山地突发性暴雨事件合成比湿和风场如图2.30所示。对流层中低层比湿高值区较盆地突发暴雨事件的比湿分布明显偏南，大比湿区基本覆盖了除盆地以外的两个高频区。可以发现这两个高频区比湿呈现大范围连续分布，这与我们挑选的事件发生的时间大部分是同一次大范围暴雨过程中出现的突发暴雨事件有关，故环境场的水汽条件基本类似。风场上，关键区内低层西南气流、中层西略偏南气流，均伴有急流发展。广西北部到贵州南部表现为明显的风速辐合，湘西北则为显著的风场切变线，切变线南侧为急流。急流的存在为南方的暖湿水汽输送至高频区提供了良好的动力条件。此外，在重庆南部低层风场为一较弱的涡旋环流，高频区位于低层弱低涡和低空急流之间，此结构导致高频区及其南侧的风速辐合增大，有利于源源不断的偏南暖湿水汽在高频区内辐合上升，从而导致突发性暴雨事件发生。突发性暴雨期风场条件更佳，比湿大值区略有收缩，与盆地变化相似。

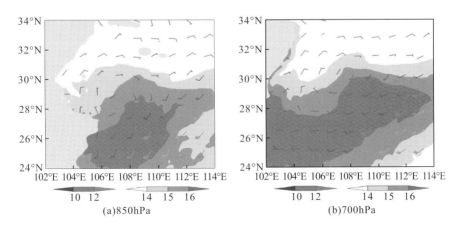

图 2.30　西南山区东部突发性暴雨事件发生前合成比湿和风场

注：深灰色阴影（g·kg⁻¹）和风场（风向杆长、短杆分别为 2m·s⁻¹ 和 4m·s⁻¹，虚线风向杆为风速大于 10m·s⁻¹），浅灰色阴影为地形。

　　上述表明在西南山地突发暴雨形成期存在好的水汽输送条件和高频区对流层中低层上升运动形成的辐合条件,此外成云致雨特别是强暴雨还需要局地大气柱的水汽含量达到一定值,为此我们合成 57 个西南山地突发性暴雨事件的可降雨量和风场,如图 2.31 所示。突发性暴雨事件发生前可降雨量分布存在三个中心:四川盆地、贵州南部—广西北部、湖南北部,与突发性暴雨事件的高频区略有差异,事件高频区的湘西北位于湖南北部可降雨量大值区的西侧梯度大的一侧,这与环境场的比湿分布呈连续的大范围有差异,三个高频区除了风场因气旋性环流或切变或风速辐合形成的有利动力条件外,局地可降雨量明显偏大,也说明了三个高频区为西南山地突发暴雨事件提供了更优的水汽和动力条件。

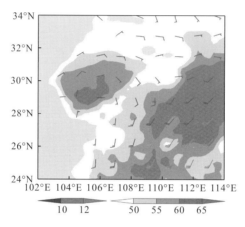

图 2.31　西南地区山地突发性暴雨事件发生前可降雨量和风场

注:深灰色阴影表示可降雨量(mm)和 850hPa 风场(风向杆长、短杆分别为 2m・s^{-1} 和 4m・s^{-1},虚线风向杆为风速大于 10m・s^{-1}),浅灰色阴影为地形。

　　雨强大的强降水局地层结条件往往是关键因素,尤其是山地突发性暴雨发生前后,层结变化与稳定性、持续性降水差异大,有必要定量计算分析。温度垂直递减率是衡量层结稳定度的一个重要指标,为此计算 57 个事件在三个高频区域平均的温度垂直递减率(图 2.32)。

　　气温垂直递减率计算公式为

$$\gamma = -\frac{T_Z - T_0}{H_Z - H_0} \tag{2.11}$$

其中,$T_Z - T_0$ 为湿度差,K;$H_Z - H_0$ 为海拔差,m;当 $\gamma < \gamma_s$ 时为绝对稳定,当 $\gamma_s < \gamma < \gamma_d$ 时为条件不稳定,当 $\gamma > \gamma_d$ 时为绝对不稳定。通常情况下干绝热递减率 $\gamma_d \approx 0.0098$,K/m;湿绝热递减率 $\gamma_s \approx 0.005$,K/m。

　　通过对比三个区域的温度垂直递减率统计结果可以看出[图 2.32(a)],三个区域的温度垂直递减率分布范围主要位于 0.0045～0.0065K/m,根据气块的垂直稳定度判据,表明三个区域有强降水出现时,区域 A 大气层结可能出现条件不稳定或绝对稳定特征,区域 B 大气层结以条件不稳定特征为主。此外就三个区域的温度垂直递减率平均值而言,区域 A 略微小于区域 B,区域 B 略微小于区域 C,进一步表明从区域 A 至区域 B、到区域 C 的层结不稳定性逐渐增强。

　　计算 57 个事件在三个高频区的平均相当位温 θ_{se}，其垂直分布见图 2.32（b）。区域 A、区域 B、区域 C 在对流层低层均呈现出相当位温随高度降低的变化趋势，表明强降水发生时，这些区域对流层低层均具有对流不稳定性特征。从 700～900hPa 三个区域的相当位温随高度减小的斜率对比结果进一步看出，相较于区域 A 和区域 C，区域 B 在对流层低层的对流不稳定性最强。

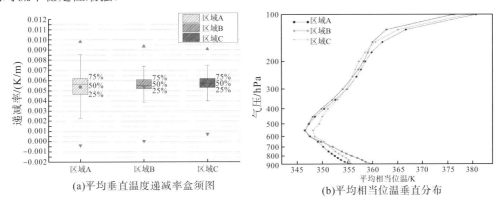

(a)平均垂直温度递减率盒须图　　　　　(b)平均相当位温垂直分布

图 2.32　三个高频区的层结分布

　　梯度理查森数（R_i）是一个无量纲数，是浮力作用和湍流剪切的比值，用于描述湍流发展造成的动力不稳定，表达式如下：

$$R_i = \frac{g\sqrt{z_1 z_2}}{T'} \frac{T_2 - T_1}{(u_2 - u_1)^2} \ln \frac{z_2}{z_1} \tag{2.12}$$

式中，g 为重力加速度，$g=9.8\mathrm{m/s^2}$；T_2、T_1 分别代表上下层的温度，K；T' 代表上下层的平均温度，K；u_2 和 u_1 代表上下层风速分量，m/s。通常将 $R_i < 0.25$ 定义为不稳定状态。

　　整体而言（图 2.33 中整体部分），西部山地暴雨发生前和暴雨发生时 R_i 的中位数几乎都在数值 0 附近变化，并且 R_i 数值主要集中于中位数至最小值（不稳定性最强）一侧。根据相应的等级划分，基本可以判断西部山地在暴雨开始前和暴雨开始时的低层大气状态为弱不稳定状态或中性层结状态，也即由位能供给的上升运动的动能大于动能消耗，有利于大气对流的发展。对比暴雨发生前（整体部分的红色盒须图）和暴雨发生时（整体部分的蓝色盒须图）R_i 数值的变化，可以发现，暴雨发生前 R_i 数值明显小于暴雨发生时的数值，表明暴雨发生前大气低层不稳定性最强。暴雨发生时 R_i 数值增大，是因为随着强降水的发生，近地层大气逐渐降温，越接近地面的空气密度越大，从而抑制大气的垂直运动，大气不稳定性逐渐减弱。因此，暴雨发生前的 R_i 数值对于强降水的发生有一定指示意义。通过对比三个区域 R_i 数值的变化，可以发现四川东部（SR-A 区）在暴雨发生前的不稳定性最强，而贵州南部（SR-B 区）在暴雨发生时的不稳定性最强。

　　暴雨发生前期往往有一个能量积累过程，当不稳定能量达到一定程度，遇到有利的触发条件，剧烈的上升运动才可形成。而不稳定能量常常决定了暴雨发生期的上升运动强弱。突发性暴雨发生前后其不稳定能量变化情形如何需要多个事件计算来分析相应的条件，这里以气块抬升层结出现不稳定时计算该层次的对流有效位能（convective available potential energy，CAPE）值，即最大不稳定 CAPE 值，称之为 MUCAPE 值。

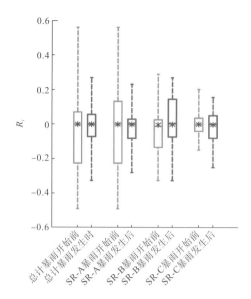

图 2.33　西部山地突发性暴雨事件在不同高频区暴雨开始前、
暴雨发生时的 Ri 值盒须图分布

图 2.34 给出了 2016 年和 2020 年 6～7 月山地突发性暴雨事件高频区的 MUCAPE 分布。突发性暴雨事件开始前，在四川盆地东部和南部（SR-A）、贵州南部（SR-B）和湖南中西部（SR-C）都存在 MUCAPE 大值区。SR-A 和 SR-B 区域的 MUCAPE 值较大，最大值超过 4000J/kg。而 SR-C 区域的 MUCAPE 值较小，最大值为 2800J/kg。突发性暴雨发生时，三个区域的 MUCAPE 值都明显减小，对流不稳定能量释放，有利于山地突发性暴雨的发生（图 2.34）。从对流抑制能量（convective inhibition，CIN）的分布可以看出（图 2.35），三

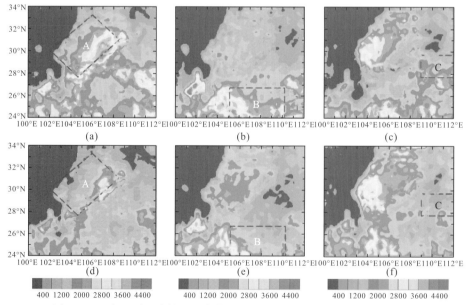

图 2.34　西部山地突发性暴雨事件在不同高频区暴雨开始前（a）（b）（c）、
暴雨发生时（d）（e）（f）的 MUCAPE 值分布（J/kg）

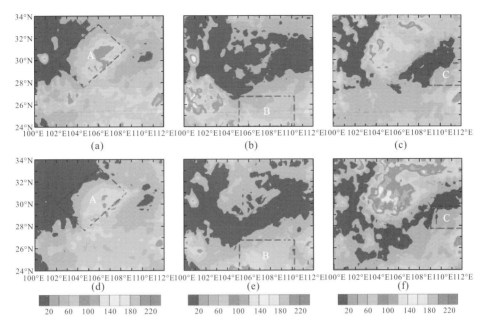

图 2.35　西部山地突发性暴雨事件在不同高频区暴雨开始前(a)(b)(c)、
暴雨发生时(d)(e)(f)的 CIN 值分布(J/kg)

个区域的 CIN 值都不大，SR-A 和 SR-B 的 CIN 值相对大一些，但值都在 140 J/kg 以下，有利于不稳定能量在低层积聚。SR-C 的 CIN 值最小，对应的 MUCAPE 值也较小。山地突发性暴雨发生前后，CIN 值的变化不如 MUCAPE 值明显。

从山地突发性暴雨事件高频区的降水大值中心 MUCAPE 变化可以看出(图 2.36)，暴雨开始前，三个区域的 MUCAPE 平均值为 2080.73J/kg，SR-A 最高为 2165.21J/kg，SR-B 次之为 2062.12J/kg，SR-C 最低为 1835.24J/kg。暴雨发生时，三个区域的 MUCAPE 平均

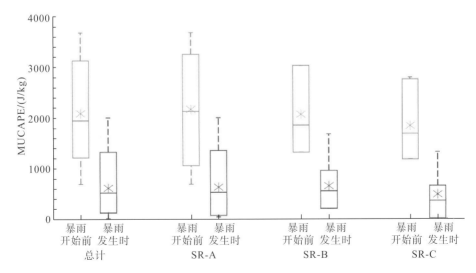

图 2.36　西部山地突发性暴雨事件在不同高频区暴雨开始前、
暴雨发生时的 MUCAPE 值盒须图分布(J/kg)

值为 606.44J/kg, SR-B 最高为 645.94J/kg, SR-A 次之为 623.89J/kg, SR-C 最低为 478.91J/kg, 差值分别为 1416.98J/kg、1541.32J/kg、1356.33J/kg。说明在山地突发性暴雨的三个高频区, SR-A 区域暴雨开始前所需的 MUCAPE 值最大, SR-B 次之, SR-C 最小。虽然 SR-C 区域的 MUCAPE 值不大, 但动力抬升条件触发暴雨前后 MUCAPE 的释放也可造成山地突发性暴雨事件。

2.5 西南山地中尺度对流系统的云团属性及对局地降水的贡献

2.5.1 西南山地 MCS 的云团属性特征

MCS 冷云面积越大, 维持时间越长 (Durkee and Mote, 2010; Rafati and Karimi, 2017), MCS TBB 梯度越大, TBB 越小, 面积增长率越大, 对流相对就越旺盛, 强度越强且发展越快 (Kondo et al., 2006; Yang R Y et al., 2018; Mai et al., 2021)。为了揭示 MCS 演变的主要特征, 本节定义和研究了成熟面积 (整个 MCS 生命阶段成熟时刻的面积)、平均最大 TBB 梯度 (ATBBGmax)、平均最低 TBB (ATBBmin) 和最大面积增长率 (AGRmax) 四个云团属性的特征 (表 2.4)。

表 2.4 与 MCS 的云团属性特征相关的参数定义

名称	定义	单位
TBBmin	最低 TBB, MCS 生命阶段中最低 TBB	K
AGRmax	最大面积增长率, 当前面积减去前一时刻的面积后, 与前一时刻面积的比值	—
ATBBGmax	平均最大 TBB 梯度, MCS 生命阶段中最大 TBB 梯度的平均值	$K \cdot km^{-1}$
ATBBmin	平均最低 TBB, MCS 生命阶段中最低 TBB 的平均值	K
MDT	成熟面积时刻与生成时刻的时间差	h
TTBBmin	达到最低 TBB 的时刻与生成时刻的时间差	h
Dt-temp	成熟面积时刻与最低 TBB 时刻的时间差	h
MST	标准化的 MDT, MDT 除以 MCS 的生命史	—
STTBBmin	标准化的 TTBBmin, TTBBmin 除以 MCS 的生命史	—

从图 2.37 (a) 可以看出, C1 类 MCS 成熟面积可以达到 $220 \times 10^3 km^2$ 左右, 一半以上的面积是 $15 \times 10^3 \sim 65 \times 10^3 km^2$。C1 到 C3 类 MCS 成熟面积逐渐减小, 且 C4 类 MCS 的成熟面积略高于 C3 类, 说明 C1 到 C3 类 MCS 成熟时刻的面积逐渐减小, 且 C4 类 MCS 略大于 C3 类。因此可以得出高海拔地区生成的 MCS (C1 和 C2 类 MCS) 的成熟面积大于低海拔地区生成的 MCS (C3 和 C4 类 MCS) 的成熟面积。四类 MCS 的 AGRmax 基本为 0.2~1.0, 其中 C1 类 MCS 的最大值可接近 3.0。C2、C3 和 C4 类 MCS 的平均值小于 C1, 表明 C1 类 MCS 发展速度最快 [图 2.37 (b)]。MCS 的 ATBBGmax 基本在 $0.7 \sim 1.2K \cdot km^{-1}$ 范围内, ATBBmin 的值在 203~206K 范围内 [图 2.37 (c) 和图 2.37 (d)]。总体而言, C2 和 C4 类 MCS 相对于 C1 和 C3 类拥有更大的 ATBBGmax 和更小的 ATBBmin, 表明 C2

和 C4 类 MCS 的对流旺盛且强度更强。

　　成熟面积和最低 TBB 与对流降水息息相关（Goyens et al.，2012；Ai et al.，2016），因此进一步研究了 MDT、TTBBmin 和 Dt-temp（表 2.4）的特征。从图 2.38（a）可以看到，C1 和 C2 类 MCS 的 MDT 和 TTBBmin 的平均值均高于 C3 和 C4 类，表明前两类 MCS 达到最低 TBB 和最大面积的时间更久。同时也可以看出西南山地地区的 MCS 生成后，需要 1～6h 的时间达到它们的最低 TBB 和最大面积，这与 Ai 等（2016）的研究结果一致。另外，从 Dt-temp 的盒须图上看到 75% 的 MCS 是先达到最低 TBB，2h 内再达到最大面积，有可能是因为强对流一般伴随着强降水，之后才出现冷云面积的增长（Mathon and Laurent，2001；Pope et al.，2008）。由于每个 MCS 的生命史是不一样的，因此我们需对 MDT 和 TTBBmin 进行标准化，查看它们的异同。STTBBmin 和 MST 的平均值分别为 0.4 和 0.65，揭示出 MCS 是在其前半阶段达到最低 TBB，中间阶段成熟的［图 2.38（b）］。

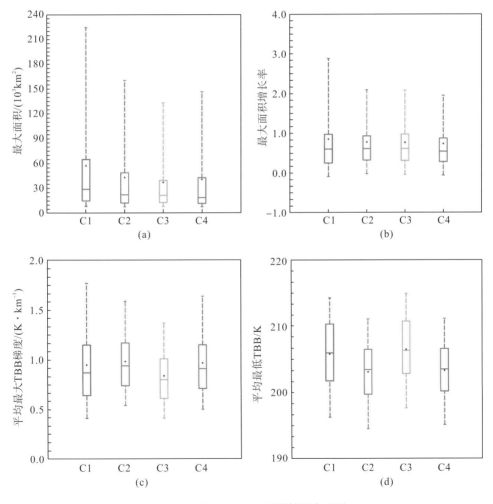

图 2.37　四类 MCS 云团属性的盒须图

　　注：方盒代表 25%～75% 数据的位置，方盒中间横线代表 50% 数据的位置，五角星代表平均数的位置，上下端须分别连接 95% 和 5% 数据的位置。

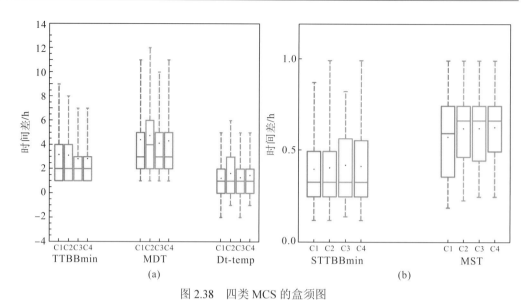

图 2.38　四类 MCS 的盒须图

注：方盒代表 25%～75%数据的位置，方盒中间横线代表 50%数据的位置，实心圆点代表平均数的位置，上下端须分别连接 95%和 5%数据的位置。

2.5.2　西南部山地 MCS 对局地降水的贡献

MCS 面积越大，维持时间越久，其产生的降雨量越大(Goyens et al.，2012)。MCS 对局地降水的贡献是指根据卫星图像确定的系统内各个格点上与 MCS 有关的降雨量和对应地区总降雨量的比值(Blamey and Reason，2013)。以往研究中对局地降水贡献率的计算多是根据时间分辨率较低的(3h)的 TRMM(tropical rainfall measuring mission)卫星降水资料，或者 CMORPH 降水资料，该数据较准确地反映了降水的空间结构，但是与地面站点降雨量有偏差(张蒙蒙和江志红，2013)。本书研究区域包括川西高原，该地区的观测站点较少。因此，计算局地降水贡献率利用的是中国气象局国家气象信息中心提供的融合数据，该数据时间分辨率是 1h，与 MCS 时间分辨率吻合，并且结合了地面观测和卫星反演降水各自的优势，在降雨量和空间分布均较为合理，并且能准确抓住强降水过程，在定量监测强降水中具有优势(江志红 等，2013；廖捷 等，2013；沈艳 等，2013)。

利用图 2.39 中的方法，计算 MCS 对局地降水的贡献率，与 MCS 有关的降水是指 MCS 影响的所有时刻内产生的有效降水的总和，除以 2009～2018 年 5～9 月所有时刻降水的比值，得到 MCS 有关的降水对局地总降水的贡献率。可以发现，对流产生的降水多是对流触发地及周边的贡献，移动到下游地区的对流对下游地区的贡献是较小的(图2.39)。C1 类 MCS 有一个范围很大的高值区域，位于青藏高原的东侧，贡献率达到了40%，说明青藏高原东侧大约有 40%的降水是与 MCS 有关的[图 2.39(a)]。C2 类 MCS 在云贵高原有两个高值区，云贵高原东侧的高值区贡献率达到了 30%以上，云贵高原西侧的高值区贡献率在 25%～30%[图 2.39(b)]。C3 类 MCS 高值区位于巫山周边，仅有 15%～20%，表明该地区与 MCS 有关的降雨量不超过总降水的 20%[图 2.39(c)]。C4 类 MCS 也存在位于雪峰山附近的一个高值区，贡献率为 20%～25%，只比 C3 类多 5 个百分点左右

[图 2.39(d)]。由此可见，青藏高原东侧的降水 30%以上是与对流活动有关的，而下游地区的降水与对流活动有关的不足 25%，有可能是因为下游地区暖季产生降水的影响系统较多，比如梅雨锋降水就是大范围的层积云降水，对流云的降水贡献并不高(陶诗言，1980)。

　　已有研究表明极端暴雨事件大部分是由 MCS 引起的(Schumacher and Johnson，2004；Meisner and Arkin，2009；王淑莉 等，2015；Hu et al.，2017)。本章利用融合数据统计了与 MCS 有关的降水中产生短时强降水(突发性暴雨)的降雨量(频数)与 2009～2018 年 5～9 月每个格点上产生的强降水的雨量(频数)的总和的比值，称之为与 MCS 有关的短时强降水累计雨量(频数)对局地强降水累计雨量(频数)的贡献率(图 2.40 和图 2.41)。中国气象局规定，短时强降水是指小时雨量≥20mm 的降水。从图 2.40 和图 2.41 可以发现，短时强降水累计雨量(频数)对局地贡献率的空间分布与对所有降水对总降水的局地贡献(图 2.39)相似。5～9 月西南山地产生的短时强降水累计雨量(频数)中大多是由 MCS 引起的。C1 类 MCS 对短时强降水累计雨量(频数)的贡献率在 40%以上，在青藏高原东侧局地达到了 70%，说明青藏高原的短时强降水累计雨量(频数)70%以上是由 MCS 引起的，同时也可以看到四川盆地内的贡献率也较高达到了 50%以上，此类 MCS 移动较远，对下游地区也有 10%左右的贡献率[图 2.40(a)和图 2.41(a)]。C2 类 MCS 在云贵高原西侧的贡献率达到了 70%以上，对雪峰山附近的贡献率达到 20%[图 2.40(b)和图 2.41(b)]。C3 类 MCS 在秦岭大巴山脉附近贡献率达到了 60%以上[图 2.41(c)和图 2.41(c)]。C4 类多是在生成地附近的高贡献率中心[图 2.40(d)和图 2.41(d)]。由此可见，西南山区的短时强降水主要与局地生成的 MCS 有关，受上游生成的 MCS 影响相对较小。

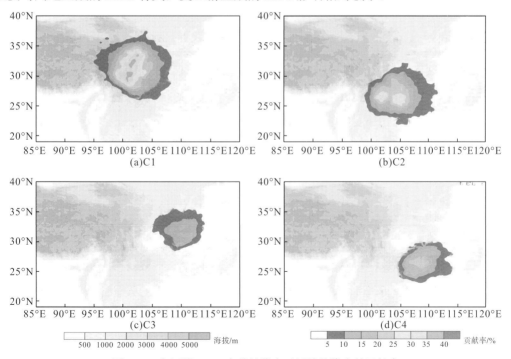

图 2.39　与四类 MCS 有关的降水对局地总降水的贡献率

注：灰色阴影表示地形高度大于 500m。

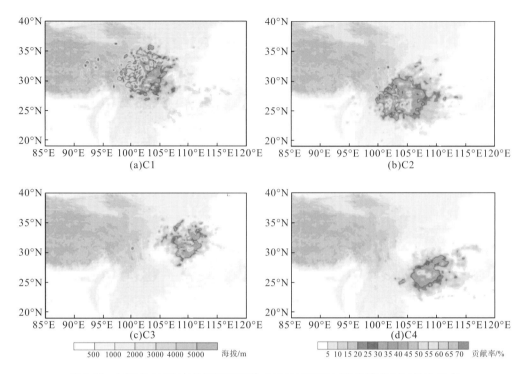

图 2.40　与四类 MCS 有关的短时强降水累计雨量对局地强降水雨量的贡献率

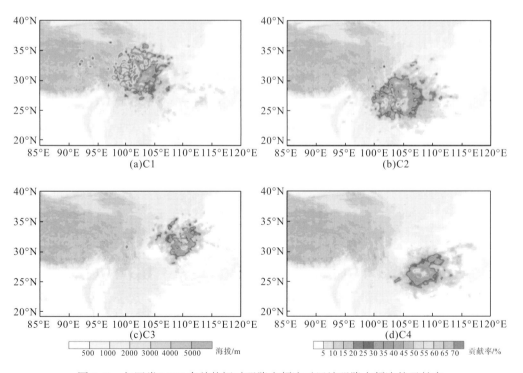

图 2.41　与四类 MCS 有关的短时强降水频次对局地强降水频次的贡献率

2.6　不同类型西南山地中尺度对流系统的环流特征

2.6.1　FY-2 卫星遥感的不同类型西南山地 MCS 的环流特征

逐月 AHR-MCS 存在时与月平均环境特征的差值分布，能够清楚地反映出有利于 AHR-MCS 的环流形势和大尺度环境条件。结果显示，西南山区 5～8 月的 AHR-MCS 更容易出现在以下的环流配置和大尺度环境条件下：500hPa 存在经向分布的位势高度差值的梯度大值区即对流层中层存在明显经向扰动或受经向系统控制，这是我国有利于强降水发生的环流形势之一；对流层低层 700hPa 位于研究区域东南部的西南风增量不仅更有利于低纬地区的暖湿空气输送至此，其与西部高原东侧较大的偏北风扰流增量呈现出明显的气旋性异常环流，有利于辐合和暖湿气流的输送；存在整层水汽通量异常辐合的大值中心、地面至 700hPa 的垂直风切变正异常大值区及 700hPa 假相当位温的正异常中心。

根据前述内容，空间分布的月变化是引起 AHR-MCS 频发区域差异的直接原因，大尺度环境异常的逐月分布则能够反映出有利环境条件的区域性差异。5 月夏季风北上引发的经向扰动在研究区域内十分显著。夏季风的前缘本该位于北纬 26°附近，但 AHR-MCS 发生时其前缘则向北突进至北纬 28°，南上高温高湿气团可为该地区中尺度系统的发生提供能量和不稳定基础。700hPa 高原东侧扰流的西北风增量在 4 个月中最大，气旋性异常切变的中心则偏南位于 SR-D 内。整层水汽通量异常的辐合大值区也集中在研究区域的东南部，其量级和 700hPa 假相当位温正异常都是雨季中最强的。该月 AHR-MCS 多集中在偏南的 SR-C、SR-D。

此后 6 月对流层中层经向扰动明显减弱，7～8 月则明显受异常槽影响，其中 8 月异常槽偏西偏强。从 6～8 月随着对流低层西南风增量持续向西扩展、北上并增强以及高原东侧西北风增量的减弱西缩，气旋性异常切变明显西移北上；整层水汽通量异常的辐合大值区则也从研究区域的东南部向西北部移动。同时由于夏季风前缘在 6 月已能推进至研究区域的北边界，即低层高湿静力能量已是必备条件，所以 700hPa 假相当位温的正异常也在 6～8 月明显小于 5 月。显著区别于 5 月，对流层低层垂直风切变在 6～8 月中与 AHR-MCS 的高频区则存在更好的对应关系。综上可知，整个雨季对流层中层的经向扰动、环流和整层显著偏强的水汽辐合对于 AHR-MCS 都十分重要；除此以外，在 5 月来自低纬的高湿静力能量对于 AHR-MCS 是必需的，而 6～8 月则是对流层低层的风垂直切变更重要。

2.6.2　日本静止卫星遥感的不同类型西南山地 MCS 的环流特征

由以上分析可知，四类 MCS 个例在形成时刻日变化、形成位置和生命史等方面均存在差异，这些差异有可能受到初生时刻环流背景场的影响，因此我们采用欧洲中心提供的分辨率为 0.25°×0.25° 的 ERA5 逐小时再分析资料对四类个例生成时刻的环流进行合成分析，对比四类 MCS 形成时刻的环流背景场的差异，初步分析有利于四类 MCS 形成和维持的环流条件。影响西南山区的 MCS 主要生成于海拔高于 3000m 的青藏高原东侧和云贵高原西侧(C1 和 C2 类 MCS),以及下游第 2 级阶梯地形附近(C3 和 C4 类 MCS)。考虑到海拔的差异,进行环流特征分析时,四类 MCS 用 200hPa 代表对流层高层,C1 和 C2 类 MCS 分别用 300hPa、400hPa 和 500hPa 表示对流层中低层,而 C3 和 C4 类分别用 500hPa、700hPa 和 850hPa 代表对流层中低层。另外,四类 MCS 中有些个例的生成时间是一样的,为了结果的准确性,我们剔除了生成时间相同的例子。此时 C1、C2、C3 和 C4 类分别有 1026 个、834 个、360 个和 444 个 MCSs。

在对流层高层(200hPa),四类 MCS 形成时刻的合成环流场的共同特征是在 40°N 附近存在风速大于 30m·s^{-1} 的高空急流,且南亚高压控制 30°N 以南地区。C1 和 C3 类 MCS 形成于高空急流的南侧,而 C2 和 C4 类的形成地区距离高空急流 1000km 以上,总体来说,高空急流对 C2 和 C4 类 MCS 的形成影响不大。主要的不同是 C1 类 MCS 处于南亚高压北部平直的西风气流中,C2、C3 和 C4 类 MCS 均处于高压东部的反气旋环流中。另外,C2 类 MCS 南亚高压强度最强,C3 类 MCS 中南亚高压位置更偏北,C4 类 MCS 的南亚高压范围最小(图略)。

对于 C1 和 C2 类 MCS,其发生时中层(300 hPa)与高层环流相似,400hPa 以上在孟加拉湾地区有气旋活动,高压中心位于青藏高原南侧,中南半岛西部和孟加拉国地区。C1 类 MCS 在 400hPa 上有一个高压控制,MCS 活动区位于高压北部,且处于平直的西风气流中。500hPa 上仍是西风控制,中低层西风的稳定控制有利于对流的东向移动。另外,四川盆地东部的比湿较大,且处于气旋性的环流中,有利于 MCS 移出并长时间维持。C2 类 MCS 400hPa 上的环流特征与 300hPa 相似,活动区位于高压东部。在 500hPa 上受到高压控制,且风速、比湿和水汽含量均比 C1 类弱图略。已有研究表明孟加拉湾地区气旋在西南和南风气流的引导下,可为西南地区的高原区域输送更多的水汽(徐祥德 等,2002)。孟加拉湾地区的气旋活动及中南半岛西部和孟加拉国地区的高压为 C1 和 C2 类 MCS 的活跃区提供了丰富的水汽条件。

对于 C3 和 C4 类 MCS,发生时环流特征与 C1 和 C2 类 MCS 相似,中层(500hPa)孟加拉湾地区有气旋活动,但是在中南半岛的小高压强度却比它们弱。孟加拉湾地区的气旋和中南半岛高压的存在有利于孟加拉湾地区的水汽向 C3 和 C4 类 MCS 生成地输送。同时,C3 类 MCS 的气旋性环流比 C4 更强,更有利于将孟加拉湾的水汽输送到中国西南地区的北部(C3 类 MCS 生成地区)。C3 类 MCS 在 500hPa 处于槽前的西南气流中,且在活动区的西部地区存在正的相对涡度。850hPa 上在四川盆地西部有低涡活动,其处于西南风的控制下,风速可达 6m·s^{-1},水汽通量大值区主要位于该活动区域的南部,大量暖湿气流的输送有利于水汽在活动区的辐合,导致对流的发生。相对于 C3 类,C4 类孟加拉湾的气旋活动偏弱,中南半岛无小高压活动,MCS 活跃区没有明显低槽活动,虽然处于西南风气流中,MCS 生成区的涡度相对于 C3 类更弱。700hPa 低涡位于此对流活动区域的西北侧,不利于西南气流向北输送,这有可能是 C4 类相对于 C3 类(整个区域处于西南气流的控制)MCS 活动位置偏南的原因。C4 类 MCS 生成区的西北侧有西南涡活动,在低涡的东南部水汽通量也较大,且有明显的辐合区,有利于 C4 类 MCS 的生成(图略)。

综上可知,四类 MCS 在对流层高层(200hPa)均受到南亚高压的影响,然而位于 40°N 附近的高空急流仅对 C1 和 C3 类 MCS 产生影响。对流层中层孟加拉湾地区的气旋活动和中南半岛的高压配置有利于水汽向 MCS 生成地输送，这两个系统是四类 MCS 形成的重要系统。孟加拉湾地区气旋活动和中南半岛高压的位置和强度，以及低层的低涡或者西南风气流决定了水汽通量的辐合位置和强度，进一步影响了四类对流的触发位置。

2.7　四川盆周山地暖区暴雨事件的动力过程分析和局地环流数值模拟

暖区暴雨是近年来中国暴雨研究的一个热点问题。暖区暴雨的概念最初是针对华南地区提出来的，华南前汛期暖区暴雨一般有两种定义：一是指产生于华南准静止锋地面锋线南侧暖区的暴雨；二是指没有锋面存在且华南未受冷空气或变性冷高脊控制时产生的暴雨(黄士松，1986)。暖区降水具有突发性、局地性、对流性强等特点(何立富 等，2016)，一直以来都是气象工作者研究的重点、难点(林晓霞 等，2017；谌芸 等，2019)。由于暖区暴雨的天气尺度影响系统不明显，斜压强迫弱，触发机制复杂，在实际业务中预报难度很大(曾智琳 等，2018；徐珺 等，2018)。而尤其是发生在山地的暖区暴雨，往往会伴随泥石流、山体滑坡等次生地质灾害，其突发性、灾害性比一般的暖区暴雨要更甚，并且地形的复杂性以及地形动力、热力作用的交织使得研究与预报的难度也更大。

基于华南暖区降雨的定义和已有的研究成果，我国其他地区对于暖区降雨的研究也越来越多(Zhong et al.，2015；Wang et al.，1990；赵庆云 等，2017；马月枝 等，2017)。四川盆地其特殊的地理位置——四面环山，地势中间低、周边高，使得四川盆地夏季水汽和能量容易聚集，常处于高能、高湿的环境之下，来自北方的冷空气受秦岭阻挡不易进入四川盆地内(肖递祥 等，2020)，因此四川盆地尤其是盆地西部或西南部，每年都有类似于华南地区的暖区暴雨过程发生(杨康权 等，2019)。杨康权等(2017)对一次高原低涡(简称高原涡)影响下四川盆地暖区暴雨的中尺度系统的动力、热力特征进行分析，揭示了此次暖区暴雨过程持续时间长的原因。罗辉等(2020)利用四川盆地 7 部天气雷达对发生在盆地的暖区暴雨过程的雷达回波特征进行分析，并采用随机森林机器学习方法来识别雷达回波。

与华南不同的是，四川盆地位于我国地形的第 2 级阶梯，背靠我国第一级阶梯——青藏高原，两者之间存在着巨大的地形高度差，因此四川盆地不仅受到由于龙泉山脉形成的局地山地-平原环流影响(田越 等，2020)，还受到由于第一级阶梯和第 2 级阶梯之间高度差形成的更大尺度的山地-平原环流影响(Zhang et al.，2014；Bao et al.，2013；Huang et al.，2010)。Jin 等(2013)在研究四川盆地的降水日周期特征时发现，青藏高原与四川盆地之间热力差异产生的上坡风，使盆地西部的降水主要发生在前半夜(18:00～00:00，北京时间，后同)；而在后半夜(00:00～06:00)山地-平原环流的转换在盆地西部形成下坡风，因此降水中心从盆地西部东移到盆地中东部。

本节基于四川盆地与华南不同的地理特点，参考传统暖区暴雨的概念，将发生在四川盆地内地面为热低压控制，暴雨过程中无地面冷空气和高空冷平流且 500hPa 无明显低槽影响的暴雨事件定义为四川盆地暖区暴雨。由于目前对四川盆地暖区暴雨的研究还不多见，而暖区山地暴雨及数值模拟的相关研究更少，因此我们选取 2017 年 7 月一次发生在四川盆地西部的暖区山地暴雨事件，首先对此次暴雨的动力过程进行诊断分析，在此基础上再通过模式开展数值模拟及试验，着重讨论影响这次暴雨过程山地-平原环流的形成机理及其对地面热源的响应，希望以此加深对四川盆地这类非主流暖区暴雨的认知，提高对此类暴雨的预报、预警能力。

2.7.1 资料

本节使用的资料分为四部分：①降水资料使用四川省国家级自动站和区域加密雨量站逐小时资料，主要用于分析雨强和降雨量分布；②欧洲中期天气预报中心(ECMWF)提供的第五代全球再分析资料(ERA5)，时间分辨率为 1h，水平分辨率为 0.25°×0.25°，垂直方向选取 27 层，主要用于环流形势、环境场和动力过程的诊断分析以及为数值模式提供初始场和边界条件；③中国国家卫星气象中心 FY-2G 卫星遥感的相当黑体温度(TBB)资料，时间分辨率为 1h，水平分辨率为 0.05°×0.05°，主要用于分析中尺度对流云团的强弱变化；④四川省区域加密自动站逐时近地面风场和温江、宜宾每日两次探空观测资料，用于分析近地面风场及其随时间的变化和对模式资料进行对比验证。

2.7.2 降水概况与环流形势

1. 降水概况

2017 年 7 月 23 日 17:00～24 日 05:00，四川盆地西部和西北部发生一次暴雨过程[图 2.42(a)]。此次过程主雨带位于盆地西部沿龙门山的地形陡峭区，呈西南—东北带状分布，强降水中心分别位于成都温江和绵阳安州，对应的 12h 累计雨量为 110.4mm 和 104.8mm；次雨带位于盆地西部边缘的眉山、乐山，呈西北—东南带状分布，过程累计雨量也达 68mm 以上，两个雨带构成直角形状。选取主雨带的代表站点大邑顺和村站、安县老望沟村站和次雨带的代表站点夹江楼房村站的逐小时雨量曲线[图 2.42(b)]，从各个代

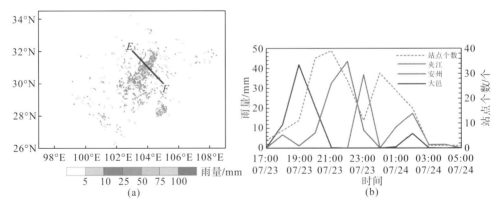

图 2.42　累计降雨量分布(a)，强降水中心雨量(实线)、降水区(29°N～33°N，102°E～105°E) 1h
累计雨量≥20mm 站点个数(虚线)随时间演变曲线图(b)

注：*EF* 为垂直剖面位置。

表站点出现降水的时间我们可以看到，降水首先出现在成都南部双流、大邑等市县，然后雨带向东北移动到德阳、绵阳。在成都、德阳、绵阳的降水峰值都结束后，位于乐山的次雨带才开始降水。此次暴雨过程从 23 日 17:00 开始到 24 日 05:00 停止，历时仅有 12h，局地过程累计雨量达到 100mm 以上且最大小时雨量达 70mm 以上，呈现很强的局地性和突发性。

2. 环流形势

暴雨发生前，23 日 14:00 500hPa 高度场上(图略)亚洲中高纬为"两槽一脊"的环流形势，高压脊位于贝加尔湖，两侧分别为一横槽和一切断低压，中低纬度西北太平洋副热带高压(简称西太平洋副热高压、西太副高、副高)的 588dagpm 线从四川盆地中部穿过，整个四川盆地受西太副高外围偏南气流控制，这与肖递祥等(2020)总结出的四川盆地暖区暴雨的典型环流背景类似。 四川盆地上空虽然没有受高空槽和冷平流的影响，但偏南风有利于引导暖湿气流北上，为暴雨区营造高湿、高能的有利环境。23 日 20:00，副高略有东退，偏南气流的暖湿输送有所减弱，但四川盆地仍处在弱天气强迫的环流形势当中并且这种稳定的形势一直持续到暴雨结束，因此可以认为这次区域暴雨过程是发生在副高边缘弱天气强迫下的暖区暴雨。从 200hPa 高度场和散度场(图略)来看，23 日 14:00 在川东南有一闭合高压，高压西北部则有明显的辐散区，在之后的几个小时里，闭合高压缓慢向西北移动(图略)，四川盆地西部受其影响，200hPa 产生强烈的辐散作用，这种高空辐散有利于深厚上升运动的发展。

根据中国气象局武汉暴雨研究所定义的突发性暴雨特征：对于单个站点，1h 累计雨量≥20mm 且 3h 累计雨量≥50mm 的强降水，从 23 日 17:00 开始就出现了 1h 累计雨量≥20mm 的格点且持续时间 3h，并且 3h 累计雨量超过 50mm。暴雨发生时在甘肃东南有一热低压中心，四川盆地位于低压中心南侧，同时在 600hPa 以下龙门山脉到四川盆地受明显的暖平流作用。由上文对四川盆地暖区暴雨的定义，可判断此次暴雨过程为一次突发性暖区山地暴雨事件。

3. 环境场特征

从暴雨发生时 850hPa 的水汽通量[图 2.43(a)]来看，四川盆地的水汽主要由副高外围东南气流输送，水汽从东南沿海经湖南、贵州、重庆后侵入到达四川盆地，之后由于受龙门山等高大地形的阻挡而在盆地西部聚集，因此盆地西部的整层可降雨量(precipitable water vapor，PWV)达到了 80mm 以上，明显高于盆地中东部。由 850hPa 暖平流和假相当位温的分布[图 2.43(b)]可见，在盆地西北沿龙门山的地区有一暖平流大值区，但从 10:00 开始盆地西部和西北部就受暖平流的影响，在持续暖平流的作用下，盆地西部和西北部出现假相当位温高值区和能量锋区，假相当位温高值中心达 360K 以上，与肖递祥等(2020)的研究中指出四川盆地暖区暴雨 850hPa 假相当位温的平均值为 360.6K 的结果接近。由以上分析可知，在暴雨发生前盆地西部的大气就处于高温、高湿的状态，这样的环境条件非常有利于暖区暴雨的发生(万铁婧 等，2020)。

另外，从盆地西部具有代表性的温江站的探空资料可以发现，23 日 08:00 温江站上空大气的对流有效位能达 $1305.2\mathrm{J}\cdot\mathrm{kg}^{-1}$,而在暴雨发生后的 3h(23 日 20:00),温江站的对流有效位能仅为 $282.8\mathrm{J}\cdot\mathrm{kg}^{-1}$,这表明存在有利的动力条件使得对流有效位能得以释放,转化为气块上升的动能,促使水汽成云致雨,最终导致暴雨的发生。

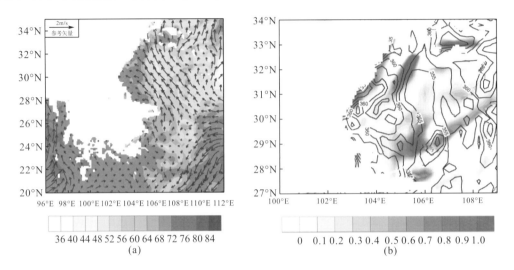

图 2.43 23 日 17:00 850hPa 水汽通量(矢量,单位:$\mathrm{kg}\cdot\mathrm{cm}^{-3}\cdot\mathrm{hPa}^{-1}\cdot\mathrm{s}^{-1}$)和整层可降雨量(黑灰色阴影,单位:mm)(a);暖平流(黑灰色阴影,单位:$\times10^{-4}\mathrm{K}\cdot\mathrm{s}^{-1}$)和假相当位温(等值线,单位:K)(b)

2.7.3 动力过程分析

通过前文的分析可知,稳定的环流形势和高能、高湿的环境再配合有利的动力条件,导致这次暖区暴雨的发生,因此本节着重分析这次暴雨的动力过程。从暴雨发生时刻 850hPa 风场[图 2.44(a)]来看,由于受副高外围偏南气流控制,四川盆地内为一致的东南风,东南风与盆地西北部龙门山走向近乎正交,并且沿龙门山伴有垂直上升运动。由暴雨区的垂直剖面[图 2.44(c)]可见,东南风受到龙门山的阻挡后抬升,因此出现了图 2.45(c)中沿着坡面的上升运动区,则可认为此次暴雨过程是在前期大气高温、高能的热力条件下,东南风受到盆地西北部龙门山等大型山脉的动力强迫抬升后触发。

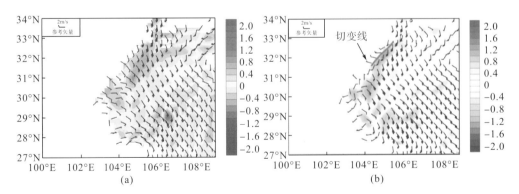

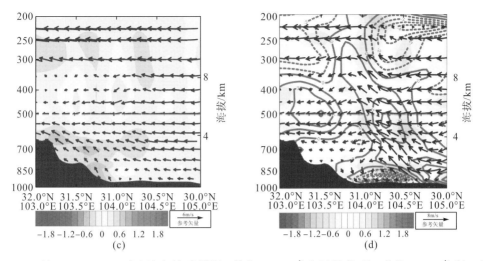

图 2.44　23 日 17:00 850hPa 垂直速度(灰色阴影，单位：Pa·s⁻¹)和风场(矢量，单位：m·s⁻¹)(a)；沿直线 *EF* 垂直速度(灰色阴影，单位：Pa·s⁻¹)和合成风场(矢量，$V·\cosθ$ 与 $-5ω$ 合成，$θ$ 为实际风向与东南风向的夹角)(c)；21:00 850hPa 散度(灰色阴影，单位：×10⁻⁴s⁻¹)和风场(矢量，单位：m·s⁻¹)(b)；沿直线 *EF* 散度(灰色阴影，单位：×10⁻⁴s⁻¹)、东南风速增量(等值线，单位：m·s⁻¹，相较于前一时次的增量)和合成风场(矢量，$V·\cosθ$ 与 $-5ω$ 合成，$θ$ 为实际风向与东南风向的夹角)(d)，其中(b)图中箭头所指实线为切变线

在暴雨发生后的 4h(21:00)，盆地西北部和西部的偏东风未能维持，局地风场发生了变化。由图 2.44(b)可见，21:00 盆地西北部的风场由东南风转为西北风，并且西北风与环境东南风汇合形成一切变线，其在散度场上则表现为一辐合区。从剖面图[图 2.44(d)]上也可以看出，在龙门山东南侧 850hPa 以下的大气伴随着强烈的东南风减速而出现了下坡风。下坡风从山坡滑下后使东南风得以抬升，在低层形成上升运动，这支上升气流与下风方一侧的中高层上升运动合并，形成强烈的倾斜上升气流，上升运动高度可达 200hPa。倾斜上升气流在散度场上也有明显的表现，低层辐合与中层辐散形成的中低层上升运动，以及靠近山地一侧中层辐合与前述的高层辐散形成的中高层上升运动，两支气流合并后形成深厚的倾斜上升运动。正是由于局地风场的转换形成的倾斜上升运动使暴雨得以增强，德阳、绵阳随即迎来了降水峰值。

局地风场的转换同样发生在盆地西部，由 23 日 20:00 850hPa 风场[图 2.45(a)]可见，此时盆地西部仍然为偏东风，中尺度对流云团也已在成都附近生成，其 TBB≤−62℃。21:00 中尺度对流云团进一步扩大，由于此时西北部的风场已经转换为西北风，深厚倾斜上升运动形成(如前文所述)，所以对流云团的冷云中心逐渐向东北移去，盆地西部的对流云团也因此慢慢消散。到 22:00，对流云团 TBB 升高到−42℃，但此时盆地西部的风场[图 2.45(c)]已经逐渐转为系统性西风。偏西风与环境偏东风在雅安、眉山一带形成切变线，环境偏东风得以辐合上升，形成了与图 2.45(d)中相似的倾斜上升气流，使得东移至此减弱的对流云团又重新得以加强，到 24 日 00:00 对流云团强度已经增强到 TBB≤−57℃[图 2.46(d)]。随着盆地西部西风的建立、对流云团的重组，乐山、眉山一带于 22:00 开始降雨，形成此次暴雨过程的次雨带。

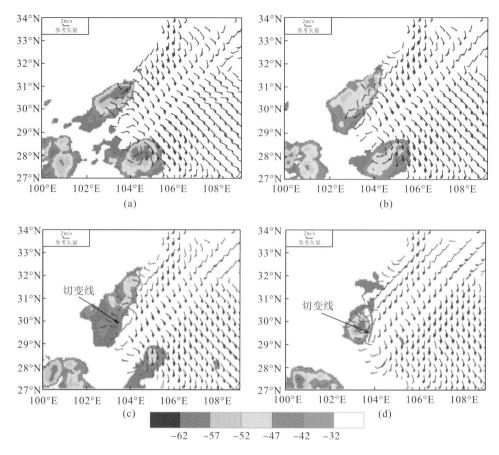

图 2.45   23 日 20:00(a)、21:00(b)、22:00(c)以及 24 日 00:00(d)FY-2G 卫星 TBB(灰色阴影，单位：℃)
分布和 850hPa 风场(矢量，单位：m·s⁻¹)，其中箭头所指实线为切变线

综合以上分析可知，弱天气背景下局地风场的转换不仅发生在盆地西北部，也发生在盆地西部，其对于此次暖区暴雨的增强和中尺度对流云团的重新加强具有关键作用。

2.7.4   山地-平原环流风场的转换

不少学者(Wolyn and Mckee，1994；Hua et al.，2020；Zhang et al.，2021)认为山脉整体与平原之间热力差异产生的山地-平原风环流有利于对流触发，形成中尺度对流系统。那么这次暖区暴雨过程中局地风场为何出现前文分析出的转换？这是否与山地-平原环流有关？下面我们试图通过观测事实和数值模式对此加以探讨。

1. 山地-平原环流的观测事实

以图 2.46(a)中红色矩形框代表盆地西部作为研究区域，从图中可以看到选定的研究区域为盆地西部山地与平原的连接地带，主要包括乐山、雅安等市县。从研究区域内近地面纬向风随时间的演变曲线[图 2.46(b)]可以看到，虽然近地面风场可能受到地面建筑物的影响，观测到的近地面风速较小且不够稳定，但我们仍然可以发现在 22 日 20:00～25

日 20:00，近地面东风于每日 18:00 左右转换为西风，而西风在每日 12:00 左右又转换回东风，即近地面风场的转换不仅发生在暴雨过程中，也发生在暴雨前后。另外从雅安和乐山站的位温演变曲线［图 2.46(c)］来看，雅安站的位温在 23 日 14:00 先于乐山站降低，并且在 17:00 雅安和乐山站的位温差达到最大，也正是从此时起两站之间的东风开始减弱并且在 18:00 转换为偏西风。由于雅安和乐山站分别位于盆周山地和平原一侧，两站之间的温度差也说明位于山地一侧同一高度的空气比位于平原一侧的要低，这种温度水平梯度导致大气中出现气压水平梯度(寿绍文 等，2009)，进而使风向转换。到了 23:00，乐山由于降水引起地面蒸发，位温才逐渐接近甚至低于雅安。

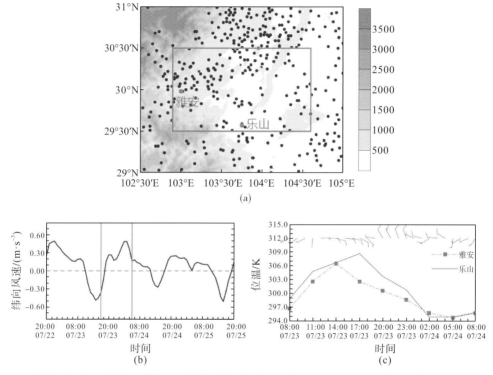

图 2.46　盆地西部地形(填色，单位：m)和加密自动站的站点分布(a)；图 6(a)中矩形框所有站点经三点平滑后平均纬向风随时间演变曲线(单位：m·s^{-3})(b)；雅安、乐山站位温(曲线，单位：K)和两站之间平均风场(矢量，单位：m·s^{-3}，风羽全风速为 0.5m·s^{-1})(c)

综合上述基于观测资料的分析可知，这次暴雨过程局地风场的变化是由山地-平原环流在夜间的转换引起的，其形成机理与山谷风类似(田越和苗峻峰，2019)，都是由地形产生的热力作用强迫而成。

2. 山地-平原环流的数值模拟

为了进一步探究山地-平原环流的形成机理，下面我们利用数值模式对这次暴雨过程进行模拟，并通过敏感性试验来探讨山地热力作用对山地-平原环流的影响。数值模式采用气象研究与预报模式 WRF v4.2，以 ERA5 再分析资料为初始场和边界条件驱动模式，积分时间为 2017 年 7 月 23 日 08:00～24 日 08:00，共 24h，模拟时间段内既包括暴雨的整个过程，也涵盖了山地–平原环流从平原风转换为山风的过程。采用两层双向嵌套和 Lambert 投影，模拟区域中心位于 31°N，104°E，粗网格格距为 18km，网格点数为 245×191，细网格格距为 6km，网格点数为 415×349。模式垂直坐标采用混合西格玛–气压坐标，共35 层，顶层气压为 50hPa，地形数据采用 topo_gmted 2010_30s 数据集。模式双重网格均采用相同的物理过程：NSSL 2-moment 云微物理参数方案、New SAS（simplified Arakawa-Schubert）积云参数化方案、Noah 陆面方案、Revised Monin-Obukhov 近地层方案、YSU 边界层方案、Dudhia 短波辐射方案、RRTM 长波辐射方案。

1）模拟结果验证与分析

从模拟［图 2.47（b）］和实况［图 2.42（a）］的过程累计降雨量来看，模式模拟的主次雨带走向、落区与实况基本一致，同时也成功模拟出了位于成都、绵阳的强降水中心，但模拟的降水强度较实况要偏小，这可能与此次过程天气尺度强迫弱而导致云微物理方案诊断输出的大尺度稳定性降水偏小有关。除此之外，模式对盆地西部山地复杂地形的粗略描述也可能导致模拟与实况降水强度的偏差。另外，模式还忽略了实况中在川东南的降水，考虑到川东南并不在本书的研究范围内，故认为误差在可允许的范围内。为了进一步验证模式模拟结果的可靠性，选取降水最强以及山地–平原环流完全转换时刻模拟与实况小时累计降雨量进行对比。通过对比图 2.48（a）、图 2.48（b）、图 2.48（d）及图 2.48（e）可见，23日 19:00、21:00 模拟的强降水中心较实况略有偏移且强降水中心周围的层云性降水偏少，但模式还是大体上捕捉到了 19:00、21:00 的强降水中心，雨带的移动方向也与实况一致。

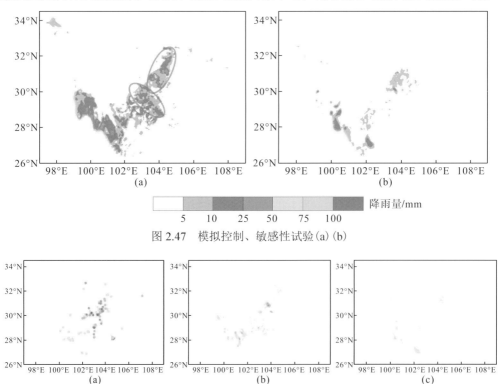

图 2.47　模拟控制、敏感性试验（a）（b）

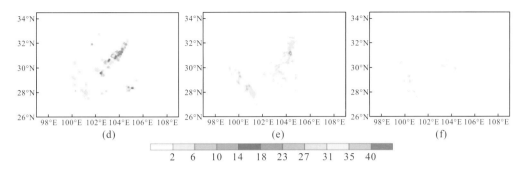

图 2.48　23 日 19:00 小时累计降雨量(a)～(c)；23 日 21:00 小时累计降雨量(单位：mm)分布(d)～(f)

注：(a、d)为实况，(b、e)为控制试验，(c、f)为敏感性试验。

　　图 2.49(a)、图 2.49(b) 分别为盆地西部模拟和观测的 10m 风向、风速，通过对比模拟和观测的近地面风向演变曲线可以发现，除了在模式启动的前 3h 模拟和观测的风向差别较大外，模拟的 10m 风向与观测大致相同，特别是在东西风的转换时间上，两者十分吻合，因此模式还是很好地模拟出了山地-平原环流风场的昼夜转换。从 10m 风速的对比来看，模式基本能模拟出风速曲线变化趋势，但从 24 日 02:00 开始模拟的 10m 风速与观测相比差别较大，这可能与湍流的随机性导致风速的不确定有关。另外，为了验证模式高空风资料的

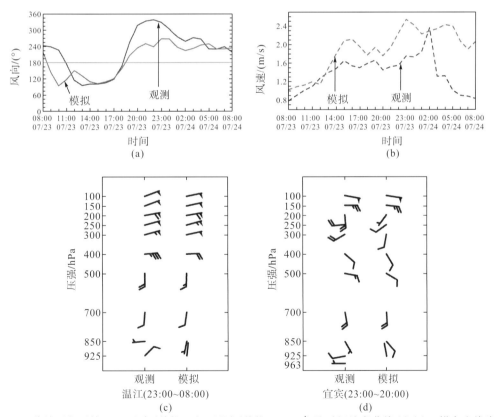

图 2.49　盆地西部平均 10m 风向(单位：°)、风速(单位：m·s⁻¹)随时间演变曲线(a)(b)，横向直线为东西风分界线；温江、宜宾探空站观测和模拟的风场(矢量，单位：m·s⁻¹，风羽全风速为 4m·s⁻¹)(c)(d)

可信度，选取盆地内温江、宜宾探空站的高空风资料与模拟的高空风资料进行对比验证，由于 23 日 20:00 温江探空站高空风资料缺测多个层次，因此该时刻选用了盆地南部的宜宾探空站高空风资料。从图 2.50(c) 和图 2.50(d) 可以看出，模拟的高空风虽在低层存在细节上的不足，但大体上能反映温江、宜宾高空风的基本特征。

综合以上对模拟降水、风场与观测对比的结果来看，模式虽在降水强度的模拟上存在偏差，但还是大体上再现了雨带的分布、传播过程以及强降水中心，也较合理地模拟出了盆地西部山地-平原环流的转换过程。因此我们可在模拟结果基本可信的基础上，利用模式资料重点研究山地-平原环流的形成机理。

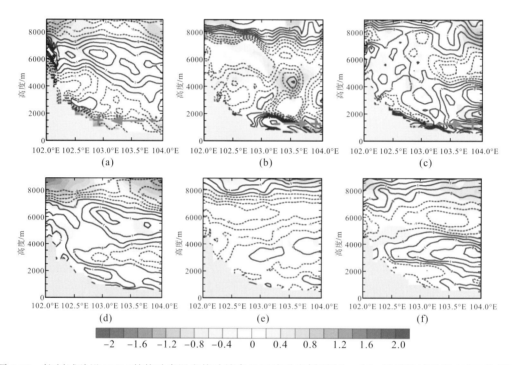

图 2.50   控制试验沿 30°N 的扰动虚温和扰动纬向风风速垂直剖面(a)～(c)；敏感性试验沿 30°N 的扰动
虚温(灰色阴影，单位：K) 和扰动纬向风风速(等值线，单位：m·s^{-1}) 垂直剖面(d)～(f)

注：(a)(d) 为 23 日 14:00，(b)(e) 为 23 日 21:00，(c)(f) 为 24 日 02:00，其中扰动虚温为高度平均值的偏差，扰动纬向风风速为日平均值的偏差，箭头表示山地-平原环流方向。

图 2.50(a)～图 2.50(c) 给出了平原到山地的剖面，从中我们可以得到山地-平原环流与纬向风扰动、虚温扰动之间的关系。23 日 14:00，沿着盆地西部山坡分布着正虚温扰动区，而在同一高度的平原则是负虚温扰动，受热力扰动强迫的影响，扰动纬向风从负虚温扰动一侧吹向正虚温扰动，因此从山地到平原为东风扰动，东风扰动驱使山地-平原环流从平原吹向山地。但到了傍晚，由于山坡附近的空气比在同一高度上平原上空的空气降温快，虚温扰动在山地、平原两侧的分布发生反转，山地一侧转为负虚温扰动，而平原一侧转为了正虚温扰动，山地-平原环流最终在 21:00 转为从山地吹向平原。

2）热力敏感性试验

在研究地形热力作用对暴雨影响的问题上，学者们往往更关注地面热源对暴雨的直接影响（张元春 等，2019；毕宝贵 等，2005；卢萍和宇如聪，2008），而关于地面热源对影响暴雨的山地-平原环流的相关研究还不多见，故本节以保留模式所有物理过程的控制试验（CTRL）为基础，设置了去除模式地面感热、潜热通量的热力敏感性试验（TEST）。

对比 CTRL 与 TEST 的过程累计降雨量［图 2.47（b）和图 2.47（c）］来看，在去除了地面感热、潜热后次雨带的降水完全消失，而主雨带的雨量也明显减少，只在成都、德阳地区出现微量降水，并且原来在成都、绵阳的强降水中心也完全消失。结合图 2.48（c）和图 2.48（f），在 19:00、21:00 TEST 中并没有模拟出成都、德阳的强降水中心，因此导致 TEST 的过程累计降雨量严重减少。为了进一步分析 TEST 过程累计降雨量偏少的原因，给出了 19:00、21:00 CTRL 与 TEST 在 975m 高度上（相当于 900hPa）的散度场和风场（图 2.51）。从图 2.51（a）和图 2.51（b）可以发现，在 CTRL 中盆地西部已经转为了偏西风，说明 CTRL 还是较好地模拟出了山地-平原环流，其与东南风形成一西南-东北向切变线，沿切变线附近有一辐合区。反观 TEST，由于地面热源的消失在盆地西部山地-平原环流也没有出现，与山地-平原环流对应的辐合区随之消失，模拟的雨量因此偏小，这也进一步证明了山地-平原环流对此次暴雨的增强具有关键作用。同时由于 TEST 中山地-平原环流的消失，使得从东南方向进入盆地的偏南暖湿气流在遇到青藏高原东坡时能顺利转成偏东、东北风，在盆地形成气旋性环流［图 2.51（c）和图 2.51（d）］。

为了进一步分析 TEST 中山地-平原环流消失的原因，我们给出了 TEST 中沿盆地西部扰动虚温和扰动纬向风风速垂直剖面［图 2.50（d）~图 2.50（f）］。对比 CTRL［图 2.50（a）~图 2.50（c）］可以看到，由于地面热源消失，TEST 中近地面的虚温扰动几乎完全消失，缺少了地面的热力强迫 23 日 14:00 在盆地西部山坡上变为西风扰动，23 日 21:00、24 日 02:00 变为东风扰动，但在 24 日 02:00 103.5°E 以东的低层存在西风扰动区，这与上文所说的气旋性环流在盆地西部转成偏西风有关。

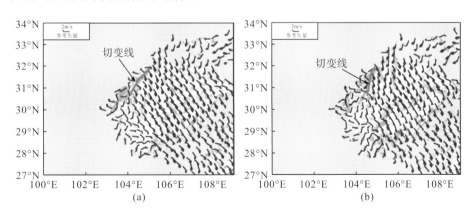

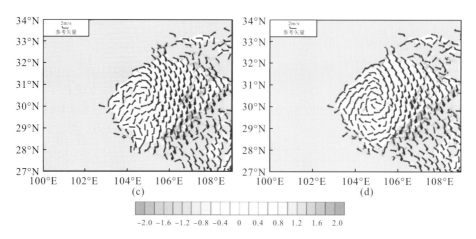

图 2.51　CTRL 中 23 日 19:00(a)、23 日 21:00(b) 和 TEST 中 23 日 19:00(c)、23 日 21:00(d) 975m 高度上模拟的散度(单位：$\times 10^4 s^{-1}$)和风场(矢量，单位：$m \cdot s^{-1}$)，其中箭头所指短实线为切变线

2.8　结论与讨论

一方面，本章使用逐小时分辨率的日本静止卫星资料，采用自动识别和人工订正相结合的方法，对 2009～2018 年 5～9 月西南山地地区生成的 MCS 进行了识别与追踪，并采用 K-means 聚类算法把 MCS 聚为四类，对这四类 MCS 的主要特征和形成环流形势的异同点进行了分析，得到的主要结论如下。

(1) 2009～2018 年暖季(5～9 月)西南山地地区共追踪到 3059 个 MCS，并利用 K-means 算法根据其生成位置分为四类。四类 MCS 主要活跃在 20°N～40°N 范围内，C1 主要生成于青藏高原东北部(90°E～105°E，28°N～35°N)，并向正东、东北和东南方向移动，且在向下游地区移动的过程中达到成熟和消亡。其他三类 MCS 以东移为主，也有极少数向西南移动。C2 类 MCS 生成于青藏高原东南侧和云贵高原西侧(98°E～106°E，24°N～30°N)，C3 类 MCS 生成于秦岭、大巴山和巫山山脉(104°E～114°E，28°N～35°N)，而 C4 类 MCS 主要在武陵山和雪峰山及周边生成(105°E～114°E，24°N～28°N)。这三类 MCS 基本是在生成地东边成熟和消亡。四类 MCS 具有相似的月际和生命史特征，四类 MCS 均是 7 月份最多，5 月份最少。MCS 的维持时间基本在 3～21h，而且在青藏高原东侧生成的 MCS 持续时间较长。但四类 MCS 具有不同的日变化特征，四类 MCS 生成高峰期是 1400～1800 LST，成熟和消亡高峰期是 1600～2300 LST，此外，C1 和 C2 类 MCS 均存在成熟和消亡次峰期，分别为 0000～0300 LST 和 0000～0900 LST。

(2) 通过对几种云团属性参数的分析，揭示了四种 MCS 在发展过程中的不同特征。高海拔地区的 MCS(C1 类和 C2 类 MCS)云团面积大于低海拔地区的 MCS(C3 类和 C4 类 MCS)，其中 C1 类 MCS 云团面积最大，发展速度最快。而 C2 和 C4 类 MCS 的平均最大 TBB 梯度较大，平均最低 TBB 较小，这意味着它们比其他两种 MCS 对流旺盛且强度更强。此外，大多数 MCS 在生命史前半阶段达到最低 TBB，之后才达到成熟面积。四类 MCS 对局地降水贡献率也存在差异。C1 和 C2 类 MCS 对总降水的贡献率达到 30%以上，而 C3 和 C4 类 MCS 不足 25%。四类 MCS 对短时强降水的贡献率均超过 60%，且以局地对流的影响为主。使用逐小时的 ERA5 再分析资料分析得出四类 MCS 形成时刻的环流特征存在差异：对流层高层四类 MCS 生成地主要是南亚高压的影响，且 40°N 附近的高空急流仅影响 C1 和 C3 类 MCS；对流层中低层，孟加拉湾地区的气旋和中南半岛的高压有利于水汽向 MCS 生成地输送。同时，对流层中低层孟加拉湾地区气旋活动和中南半岛高压的位置和强度，以及对流层低层的低涡和西南气流通过影响水汽通量的辐合位置，进而决定了对流触发的位置。

另一方面，本章利用站点观测资料对西南地区(尤其是山地)高空再分析数据的适用性展开研究，然后针对 2017 年 7 月一次发生在四川盆地西部的暖区山地暴雨事件，基于国家和区域自动站逐小时雨量、FY-2G 卫星 TBB、加密自动站风场、ERA5 再分析资料和 WRF 模式开展了动力诊断分析和数值模拟试验，初步解释了暴雨增强、山地-平原环流的形成机理及其对暴雨的作用和山地热力作用对山地-平原环流的影响，得出的主要结果如下。

(1)在西南区域，再分析资料能够较好地反映各要素随高度的平均分布特征，与站点观测资料的趋势基本一致，但在分析资料的相对湿度在 500hPa 以上与站点观测资料差异稍大；对比不同海拔高度站点的误差情况，平原站和山地站的误差和相关性基本相当，但高原站的误差相对更高，相关性相对较低；对比 ERA5 与 ERA-Interim 再分析资料的误差情况，ERA5 在中层的相对湿度和低层的风向有明显的改进；在西南区域，在关键高度层上，再分析资料相对站点资料，位势高度、风速整体偏小，相对湿度整体偏大，风向(角度)整体偏大。

(2)四川盆地的暖区山地暴雨发生在西太副高边缘的弱天气形势背景下，降雨主要发生在盆地西部沿龙门山的地形陡峭区，具有很强的局地性和突发性。盆地西部前期高温、高能的环境条件与进入盆地的东南风受到迎风坡的强迫抬升是这次暴雨触发的主因，但使降雨增强为暴雨的却是山地-平原环流在夜间的转换。山地-平原环流在盆地西北部的昼夜转换使背景东南风形成深厚的倾斜上升运动，造成降雨高峰；而其在盆地西部的转换则使东移减弱的中尺度对流云团重组发展，形成新的降雨带。数值模拟结果表明，模式虽在降水强度的模拟上存在不足，但还是大体上再现了雨带的分布、传播过程以及强降水中心，也较合理地模拟出了盆地西部山地-平原环流的转换过程。山地-平原环流受近地面热力扰动驱动，在白天，盆地西部山坡为正虚温扰动区，而同一高度的平原则是负虚温扰动，山地-平原环流从平原吹向山地；但到了夜晚，虚温扰动在山地、平原两侧的分布发生反转，山地-平原环流因此转为从山地吹向平原。在去除模式地面感热、潜热通量后使近地面的热力扰动几乎消失，盆地西部山地-平原环流无法形成，与山地-平原环流对应的辐合区随之消失，因此导致 TEST 中的过程累计降雨量显著减少、强降水中心消失。暖区山地暴雨是由地形的动力和热力共同作用所致。地形的动力抬升作用诱发暴雨，而山地-平原环流才是暴雨得以发展的"催化剂"，其本质上是由山地与平原的热力差异驱动。因此我们在研究地形强降水问题时，不仅要考虑地形的动力作用，更要考虑地形的热力作用。

本章在分析暴雨动力过程的基础上，通过数值模式并借助敏感性试验探讨了山地-平原环流的形成机理和山地热力作用对山地-平原环流的影响，得到了一些暖区山地暴雨的初步认识，对于厘清影响暴雨的山地-平原环流与地形热力作用的关系具有一定的意义，但这些结论只针对一次暖区山地暴雨事件，且多源于定性分析，因此还需要更多的个例和定量的分析来印证本书的观点。另外，这次暴雨的触发是否还存在其他机制、地面热源中感热和潜热分量对山地-平原环流的具体作用以及完善敏感性试验区域的设计、改善模式对降水的模拟结果进而分析暖区山地暴雨机理等问题，都值得在今后的研究中加以深入探究。

第3章 西南山地突发性暴雨过程中的地形与多尺度系统作用

3.1 山地突发性暴雨的多尺度影响系统

暴雨的产生，需要一定的大尺度环流背景，已有的研究表明四川盆地东部暴雨多发生在南亚高压偏南、偏弱，西太平洋副热带高压偏南，西风槽的位置偏东，贝加尔湖多为阻塞形势的背景下(陈丹 等，2018；孙建华 等，2016)。在影响暴雨的天气系统中，低空急流与暴雨发生的关系十分密切，二者的相关率达80%左右(陶诗言 等，1979)。低空急流不仅是强降水事件的水汽输送通道(Findlater，1969；Saulo et al.，2007)，而且对暴雨也有触发作用(孙淑清和翟国庆，1980；陈静 等，2002；张芹 等，2018)。低空急流的建立和维持在动量和热力不稳定能量的输送中起十分关键的作用(翟国庆 等，1999；闵文彬 等，2003；师锐 等，2015；顾清源 等，2009)，不仅可使暴雨区局地辐合与气旋性涡度增强，加速垂直上升(吴海英 等，2010)，还能与其他天气系统配合为中尺度系统的产生和发展提供有利的条件(曾勇和杨莲梅，2018)。由于影响降水的因素往往不仅限于大气内部，地形的作用不容忽视，因此国内外学者开展了大量的研究。国外学者已利用地形高度和坡度作为预报因子诊断地形和降水的关系(Spreen and William，1947)；国内学者对地形的研究，主要体现在以下两个方面：其辐合抬升对暴雨的增幅作用十分明显(丁一汇 等，1978；孙建华和赵思雄，2002；肖递祥 等，2015；邓承之，2016)；地形可作为中小尺度对流系统的触发机制，有利于中尺度涡旋和中尺度对流系统的形成(陶诗言，1980；何光碧，2006)。四川盆地西接青藏高原，南为云贵高原，东邻巫山，北有秦岭、大巴山，特殊的地理位置和复杂的地形环境使得对其的研究具有应用价值。以往研究地形对四川盆地暴雨的影响多针对青藏高原大地形和秦巴山区，其中高原的动力阻挡作用会影响四川盆地暴雨的水汽输送通道及西南涡的形成(李川 等，2006；姜勇强和王元，2010)，高原东侧陡峭的地形加强了辐合流场和气流的垂直上升运动(李川 等，2006)。秦巴山区则主要通过形成局地环流，使得西南暖湿气流带来的水汽积聚在四川盆地，在迎风坡堆积(慕建利 等，2009；王沛东和李国平，2016)

尽管关于四川盆地暴雨已做了大量研究，取得了不少成果，但大多是针对区域性暴雨、持续性暴雨以及暴雨气候态方面的研究，研究尺度侧重气候尺度、天气尺度或次天气尺度。而四川盆地周边山地突发性暴雨所涉及的一些科学问题，如突发性暴雨的环流特征，包含中尺度系统在内的多尺度天气系统的协同作用，低空急流的对突发性暴雨的触发作用，四川盆地及周边特殊地形对暴雨的影响等，过去的研究涉及不多，针对性也不强。因此本章拟对发生在西南及其周边的山地突发性暴雨事件，侧重影响系统以及低空急流和地形的动力作用开展分析，以期为揭示我国西部山地突发性暴雨的特征与机理提供参考。

3.1.1 资料

本节使用的资料包括四种。

(1) 由欧盟资助、ECMWF 运营的哥白尼气候变化服务 (Copernicus Climate Change Service，C3S) 打造的最新一代 ERA5 再分析资料，时间分辨率为逐小时，水平分辨率为 0.25°×0.25°，垂直方向从 1000hPa 到 0.01hPa 共 137 层，其中包括地面气压、位势高度、温度、相对湿度、云水混合比、垂直速度以及水平风场等信息，ERA5 再分析资料更高的时空分辨率有助于更精细地描述大气状态 (孟宪贵 等，2018)。

(2) 中国自动气象站与 CMORPH (Climate Prediction Center Morphing Technique) 融合的水平分辨率为 0.1°×0.1° 逐小时降水资料，融合降水资料来源包括卫星和地面的降水数据，其中卫星反演降水产品采用美国气候预测中心开发的实时卫星反演降水产品。

(3) 国家卫星气象中心 (National Satellite Meteorological Centre) FY-2G 卫星云图资料。

(4) 水平分辨率为 0.1°×0.1° 的中国西南地区新一代雷达拼图产品。

3.1.2 四川盆周山地突发性暴雨典型个例概况

选取个例参照中国气象局武汉暴雨研究所对西部山地突发性暴雨的定义：发生在西部山地的、降水区域直径小于 200km、1h 累计雨量≥20mm 且 3h 累计雨量≥50mm (青藏高原及其以西地域，1h 累计雨量≥10mm 且 3h 累计雨量≥25mm) 的强降水。对于两次个例首先选取降水的大值区作为研究区域，四川盆地东北范围是 30.25°N～31.55°N，106.05°E～108.05°E，盆地西南的范围是 28.55°N～29.75°N，103.05°E～105.05°E，然后计算区域每小时平均雨量并筛选小时累计雨量≥20mm 的格点数 [图 3.1 (c)～图 3.1 (d)]，由图可知该时间段内有降水≥20mm 的格点出现且持续时间大于 3h，并且 3h 累计雨量大于 50mm，因此综合考虑范围和降水强度，本节选取四川盆地东北部 2017 年 5 月 1～3 日 (简称 "5·1" 过程)、四川盆地西南部 2018 年 5 月 21～22 日 (简称 "5·21" 过程) 以及 2018 年 7 月 10～11 日四川暴雨 (简称 "7·10" 过程) 的三次山地突发性暴雨事件作为典型个例研究。这些山地暴雨个例的共同特征为：①降水落区都位于四川盆地与边缘山区的过渡坡地处；②暴雨发生的天气背景场相似；③个例都达到了山地突发性暴雨的标准。

个例 1 的雨情概况：2017 年 5 月 1 日 23:00 (世界时，下同)～3 日 01:00 四川盆地东北部发生了一次突发性暴雨天气过程。该次山地暴雨事件以对流性降水为主，降水呈直角带状分布。结合图 3.1 及 1h 累计降雨量的演变特征可知，此次降水过程可分为两个主要的强降水阶段：第一阶段 (1 日 23:00～2 日 03:00)，降水首先出现在四川广安和重庆潼南，强降水持续了 4h，强降水区呈东北—西南向带状，最大小时雨量达 40.7mm，最大过程雨量为 63.7mm；第二阶段 (2 日 17:00～3 日 01:00，图略) 降水分布变为东西经向带状，四川广安、巴中出现最大小时雨量 (44.1 mm) 和最大过程雨量 (162.4mm)。整个过程中 [1 日 23:00～3 日 01:00，图 3.1 (a)] 四川盆地东北部的广安、巴中、达州、广元东部、南充大部均出现了≥50mm 的降水，100mm 以上的降水集中在南充、广安和达州，累计降雨量最大值位于广安蒲莲,其中第二阶段的降雨明显比第一阶段强,降雨量约是第一阶段的 2.5 倍,且位置向低山区倾斜。

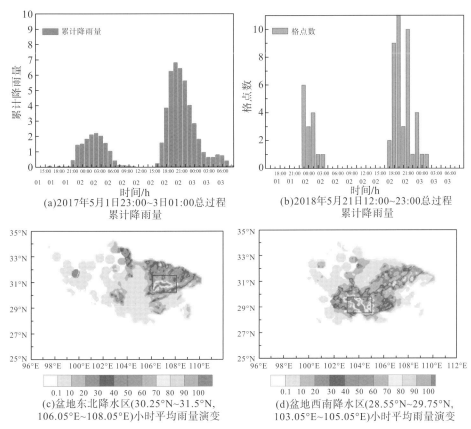

图 3.1　过程累计降雨量的空间分布、降水区小时平均雨量演变图(单位: mm)

及 1h 累计雨量≥20mm 的格点个数

个例 2 的雨情概况: 2018 年 5 月 21 日 12:00~23:00[图 3.1(b)],四川盆地西南部有一次强降水天气过程,此次暴雨过程具有局地性强以及降水时段集中的特点,降水区域呈东南—西北带状分布。21 日 08:00 降水首先开始于屏山县,整个过程中四川盆地西南部的雅安、眉山、乐山、宜宾、自贡均出现了大于 50mm 的降水,100mm 以上的降水集中在乐山、宜宾 2 市及雅安南部、眉山西部和自贡东部,其中乐山市境内普降暴雨或大暴雨,有 5 个区域更是在 12h 内累计雨量超过 150mm,分别是峨眉山市乐都镇新沟村、沐川县芹菜坪、沙湾区太平镇天顺井村、沙湾区太平镇。四川的屏山县出现了最大小时雨量(61.4mm),最大过程雨量出现在乐山市沙湾区,为 197.5mm。

3.1.3　"5·1"过程的影响系统分析

1. 大气环流形势

暴雨发生前,500hPa 亚洲中高纬为"两槽一脊"的环流型,两槽分别位于新疆北部和西太平洋,脊区位于中国东北。中低纬有浅槽东移,四川盆地位于高空短波槽前,西太平洋副高脊线稳定维持在 23°N 左右并且西伸,有利于偏西南暖湿气流达川东。700hPa云南、贵州经四川到宁夏为西南气流并伴有低空急流活动,该西南低空急流可将孟加拉湾的水汽输送至暴雨区。之后的 12h 内,高空环流形势稳定维持直至 5 月 2 日 12:00 中高纬槽脊东移,四川盆地位于高空槽区。大尺度低空急流与 02:00 相比,强度加强,四川盆地为南风。2 日 17:00,高原低槽东移加深位于盆地内,槽后冷平流南下影响四川盆地。副高脊线西伸明显,与阿拉伯海的高压连通。700hPa 切变线东移至四川盆地东北部—陕西一线,西南低空急流亦东移,且在低空急流的左前侧盆地东北部有显著的风速及风向辐合。3 日 00:00,500hPa 高空槽进一步东移至四川盆地东部,700hPa 盆地转为西北风控制,西南低空急流东移出川,此次突发性暴雨过程也随之结束(图略)。

850hPa 低空,1 日 15:00[图 3.2(a)]在云贵高原上贵州北部大娄山东部山区有低空急流生成,其风速约为 12.3m·s^{-1},之后的 6h 中,山区低空急流的强度和范围持续增大,直至 1 日 22:00[图 3.2(c)]强度和范围达最大,平均风速为 14.7m·s^{-1},最大风速为 19.4m·s^{-1},范围为 28.5°N～30.5°N,105°E～107°E。1 日 23:00,在山区低空急流的出口区,便有山地突发性暴雨产生。2 日 09:00[图 3.2(d)]山区低空急流重新生成于重庆中部,与此同时广西—贵州也有大尺度偏南风低空急流生成,之后的 5h 内,急流强度持续增大。2 日 16:00[图 3.2(f)],在广元、绵阳形成一偏北风低空急流,重庆地区为偏东风低空急流,东南风与西北风在盆地东北部形成一低层切变线,且广西至贵州偏南风低空急流处于最强盛时期。因此,2 日 17:00 发生了第二阶段暴雨。可见,850hPa 低空急流与暴雨的发生存在同步关系(图 3.3)。

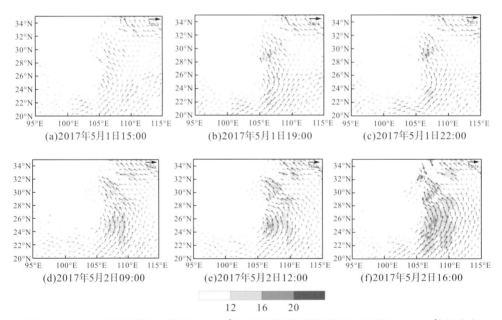

图 3.2 850hPa 风场(箭头,单位:m·s^{-1}),低空急流(灰色阴影,风速≥12m·s^{-1})的分布

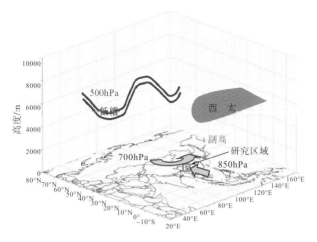

图 3.3　四川盆地东北部突发性暴雨空中影响系统

注：图中矩形框代表研究区域。

　　地面图（图略）上，2 日 02:00 从盆地东北进入盆地的东风在龙门山脉的阻挡作用下转为北风与来自南海经云贵高原抬升后的偏南气流在四川盆地南部至贵州省北部一带形成一中尺度地面辐合线。2 日 06:00，地面辐合线北移，短时强降水出现在辐合线以北 1～1.5个纬度。2 日 08:00，辐合线继续北移，雨带也随之北移。到 2 日 12:00，辐合继续加强、形成一中尺度低压。3 日 02:00，由于东风的加强及北方冷空气的入侵，地面至 700hPa 都存在辐合气流，地面辐合线位于 700hPa 切变线的东部。3 日 08:00，随着高空槽的东移以及北方冷空气的进一步入侵，地面辐合线移至重庆东部，本次强降水过程也在 1h 之后结束。可见，低空中尺度切变线或地面辐合线与暴雨区有很好的对应关系，雨带随切变线而移动，雨带的经纬型分布也取决于切变线的横竖分布形态。

3.1.4　"5·21"和"7·10"山地暴雨过程简介

　　"5·21"强降水过程是发生在四川盆地西南部与边缘山区之间过渡坡地的一次较大范围的突发性强降水天气［图 3.4(a)］，为自 1961 年 5 月以来发生在四川盆地、强度综合指数位列第二的强天气过程。此次过程雨带呈西北—东南走向，降水极大值分别位于乐山市沙湾区、沐川县和眉山市洪雅县，24h 累计降雨量都超过了 160mm。强降水时段集中出现在 13:00～15:00（即北京时 21:00～23:00），此时段内累计降雨量对过程总雨量的贡献率达 67%。本次降水过程造成四川宜宾、乐山、达州等地发生洪涝灾害以及山体滑坡等次生灾害，对人民的生命财产安全与生产生活带来严重影响。

　　"7·10"强降水过程主要降水区位于四川盆地西北部边坡地区［图 3.4(b)］，雨带呈西南—东北走向，降水极值出现在广元市青川县和江油市，24h 累计降雨量超过 200mm，达到山地突发性暴雨标准的时段为 16:00～21:00（即北京时 00:00～03:00）。此次暴雨影响较广，导致四川省绵阳市、广元市、德阳市等共 8 个市(州)41 个县(市、区)受灾，造成了巨大的社会影响和经济损失。这两次强天气过程都有降水强度大、降水区域集中和突发性强的特点，是一次典型的山地突发性暴雨过程。

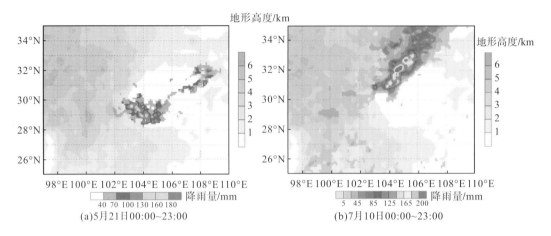

(a)5月21日00:00~23:00

(b)7月10日00:00~23:00

图 3.4 2018 年累计降雨量和地形高度

3.1.5 降水过程中的中尺度对流系统演变

在此利用 FY-2G 卫星 TBB 资料分析了两次暴雨过程中对流系统的演变发展过程。从"5·21"强降水过程 TBB 演变图来看(图3.5),21 日 10:00 UTC(协调世界时间,coordinated universal time),MCS 在四川盆地西南山区被触发,随后迅速发展;到 14:00,对流云团范围扩大,强度增大,云顶亮温达到-80℃,随后造成盆地西南部边坡地区较强降水;到 17:00,发展对流云团范围扩大呈椭圆形,覆盖整个降水区域,降水持续;自20:00 以后,原本的稳定的对流云团开始向东北方向拉伸,强度减弱,并向东南方向移出,降水结束。

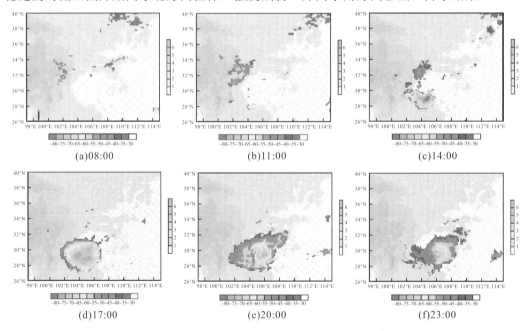

(a)08:00

(b)11:00

(c)14:00

(d)17:00

(e)20:00

(f)23:00

图 3.5 2018 年 5 月 21 日不同时刻(UTC)TBB 分布(黑色和深灰色阴影,单位:℃)和地形高度(浅灰色阴影,单位:km)

对于"7·10"强降水过程(图 3.6),造成本次强降水过程的对流系统在 10 日 06:00 川西高原激发,到 10 日 09:00,对流系统稳定维持且向南发展,在四川地区形成西南—东北走向的带状对流系统,由于大雪山的阻挡作用,南段对流系统在源地迅速发展,北段对流系统东移,在翻越地形的过程中受到地形阻碍而出现衰减;到 12:00,对流带南强北弱的形势达到最强,云顶最低亮温达到-70℃。此阶段,对流云团覆盖的川西高原地区由于低层水汽供应不足只产生了零星降水;至 15:00,北段对流系统成功越山进入四川盆地,并迅速发展为覆盖整个盆地的 MCS,与此同时,盆地西北部出现降水,南段对流系统则逐渐消亡;至 18:00,位于盆地的 MCS 发展达到最强,冷云核心区温度达-80℃,在冷云核心区覆盖的地形边坡区出现大于 30mm/h 的强降水;自 21:00 以后,MCS 开始衰减,范围逐渐减弱,强度变小,降水也逐渐趋于减弱。

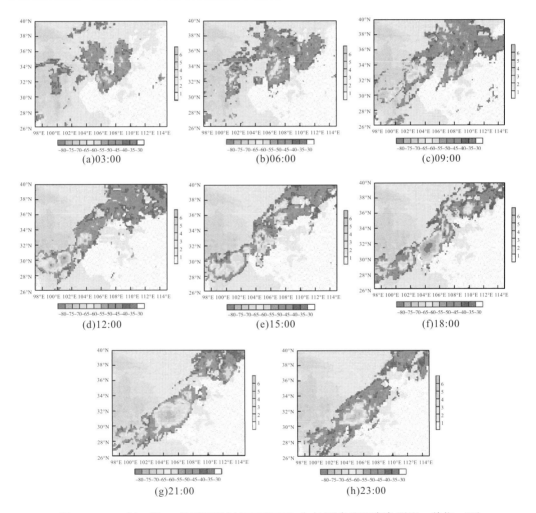

图 3.6　2018 年 7 月 10 日不同时刻(UTC)TBB 分布(黑色和深灰色阴影,单位:℃)
和地形高度(浅灰色阴影,单位:km)

3.1.6 "5·21"暴雨过程中的影响系统及其结构特征

1. 影响系统

"5·21"暴雨过程开始前即2018年5月21日00:00，500hPa天气图上，高纬度地区维持"两脊一槽"，乌拉尔山地区为一高压脊，乌拉尔山以东至贝加尔湖地区为宽阔的槽区，大槽南伸至新疆、甘肃和青海三省(区)交界处，槽后偏北气流将冷空气源源不断地向南输送。中纬度上多短波槽波动，四川盆地到云贵高原附近为一低槽，并随时间逐渐加深，西太平洋副高脊线维持在22°N附近，四川盆地受西南气流控制；21日12:00，500hPa上高纬度槽脊东移，东移大槽南伸至甘肃、青海交界处，槽后冷空气入侵进入四川盆地。之前位于川西的短波槽东移至盆地内。副高西伸北抬，脊线位于25°N附近，沿副高边缘的西南气流加强，有利于低层水汽向降水区域的输送(图略)。

850hPa上，西南低涡稳定维持，四川南部有偏北风与偏南风切变线贯穿低层到中层。21日00:00，在云贵高原和四川盆地出现大范围低空急流，偏南低空急流不断将水汽向盆地输送。自21日10:00起，850hPa上中纬度西风带的东北气流和偏东气流在四川盆地中部汇合，渐渐发展成一支低空急流向南入侵；15:00东北急流在其前方遇地形使得风速急剧减小，风向向西偏转在川东南形成气旋式旋转，由此造成的山坡—山前平原地区的辐合迅速发展增强，导致上升运动强烈发展；由低纬而来的偏东南气流将大量水汽输送到辐合区，在降水地区有很强的水汽辐合，为强降水提供条件。22:00以后，低空急流和水汽输送减弱，强降水阶段结束(图略)。

"7·10"强降水过程高空环流形势(图略)与"5·21"强降水过程基本相似。2018年7月10日00:00，500hPa天气图上，高纬度地区维持"两脊一槽"，但强度较弱。中纬度上，在川西地区附近存在一低槽，有偏北风与偏南风切变线维持并贯穿中低层(图略)，西太副高西伸至重庆东侧，降水区域受西南气流控制。10日12:00，中纬度低槽加深并东移至盆地东部，随着台风"玛利亚"的不断入侵，使得副高挤压变形并逐渐西伸北抬，四川盆地一直位于副高西侧，在小槽和副高的共同作用下，受偏南低空急流控制。850hPa上(图略)，云贵高原和四川盆地存在大范围低空急流，挟带水汽的低空急流不断将水汽向盆地内输送；17:00，在地形阻挡作用下，偏南急流在川东北地区向西转向发生气旋式旋转，低层产生辐合，同时低空急流带来的水汽在四川盆地累积，为降水创造了条件。两次过程中低层850hPa上都出现低空急流受地形阻挡而发生气旋式，使得盆地内形成气流的辐合的现象，但低空急流风向有所不同，"5·21"强天气过程中850hPa上东北低空急流起主导作用，"7·10"过程中西南低空急流为水汽输送的主要通道。

综合来看，这两次四川暴雨天气都是在低空急流、低层切变线以及充分的水汽供应下形成的，是在多系统配合下发生的山地突发性降水，其中，在地形阻挡作用下导致低空急流发生转向是两次山地突发降水的关键。两次暴雨过程具有突发性、强降水集中且位于地形过渡区等特点。

该类天气形势下，有四种天气系统共同影响四川盆地东北部：500hPa高空槽使得槽后冷空气南下影响四川盆地，588dagpm等高线西伸明显，有利于低层暖湿气流(700hPa

来自孟加拉湾的西南气流和 850hPa 来自南海的偏南气流)输送,尤其是在第二阶段,沿副高边缘的西南气流直接输送至川东北,与冷空气在此交汇,给四川盆地东北部带来大暴雨。由于高层天气系统影响而诱生的低空切变线(及地面辐合线)也直接影响暴雨的系统。

2. 动力场特征

由暴雨区(30.25°N~31.55°N,106.05°E~108.05°E)垂直速度高度-时间剖面图[图 3.7(a)]可以看到,低空急流发展时,垂直速度发生了明显的变化,1 日白天在低空急流建立前整层均为下沉运动,在强降水的两个时段 1 日 23:00~2 日 03:00,2 日 17:00~3 日 01:00始终存在着触发对流的强烈的上升运动,其中第一阶段上升运动伸展至 300hPa 以上,第二阶段垂直运动更强,从地面至 200hPa 均为上升运动,在两个阶段之间的降水中断期,低层为弱上升运动,高层为下沉运动。可见,低空急流出口区辐合使得暴雨区在两个阶段都维持持续的辐合上升运动。从暴雨区散度和涡度高度-时间剖面图[图 3.7(a)和图3.7(c)]可以看到,低空急流发展时,对流层低层散度场存在明显的变化,1 日白天均为正

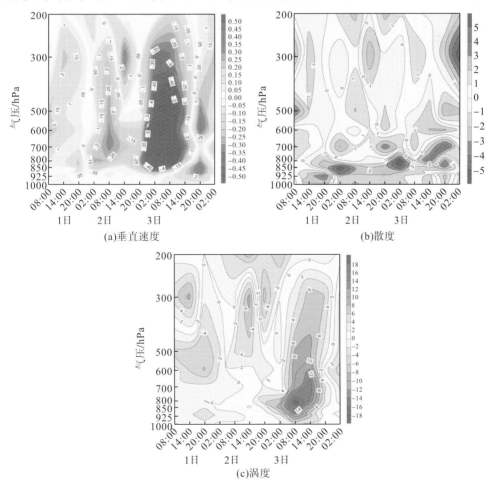

图 3.7　2017 年 5 月 1 日 08:00 至 4 日 02:00 暴雨区垂直速度(单位:Pa·s^{-1})、散度(单位:$10^{-5}s^{-1}$)和涡度(单位:$10^{-5}s^{-1}$)

值，15:00 低层(850 hPa 附近)的散度全部为负值，且散度存在明显的日变化，白天减弱夜晚加强，这也与降水主要发生在夜间是一致的。当 1 日 18:00 短波槽东移时，正涡度层比较深厚，主要分布在 300hPa 附近，之后正涡度中心下传，2 日 18:00 正涡度中心移至 850 hPa，最为强盛，中心值大于 $18\times10^{-5}s^{-1}$。两个阶段暴雨过程中，对流层中低层，正涡度区域与辐合区范围相对应，量级与散度相同。可见，低空急流每次发展，都在暴雨区相伴形成正涡度柱与强散度柱，对暴雨的产生和维持十分有利。

3. 地形的辐合抬升作用

散度剖面图[图 3.8(a)和图 3.8(b)]中，由于地形作用辐合区呈倾斜的带状。2 日 00:00，地面至 700hPa 四川盆地东北部附近共有 4 个辐合中心，其中一个辐合中心位于 700hPa，中心值达 $-6\times10^{-5}s^{-1}$，另外 3 个辐合中心位于 850hPa，最强辐合中心的中心值达 $-12\times10^{-5}s^{-1}$，高层 300hPa 为辐散区，中心值为 $4\times10^{-5}s^{-1}$。2 日 16:00，在降水带上共有 2 个辐合中心，均位于 850hPa，中心强度达 $-12\times10^{-5}s^{-1}$，辐散中心仍位于高空 300hPa。这种低层辐合、高层辐散的配置，有利于垂直方向上形成气柱的抽吸效应，从而加强垂直上升运动，因此在 2 日 16:00 暴雨区有强烈的上升运动，向上伸展至 250hPa[图 3.8(d)]。

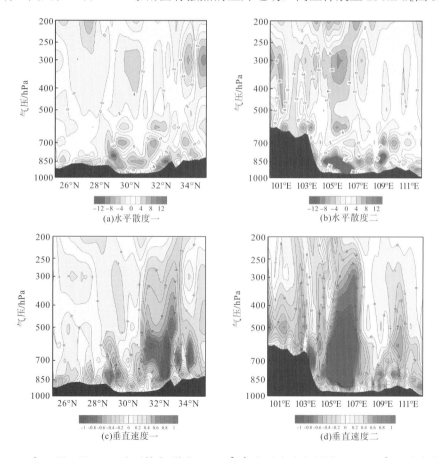

图 3.8 2017 年 5 月 2 日 00:00 水平散度(单位：$\times10^{-5}s^{-1}$)和垂直速度(单位：$Pa\cdot s^{-1}$)沿降水大值中心(106.45°E)的高度-纬度剖面(a)(c)，2 日 16:00 沿降水大值中心(31°N)的高度-经度剖面(b)(d)

暴雨多发生在高大山脉背风坡和小尺度山脉的迎风坡，降水极值多出现在山脉的迎风坡、平原与山脉的过渡地区(陆汉城和杨国祥，2015；朱乾根 等，2007)。在暴雨的第一阶段[图 3.8(a)和图 3.8(c)]，山脉的迎风坡有两个辐合中心，强烈的垂直上升运动也出现在此，秦巴山脉对风场的辐合抬升作用造成盆地东北部的迎风坡出现辐合区和强烈的垂直上升运动区。在暴雨的第二阶段[图 3.8(b)和图 3.8(d)]，辐合区和强垂直运动上升区出现在川西高原高大山脉的背风坡，且上升运动的强度高于第一阶段，这与第二阶段干冷空气的侵入有关，两个阶段降水的大值区出现在平原与山脉的过渡区即四川广安地区。

3.1.7　"5·21"过程的影响系统分析

1. 大气环流形势

21 日 08:00，高层 500hPa 东亚地区为"两脊一槽"的环流形势，大槽南伸至我国河套地区，四川盆地西南部位于高空短波槽区，588dagpm 副热带高压脊线西伸至贵州地区。700hPa 四川盆地西南部为西南风，且有一支北方大风区从四川盆地北沿侵入四川盆地。2h 后四川盆地低槽加深，副高亦加强西伸，12:00 突发性暴雨发生时，分析高层 500hPa 环流图可知，此时暴雨区位于高空槽引导而下的西北气流与西太副高外沿西南气流的交汇处，可以为暴雨提供很好的动力条件与水汽条件。此时中层 700hPa，暴雨区吹南风，15:00 暴雨区位于切变线北侧，整个降水过程中上述降水区域主要为强西南气流和偏西气流控制。至 21 日 23:00，500hPa 上东亚仍然保持"两脊一槽"环流形势，大槽东移至我国东部，降水区范围内为强的西南气流控制，四川地区东部有一小槽，副高脊线与 12:00 位置相当。此时 700hPa 四川盆地形成一西南涡，但该西南涡影响的是下游系统，对四川盆地西南部的降水并无影响(图略)。

850hPa 上，08:00 暴雨区吹东南风[图 3.9(a)]，在盆地北部边界有冷空气侵入，之后的 3h 内，北方冷空气继续入侵，21 日 11:00[图 3.9(b)]，在突发性暴雨爆发的前一时刻，暴雨区的上空为东北气流与东南气流的交汇处，渐渐发展成一支低空急流，整个盆地是正涡度区；东南急流在其前方遇地形风速急剧减小，风向向东旋转在川东南形成气旋式旋转产生低涡，由此造成的山坡-山前平原地区的辐合迅速发展增强导致上升运动强烈发展，由低纬而来的偏东南气流将大量水汽输送到辐合区，为暴雨的发生发展提供条件。之后的数小时内风速加大，暴雨达到最大时刻 16:00[图 3.9(c)]，暴雨区的两股气流交绥最为强盛，在暴雨区的东南方位气旋性涡旋加强，暴雨区位于气旋性涡度的外沿。

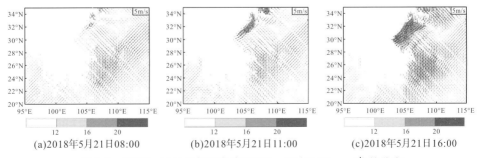

(a)2018年5月21日08:00　　(b)2018年5月21日11:00　　(c)2018年5月21日16:00

图 3.9　850hPa 风场和低空急流(阴影，风速≥12m·s⁻¹)的分布

2. 动力场特征

通过暴雨区(28.55°N～29.75°N,103.05°E～105.05°E)上空的垂直速度剖面图[图 3.10(a)]可以看出从 10:00 开始暴雨区上空出现强烈的垂直上升运动,但 10:00～12:00 强烈的垂直上升运动主要集中在中高层,在 12:00,突发性暴雨的初始时刻,强烈的垂直上升运动开始向下扩展,这与南北两股气流的强烈辐合有关。12:00～16:00,低层 850hPa 至高层 200hPa 均维持强烈的上升运动,16:00～20:00,高层上升运动开始减弱,高度低于 200hPa,20:00 之后垂直上升运动持续减弱。分析暴雨区散度的时间高度剖面图[图 3.10(b)]可知从 10:00 开始,暴雨区的上空散度开始变化,在低层 850hPa 和中高层 550hPa 左右各有一个辐合中心,高层散度的变化与高空槽的加深和副高西伸的加强有关。14:00～16:00 辐合更强,在高层 300hPa 也产生了一个辐合中心,低层 850hPa 从暴雨开始至结束散度始终为负值。对暴雨区上空的涡度[图 3.10(c)]分析可知,从 21 日 00:00 开始,暴雨区上空从地面至 300hPa 就为正涡度,从 12:00 开始气旋性涡旋开始增强,这种强烈的气旋性涡旋一直持续到 21 日 22:00。

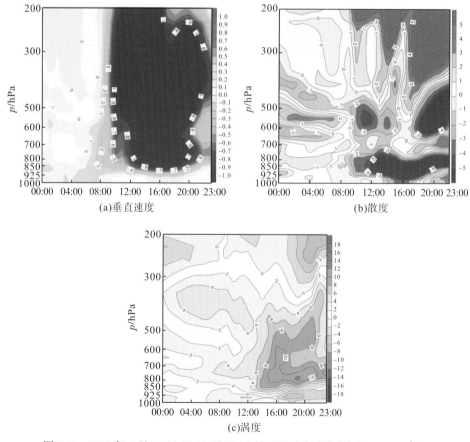

(a)垂直速度　　　　　　　(b)散度

(c)涡度

图 3.10　2018 年 5 月 21 日 00:00 至 23:00 暴雨区垂直速度(单位：Pa·s^{-1})、
散度(单位：×10^{-5}s^{-1})和涡度(单位：×10^{-5}s^{-1})

3. 地形的辐合抬升作用

散度剖面图[图 3.11(a)和图 3.11(b)]中，由于地形作用在经向和纬向剖面图上辐合区呈倾斜的带状，且呈低层辐合、中层辐散、高层辐合的交错状态，21 日 16:00 高度-纬度剖面图上，地面至 700hPa 四川盆地西南部暴雨区上空附近共有 1 个辐合中心，中心值达 $-12 \times 10^{-5} \mathrm{s}^{-1}$，中层 700hPa 为辐散区，高层 300hPa 为辐散区中心值为 $4 \times 10^{-5} \mathrm{s}^{-1}$。21 日 16:00 高度-经度剖面图上，在降水带上共有 2 个辐合中心，辐合区沿青藏高原高大山脉呈带状从地面延伸至 600hPa，中心强度达 $-12 \times 10^{-5} \mathrm{s}^{-1}$，辐散中心仍位于高空 300hPa。这种环流配置可加强垂直上升运动，因此从垂直速度场可以看到，两组剖面图在暴雨区域均形成强烈的垂直上升运动[图 3.11(c)和图 3.11(d)]。高度、纬度剖面图上[图 3.11(a)和图 3.11(c)]表明，辐合中心和强烈的垂直上升运动出现在四川盆地南部的迎风坡，结合地形图可知大凉山对风场的辐合抬升作用造成盆地西南部的迎风坡出现辐合区和强烈的垂直上升运动区。高度-经度剖面图上则可以看出在四川盆地西部，横断山脉对本次暴雨也有辐合抬升作用[图 3.11(b)和图 3.11(d)]，辐合区和强垂直运动上升区出现在横断山脉的背风坡。

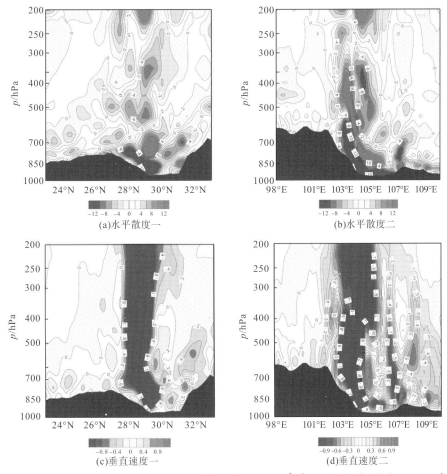

图 3.11　2018 年 5 月 21 日 16:00 水平散度(单位：$\times 10^{-5} \mathrm{s}^{-1}$)和垂直速度(单位：$\mathrm{Pa} \cdot \mathrm{s}^{-1}$)
沿降水大值中心(104°E)的高度-纬度剖面以及沿降水大值中心(29°N)的高度-经度剖面

3.1.8 地形以及冷侵入产生的增幅作用

1. 地形的阻挡作用

降水过程的雷达回波演变图（图略）显示出两个阶段的降水分别对应两次中尺度对流系统的发生发展过程。第一阶段降水的对流活动在地面辐合线以及大风区形成后 1h 即 2 日 03:00 在盆地东部丘陵地区产生，此时为几个分散的对流小单体，随后对流单体强度逐渐加强，范围也逐渐扩大，这些小单体发展为一个较强的中尺度对流系统。中尺度对流系统在向东北方向移动的过程中于 07:00 分裂成两个块状回波，位于广安的块状回波此时发展最旺盛，07:00 第一阶段的突发性暴雨出现。10:00 西北位置的回波衰减消散，东南位置的回波也在衰减并向四川盆地东北部移动，11:00 第一阶段降水结束。2 日 23:00，四川盆地东北部的遂宁、广安等地又有对流单体开始发展，3 日 01:00，对流发展显著增强，第二阶段突发性暴雨于此时产生。03:00 强对流发展成熟并一直维持在广安北部、南充东部、达州南部地区，此时强度已达 50dBZ 以上的局地强回波，至 3 日 05:00 强回波的强度和影响范围达到最大。3 日 08:00，中尺度对流系统移出四川盆地东北部，3 日 09:00，第二阶段突发性暴雨结束。

结合海拔分析可知，两个降水阶段的中尺度对流系统首先在四川盆地东部位势较低的丘陵地带产生，该处的平均海拔约为 400m，之后向盆地东北部发展、移动，开始移速较快，当移动到(31°N, 107°E)附近时，因大巴山区的阻挡而移速明显减慢，停滞在此并发展旺盛。在强降水过程的第二阶段，川东北地形的阻挡作用更为显著，3 日 03:00 开始，中尺度对流系统就停滞在强降水区。

2. 冷侵入的增幅作用

由于假相当位温(θ_{se})在绝热过程中具有保守性，被广泛用于代表空气的温度、湿度状况。王安宇等(1999)指出在夏季风推进期间，30°N 以南可用 340K 等值线来代表暖湿空气前沿，故本节结合低空切变线和低空急流的位置来分析 900hPa、800hPa 和 700hPa θ_{se} 的分布情况（图略）。900hPa 上，θ_{se} 的大值区位于贵州与四川盆地的交界处，最大值为 362K；340K 等值线位于 31°N，等 θ_{se} 梯度大值区呈西南—东北走向。800hPa 上，θ_{se} 的大值区位于贵州北部—重庆西部；340K 等值线位于 31.5°N，等 θ_{se} 梯度大值区比 900hPa 有所减小。700hPa 上，四川盆地东北部为等 θ_{se} 的大值区，340K 等值线位于 32°N 左右，在盆地北部边缘是等 θ_{se} 梯度大值区。假相当位温高、低值区在不同层次位置的变化反映了第二阶段降水过程中冷、暖空气的活动情况。以上对 θ_{se} 水平与垂直分布的分析表明，3 日 02:00，北方冷空气从低层接近地面的高度开始侵入，与偏南风低空急流输送的暖湿空气在盆地东北部交绥，使垂直上升运动增强，有利于暴雨在第二阶段出现增幅。

以上通过对水平散度、垂直运动、低空急流以及中尺度对流系统的诊断，反映出四川盆地周围复杂的地形为本次暴雨提供了有利的环境条件：秦巴山脉迎风坡以及青藏高原东侧背风坡均引起辐合抬升，大巴山脉的阻挡使得中尺度对流系统在盆地东北部停滞并发展旺盛。其中，突发性暴雨第二阶段高于第一阶段的主要原因是干冷空气由低层至高层的侵入。

3.2　地形引起的绕流和爬流对山地性突发性暴雨的不同作用

气流的绕流和爬流运动在青藏高原对西风带大气的动力作用中占有重要地位，其中绕流运动有利于涡旋的发生发展，爬流运动则与垂直运动密切相关，二者在降水过程中均有重要作用。进一步通过数值模拟试验得出：当西风气流遇到青藏高原的阻挡时，绕流作用占主导地位，而爬流相对较弱（王谦谦 等，1984）。绕流和爬流的相对大小主要取决于地形坡度（谢应齐，1986）。绕流和爬流运动在高原隆升的不同阶段具有不同的强度，当二者强度相当时，此时的青藏高原高度称为大气临界高度。通过比较不同高原地形高度下绕流和爬流运动的强弱，张耀存和钱永甫（1999）推断出青藏高原大气临界高度约为 1500～2000m。通过定量计算绕流和爬流运动的强弱可以衡量绕流和爬流在降水过程中的作用（黄刚和周连童，2004；蒋艳蓉 等，2008）。李斐等（2012）通过分解高原附近表层风场，计算出大气中的绕流和爬流运动强度，进而探讨高原作用产生的不同气流分量的气候态特征以及不同高度上这两种气流分量强度的变化。

虽然对青藏高原产生的绕流和爬流运动的研究已有不少，然而大多都是从气候和气候变化视角来揭示高原大地形的动力作用，很少应用在中尺度气象学尤其是对山地暴雨的作用方面。本节利用新一代再分析资料定量计算山地的绕流分量和爬流分量，探讨气流分量的强度特征，比较绕流和爬流在一次山地突发性暴雨过程中的作用，以及与垂直上升运动的关系，从而加深地形和突发性暴雨关系的理解，为发展山地突发性暴雨的预报提供参考。

3.2.1　资料与方法

1. 资料

本节所选取的资料是欧洲中期天气预报中心（ECMWF）提供的第五代全球再分析资料（ERA5），水平分辨率为 0.25°×0.25°，时间间隔为 1 h，垂直方向上共 30 层（从底层 1000 hPa 到顶层 5 hPa）；以及中国自动气象站与 CMORPH 降水产品融合的逐时降雨量数据。

2. 绕流和爬流的计算方法

参考张耀存和钱永甫（1999）在数值模拟中对模式底层风场所采用的分解方案，将再分析资料的 900hPa 层水平风矢量分为绕流分量和爬流分量，分别计算各分量的大小，从而区分各自起到的作用。若 $\vec{V}$ 表示水平风矢量，则有

$$\vec{V} = \vec{V_r} + \vec{V_p} \tag{3.1}$$

式中，$\vec{V_r}$ 是水平风矢量的绕流分量（m·s^{-1}）；$\vec{V_p}$ 是水平风矢量的爬流分量（单位：m·s^{-1}）；

$\vec{V}_r$ 和 $\vec{V}_p$ 相互正交, 且分别满足以下方程

$$
\begin{cases}
\vec{V}_r \cdot \nabla z_s = 0 \\
\vec{V}_r \times \nabla z_s = \vec{V} \times \nabla z_s
\end{cases}
$$
$$
\begin{cases}
\vec{V}_p \times \nabla z_s = 0 \\
\vec{V}_p \cdot \nabla z_s = \vec{V} \cdot \nabla z_s
\end{cases}
\tag{3.2}
$$

式中, z_s 为地形高度; ∇z_s 为地形高度梯度, 且 $\nabla z_s = \dfrac{\partial z_s}{\partial x}\vec{i} + \dfrac{\partial z_s}{\partial y}\vec{j}$, 可得绕流分量垂直于地形梯度, 爬流分量平行于地形梯度。将上述方程联立, 可得

$$
u_r = \left[u_s \left(\frac{\partial z_s}{\partial y} \right)^2 - v_s \frac{\partial z_s}{\partial x} \frac{\partial z_s}{\partial y} \right] \Big/ \left| \nabla z_s \right|^2
$$
$$
v_r = \left[v_s \left(\frac{\partial z_s}{\partial x} \right)^2 - u_s \frac{\partial z_s}{\partial x} \frac{\partial z_s}{\partial y} \right] \Big/ \left| \nabla z_s \right|^2
$$
$$
u_p = \left[u_s \left(\frac{\partial z_s}{\partial x} \right)^2 + v_s \frac{\partial z_s}{\partial x} \frac{\partial z_s}{\partial y} \right] \Big/ \left| \nabla z_s \right|^2
$$
$$
v_p = \left[v_s \left(\frac{\partial z_s}{\partial y} \right)^2 + u_s \frac{\partial z_s}{\partial x} \frac{\partial z_s}{\partial y} \right] \Big/ \left| \nabla z_s \right|^2
\tag{3.3}
$$

式中, u_r, v_r, u_p, v_p 分别是绕流矢量和爬流矢量的纬向、经向分量。

垂直运动的产生与地形存在密切相关性, 因此针对刚体边界条件有

$$
w_s = \vec{V} \cdot \nabla z_s = \left(\vec{V}_r + \vec{V}_p \right) \cdot \nabla z_s
\tag{3.4}
$$

式中, w_s 为地形强迫出的垂直运动。

由于绕流分量垂直于地形高度梯度, 则有 $\vec{V}_r \cdot \nabla z_s = 0$, 因此式(3.4)变为

$$
w_s = \vec{V}_p \cdot \nabla z_s
\tag{3.5}
$$

由式(3.5)可知, 地形强迫出的垂直运动只与爬流运动有关, 即绕流并不产生垂直运动。

3. 对流有效位能

对流有效位能(CAPE)的含义是一个可能将位能转换为动能的热力变量, 它可以定量反映出大气中能否发生深厚对流, 表征了大气对流的不稳定能量。CAPE 对强对流天气的发生有较好的指示作用, 其定义为

$$
\text{CAPE} = g \int_{Z_{\text{LEC}}}^{Z_{\text{EL}}} \left[\frac{T_{vp} - T_{ve}}{T_{ve}} \right] \mathrm{d}z
\tag{3.6}
$$

式中, T_v 为虚温, 下标 p、e 分别表示与气块和环境相关的物理量; Z_{LEC} 为自由对流高度, 表示 $\left(T_{vp} - T_{ve} \right)$ 由负值转正值; Z_{EL} 为平衡高度, 是 $\left(T_{vp} - T_{ve} \right)$ 由正值转负值的高度。

3.2.2　天气概览

1. 暴雨实况

下面针对 2018 年 5 月 21 日至 22 日发生在我国四川盆地西南部的一次突发性暴雨过程进行相关分析，此次暴雨过程主要发生在盆地西南部山区和坡地上，降水范围和降水强度较大，降水时间集中，是一次典型的山地突发性暴雨事件。

此次降水过程从 2018 年 5 月 21 日 07:00（世界时，后同）开始一直持续到 22 日 07:00，其中强降水主要集中在 21 日 16:00～20:00。图 3.12 是 21 日 12:00～24:00 的 12h 累计降雨量。可以看到，强降水主要发生在四川南部山地北侧 80km 范围的平原到山地的过渡带，该区域海拔 500～1000m。雨量为大雨到暴雨，部分地区大暴雨，暴雨区主要集中在盆地西南部和南部。根据 5 月 21 日 12:00～22 日 12:00 四川全省雨量统计，降雨量 50～100mm 的有 842 站，大于 100mm 的有 301 站，出现特大暴雨（≥250mm）的有 6 站，过程最大降雨出现在沐川县芹菜坪镇，雨量达到 360.2 mm。

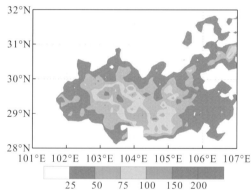

图 3.12　2018 年 5 月 21 日 12:00～24:00 12h 实况累计降雨量分布(mm)

根据突发性暴雨标准（单个站点，1h 降雨量大于 20 mm，且连续 3h 降雨量大于 50 mm），5 月 21 日突发性降雨时段主要集中于 16:00～24:00，图 3.13 是达到突发性暴雨标准的山地（海拔≥500m）站点分布图，可以看到，部分地区 3h 累计降雨量超过 50 mm，最大值超过 90 mm，雨区位于川西高原过渡到四川盆地的山地坡地以及毗邻平原地区，暴雨主要发生在其中的盆地西南部地区。

2. 环流形势

针对此次突发性暴雨过程，我们挑选了降水过程中特征明显的 08:00、16:00 和 23:00，分别代表此次天气过程中的初生期、成熟期和衰退期，并对这三个时段进行重点研究分析。

5 月 21 日 08:00 [图 3.14(a)]，500 hPa 高度场上，欧亚中高纬度为"两脊一槽"的环流形势，两高压脊分别位于巴尔喀什湖以东和我国东北一带，长波槽位于贝加尔湖以南，低纬呈平直西风带形势。低槽延伸至我国境内，槽后有强的西北气流引导冷空气南下，高

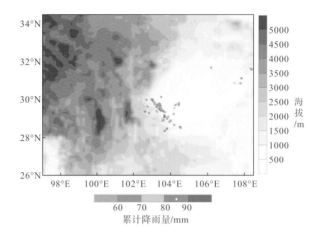

图 3.13　2018 年 5 月 21 日达到突发性暴雨标准的山地站点分布图，黑色圆点表示 3h 累计降雨量(mm)

注：灰色阴影为海拔(m)。

原上为平直的西风气流。四川盆地西部有一低槽，槽前有较强的西南气流。之后槽逐渐向东移动，23:00 四川盆地受槽后西北气流控制。对流层中层，700hPa 上，08:00 盆地内主要为偏南气流，四川北部存在一条切变线，来自南方的暖湿气流与北方的干冷空气在此相遇。此后，四川盆地的西侧出现明显的偏东风，逐渐在盆地西部形成涡旋，盆地南侧有较强的西南低空急流，为此次强降水的发生发展提供了有利条件。之后切变线逐渐向东移动，23:00 切变线已经移到四川东部。700 hPa 水汽通量散度的分布图上，此次降水过程中的水汽主要来自孟加拉湾地区，且水汽在盆地南部产生辐合。

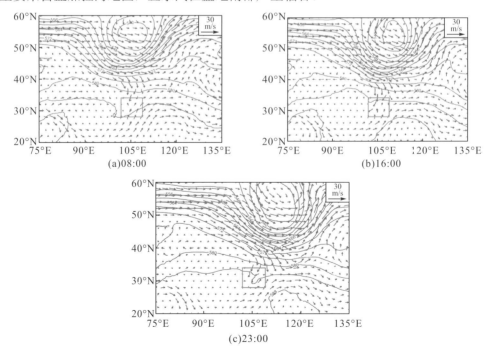

图 3.14　2018 年 5 月 21 日 500 hPa 高度场(等值线，单位：dagpm)和 700hPa 风场(矢量，单位：m·s^{-1})

注：小方框表示降水区域。

3. 不稳定层结

分析假相当位温可以判定大气层的稳定性(何立富 等,2007;刘还珠 等,2007)。图 3.15 是假相当位温和相对湿度的垂直剖面图,从 08:00[图 3.15(a)]上可以看到,102°E～105°E 范围内 700hPa 以下均为假相当位温大值区,250～700hPa 假相当位温较小,不稳定层结明显,强降雨中心上空存在着明显的湿层。图 3.15(b)为 16:00 的假相当位温和相对湿度随高度的变化。暴雨发生时,假相当位温密集区出现在暴雨区上方,其中相对湿度伸展至 150hPa 高度左右,在 102°E～104°E 区域上方出现一个向下凹的假相当位温舌区,高度伸展到了 250 hPa,说明产生了强烈的对流上升运动,而假相当位温在中高层几乎保持不变,接近中性层结。之后暴雨区上空的湿区向东移动并逐渐减弱,假相当位温湿舌区也向东移动,不稳定层减弱。23:00 暴雨区上空层结不稳定消失,湿区明显减弱[图 3.15(c)]。由此可见,湿区和假相当位温湿舌区的移动与降水关系密切,暴雨易发生在层结不稳定条件和上升运动区域中。

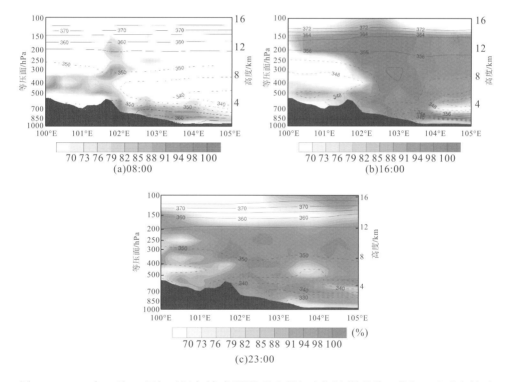

图 3.15　2018 年 5 月 21 日相对湿度(灰色阴影区)和假相当位温(等值线,单位: K)垂直剖面

注: 黑色阴影为地形高度(单位: m)。

图 3.16 是此次强对流天气 CAPE 演变图,从图 3.16(a)上看到,暴雨发生前,104°E～106°E 范围内 CAPE 超过 1600J·kg⁻¹,存在较强的不稳定能量。之后随着不稳定度增大,盆地上空不稳定能量继续堆积,12:00[图 3.16(b)]CAPE 值超过 2000J·kg⁻¹,表明此时大气的状态为强不稳定,一旦有触发机制作用,将会使不稳定能量爆发。强对流天气爆发后,

释放凝结潜热导致空气温度上升，对流不稳定能量逐渐减弱。随着强降水的产生，21 日
16:00[图 3.16(c)]CAPE 值迅速减小。

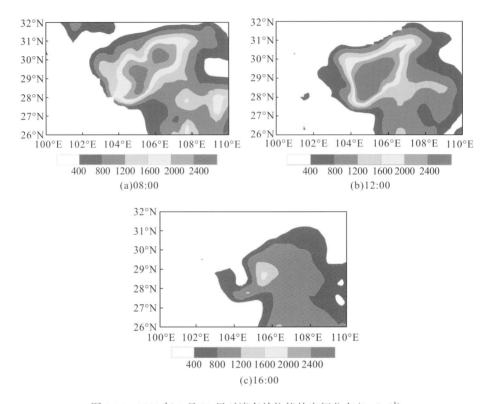

图 3.16　2018 年 5 月 21 日对流有效位能的空间分布(J・kg^{-1})

4. 次级环流圈

与降水有密切关系的垂直上升运动也是次级垂直环流圈的重要组成部分，因此分析
降水最强时刻暴雨区域中心附近高低空纬向风 u 和经向风 v 的垂直结构，有助于了解暴
雨过程中垂直环流的特征。图 3.17 是分别沿 104°E 和 29.5°N 的纬向风 u 和经向风 v 的
垂直剖面图。21 日 16:00 暴雨发生时的纬向风 u 图上[图 3.17(a)]，西风区向暴雨区上
空的对流层中高层延伸，而整个盆地的近地面为偏东气流。在盆地向山地过渡区域上空
的 700hPa 附近产生了垂直风切变，700hPa 以下为东风，以上仍维持西风。在经向风图
上[图 3.17(b)]，盆地内近地面层为较强的偏北风，其上为较弱的偏南气流，表明此时
的冷空气已经侵入到暴雨区的低空，低层出现明显的垂直风切变。此时 700hPa 的涡度
场(图略)，暴雨区内为正涡度大值区，中心涡度超过 $20×10^{-5}s^{-1}$。由此看出，这样的风
场条件有利于局地涡旋的形成，为此次暴雨天气的发生提供有利的局地环流条件。

从暴雨区中心附近的散度垂直分布图上可以看到，山地与盆地的过渡坡区上，中
低层为强辐合，高层为辐散，在这样的高低层散度配置下形成大气抽吸效应，有利于
形成垂直上升运动。图 3.18(a)是暴雨发生时沿暴雨中心附近(29.5°N)的垂直纬向环流
剖面图，102°E～104°E 是大范围的强上升气流，上升运动一直延伸到 200hPa 以上。

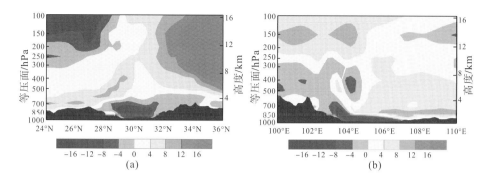

图 3.17　2018 年 5 月 21 日 16:00(a)沿 104°E 的纬向风和(b)沿 29.5°N 的经向风(单位：m·s⁻¹)的垂直剖面

注：黑色阴影为地形高度(m)。

同时，在 104°E～106°E 盆地范围区域的 700hPa 高度以下有偏东气流，而在 105°E 附近有下沉气流，形成了一个闭合的次级(垂直)环流圈。另外，在暴雨发生时，也产生了明显的经向垂直环流。图 3.18(b)是沿暴雨中心附近 104°E 的垂直经向环流剖面图。暴雨发生时，28°N～30°N 上升气流较强，可达到 150hPa 以上高度。综合纬向和经向垂直环流可以看到，上升运动均出现在盆地向周围山地过渡的坡区，说明在地形交界处，水平气流由于受到地形的阻挡而产生上升运动，为暴雨天气提供了稳定的上升气流。

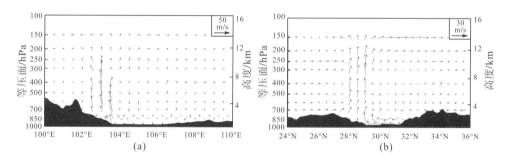

图 3.18　2018 年 5 月 21 日 16:00(a)沿 29.5°N 纬向风速与垂直速度合成矢量和(b)
沿 104°E 经向风速与垂直速度合成矢量(m·s⁻¹)的垂直剖面图

注：黑色阴影为地形高度(m)。

3.2.3　地形产生的绕流和爬流运动

为了分析产生局地涡旋和垂直上升运动的动力机制，有必要对本次降水过程的爬流、绕流运动进行相关分析。图 3.19 为 2018 年 5 月 21 日 16:00 绕流和爬流矢量模及其分量的空间分布，由图 3.19(a)左图可见，暴雨区内呈现较强的绕流分布特征，强度约为 8m·s⁻¹，绕流最大值出现在 31°N 附近。由绕流的纬向和经向分量分布[图 3.19(b)左、图 3.19(c)左]可知，暴雨区内气流在纬向上由东向西绕行，经向分量绕流由北指向南，经向分量的分布特征与绕流矢量模的分布相似，且与纬向分量相比强度略强，故此次暴雨过程中，绕流经向分量对绕流整体的贡献更大。

由图 3.19(a)右图可见，暴雨区爬流矢量模和绕流具有相似的分布特征，但爬流存在多个大值区，其中 30°N，104°E 附近存在一个大值中心，强度约为 $20\text{m}\cdot\text{s}^{-1}$，比绕流矢量模强度更强。由爬流的纬向和经向分量分布图[图 3.19(b)右、图 3.19(c)右]可见，暴雨区上空爬流的纬向和经向分量同绕流类似，即以偏东、偏北分量为主。爬流较强的区域主要出现在盆地向周围山地的过渡区域，这与暴雨落区有很好的对应关系。由此看出，过山气流受到地形高度差的影响而产生的爬流运动与降水密切相关。

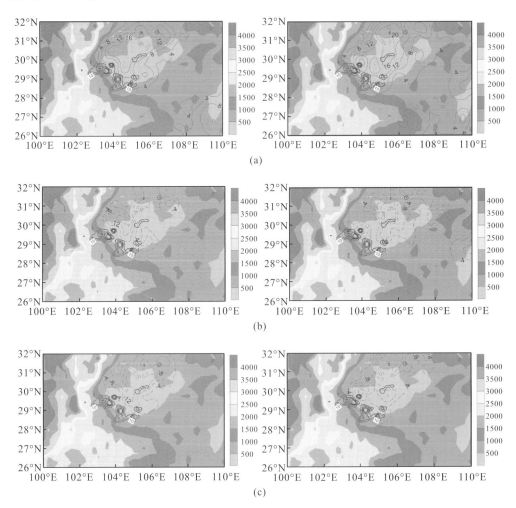

图 3.19　2018 年 5 月 21 日 16:00 绕流(左)和爬流(右)的矢量模(a)、
纬向分量(b)和经向分量(c)(等值线，单位：$\text{m}\cdot\text{s}^{-1}$)

注：等值线为降雨量(mm)，阴影为地形高度(m)。

前面分析了绕流和爬流运动的强度及其分量分布，那么此次天气过程中绕流和爬流所形成的流场对暴雨又分别起到什么样的作用？图 3.20 是暴雨发生时 900hPa 高度上绕流和爬流矢量的空间分布，由图 3.20(a)可以看到，四川盆地及周边山地范围内存在一定强度的绕流运动，其中最强绕流主要在暴雨区的北侧形成，来自东北方向的气流由于受到盆地与山地之间的地形高度差影响而产生向南向西的绕流，这种由于地形阻挡作用而产生的绕流运动有利于盆地内局地涡旋的形成，为降水的发生发展创造了局地环流条件。而由爬流流场分布形势[图 3.20(b)]可知，在地形的过渡区域存在较强爬流运动，其中盆地西部(30°N，104°E)存在强爬流运动，其强度要大于绕流运动，与之对应的位置恰是此次降水过程的降水大值中心。因此，绕流运动对盆地内涡旋生成的促进作用，爬流产生的上升气流加强了大气抽吸效应形成的系统性垂直上升运动，为此次突发性暴雨的发生提供了触发条件。

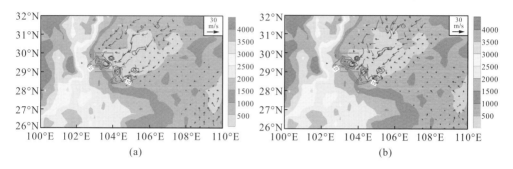

图 3.20　2018 年 5 月 21 日 16:00 绕流(a)和爬流(b)的流场(矢量，单位：$m \cdot s^{-1}$)
和降水(等值线，单位：mm)分布图

注：阴影填色为地形高度(m)。

图 3.21 为平均绕流分量和爬流分量模的比值分布图，即将绕流和爬流矢量模的大小进行比较。由图 3.21 可见，暴雨区(29°N～30°N，102°E～104°E)内基本是爬流分量略大于绕流分量，说明爬流运动要强于绕流运动，爬流作用占主导地位。由此可见，此次暴雨天气过程中，过山气流由于地形海拔的变化而产生的适应运动，主要是以爬流运动为主，绕流运动次之。

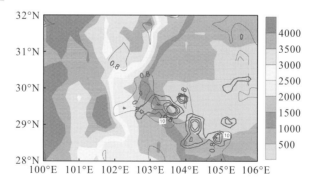

图 3.21　经过九点平滑后的平均绕流矢量模与爬流矢量模之比(黑色等值线)

注：等值线为降雨量(mm)，阴影填色为地形高度(m)。

由于绕流运动垂直于地形梯度，因此绕流运动不产生上升运动，垂直上升运动的产生只依赖于爬流运动，因此接下来分析了爬流与垂直运动的关系。图 3.22(a)和图 3.22(b)是爬流强迫出的垂直速度 w_s 与再分析资料提供的垂直速度 w 随高度的变化，爬流强迫出的垂直速度 w_s 与再分析资料提供的垂直速度 w 的大值区均出现在盆地向山地过渡的迎风坡上，

但 w_s 与 w 相比强度偏小，分布更加分散，爬流强迫出的垂直运动集中在对流层低层的地形坡地上，再分析资料的垂直速度则一直延伸到对流层中高层。图 3.22（c）是 900hPa 高度上爬流强迫出的垂直速度图，图中爬流强迫出明显的垂直上升运动，且该垂直上升运动区基本出现在降水大值区，最强上升区位于盆地西南部与山地交界处，强度为 0.06m·s^{-1}。另外，与 ERA5 中 900hPa 等压面上垂直速度[图 3.22（d）]相比较，二者的空间分布特征相似，垂直运动方向相同，均呈西北—东南向分布，这与降水的大值区分布也能很好对应，但再分析资料相同等压面上的垂直运动强度（即垂直上升速度）较爬流强迫出的垂直运动偏强。由于实际垂直速度是系统性垂直速度与地形强迫垂直速度之和，可见，山地迎风坡区垂直运动的产生既有地形本身动力强迫的作用，同时也有其他抬升（如系统性抬升）作用的贡献。

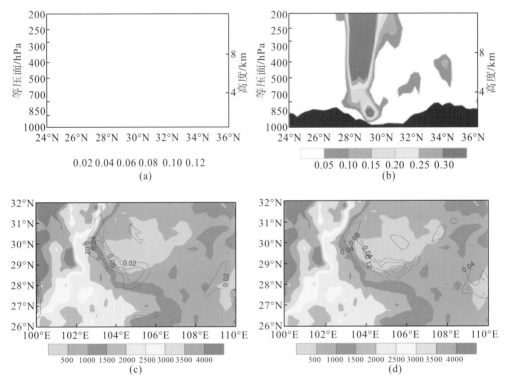

图 3.22　2018 年 5 月 21 日 16:00 爬流强迫的垂直速度（a）和 ERA5 提供的垂直速度的垂直剖面（黑色阴影为地形高度，单位：m）（b）以及 900hPa 爬流强迫出的垂直速度（c）和 900hPa 等压面上垂直运动强度（d）

注：黑色等值线（m·s^{-1}）。

3.3　山地强降水的垂直结构

3.3.1　基于雷达等观测资料的山地强降水的垂直结构

利用地面加密自动气象站、FY-4A 卫星、C 波段多普勒天气雷达等多源观测资料，3.3 节分析了 2019 年 7 月 22～23 日贵州省水城县"喇叭口"地形强降水的垂直结构、环境条件及形成机制。研究表明，这次水城县山地突发性强降水事件表现出在前后两个降水阶段具有明显的降水落区和强度的差异:前一阶段,孤立的降水中心出现在高大山体的迎风坡;后一阶段,更强的带状降水出现在高大山体之间的峡谷地带。基于 MCSs 的客观识别和追踪技术并结合地面加密雨量站,MCS 上存在两条雨带:一条雨带位于云团的北部边缘,另一条位于云团南部边缘的水城县上空,离主雨带约为 200km,呈现小尺度的局地雨带。根据 MCS 的时空演变和组织形态结合地面和对流层中层环境场特征,前　阶段,MCS 主体不在水城县上空,水城县上空以西南风为主,没有出现明显的天气系统,地面至 700hPa 存在明显水平风的垂直切变;后一阶段,对流云带向南移动并在水城县上空形成一个强冷核,这个强冷核发展最强 TBB 为 186K,云顶高度为 17100m,伴随中层低涡和地面辐合线。以上两个降水阶段被分为地形性降水阶段和天气系统相关的降水阶段。

在地形性降水阶段,较小的 γ 中尺度(2～20km)对流单体具有较低的回波顶高度(6～10km)出现在高大山体的迎风坡。在天气系统相关的降水阶段,β 中尺度(20～200km)的对流回波带具有较高的回波顶高度(10～14km)出现在高大山体之间的峡谷地带。通过分析山地突发性暴雨的反射率和径向速度的平面位置显示(plan position indicator,PPI)和距离高度显示(range height indicator,RHI)表明,在兴义站雷达北部 120km 的水城县峡谷地形的 PPI 图像上显示反射率值大于 30dBZ。同时,沿强回波中心的 RHI 只能看到 3.5km 高度以上的反射率值,18dBZ 反射率值的回波顶高接近 14km。在与反射率对应的位置上,雷达径向速度呈现明显辐合区,而辐散区位于回波带北侧。负的径向速度被正的径向速度所包围,表明水城县上空有逆风区的存在。逆风区与强的中尺度对流有关,其边缘对应暴雨区。在径向速度的 RHI 上,在 3.5～8km 高度上有一个明显的径向速度辐合区域(图 3.23)。

这次山地突发性强降水事件的形成机制表明:强降水开始前,流入"喇叭口"地形的暖湿空气在峡谷地形中形成暖湿池。地形性降水阶段,水城县南部暖湿区出现孤立的对流单体,θ_e 值较大;地形降水是大气暖湿气流与地形相互作用的结果。而天气系统相关的降水阶段,地面辐合线和冷舌到达水城县峡谷地形上空,对流回波带增强,是由于地面辐合线、中层低涡和高层 MCS 相互作用的结果;相比于前一阶段,来自高海拔的地面冷舌叠加在低海拔峡谷的暖池之上有利于强降水的增幅(Li et al.,2020)。

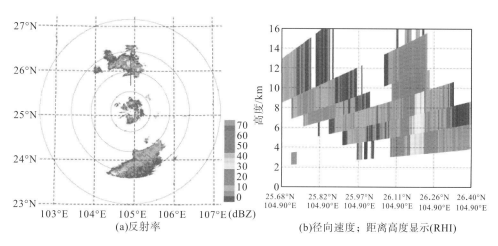

(a)反射率　　　　　　　　(b)径向速度;距离高度显示(RHI)

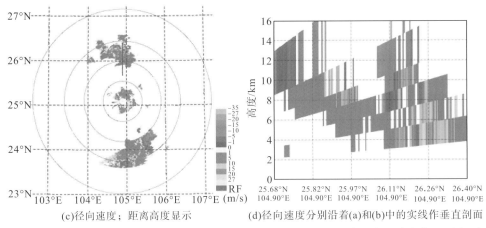

(c)径向速度；距离高度显示 (d)径向速度分别沿着(a)和(b)中的实线作垂直剖面

图 3.23　2019 年 7 月 22 日 13:40(世界时)兴义站多普勒雷达 1.5°仰角上的距离方位显示(PPI)

3.3.2　基于 GPM 资料的地形强降水的垂直结构

四川省地跨青藏高原、横断山脉、云贵高原、秦巴山地、四川盆地，其北临秦岭，南接云贵高原，处于青藏高原东缘，地势西高东低，地形、地貌多样，天气过程也复杂多变，而暴雨是四川盆地及周边的主要灾害性天气之一。受复杂地形影响，该区域不仅年平均降雨量大，且易出现短时强降水。降水主要分为对流降水和层云降水两种雨型(Houze，1982)。由于这两类降水形成的热动力和微物理过程不同，导致这两类降水中粒子的凝结碰并、融化、破碎等过程有很大差异(Cifelli and Rutledge，1998；Houze，2004)。前人对中国暴雨的研究主要集中于大尺度环流结构、天气学模型和动力学机制等(陶诗言 等，1958，2008；张庆云 等，2008)，较少从降水微物理的角度入手。降水的垂直结构能够反映降水云团内水凝物生长衰减的动力学和微物理特征，这些微物理和热力学过程影响降水效率，进而影响地面降水的强度，并对地面降水类型也起到一定的决定作用(Hobbs，1989；Zipser and Lutz，1994；Pruppacher and Klett，2010；Chang et al.，2015)。而地形对降水和云垂直结构的影响十分重要，地形通过其热力和动力作用影响大气环流，从而显著影响降水系统的形成和发展(Wu et al.，2007；Boos and Kuang，2010；Zhang et a.，2018)。

以往，由于地面观测资料稀缺，对山地降水的研究比较困难。同时，天气雷达在山区的探测也会受到地形的限制(Wen et al.，2016)。GPM(Global Precipitation Measurement)是 TRMM 的后续卫星降水测量计划，是由 NASA 和日本航空航天与探索局 JAXA(Japan Aerospace Exploration Agency)合作发起的全球降雨观测计划，其载有由 JAXA 和 NICT(National Institute of Communication Technology，通信技术研究所)联合设计，NEC 降水雷达 DPR(Dual-frequency Precipitation Radar)，比 TRMM 单频 PR 具有更高的灵敏度以及更广的覆盖范围，可提供更精确的降水微观结构信息(Hou et al.，2014)。卫星测雨雷达探测不受地理环境的影响，可以对远海或洋面、高原或山区这类地基测雨雷达难以布放区域的暴雨云团进行监测，可有效弥补地基测雨雷达的不足。此外，暴雨云中大粒子常常位于云体的中下层，因此卫星测雨雷达自上而下探测，在暴雨云体的上部雷达波受到的衰减较地基测雨雷达的小，有利于获得暴雨云体上部的结构信息(傅云飞，2019)。

本节利用 GPM DPR 数据产品，对四川盆地及周边的不同地形下两类（层云和对流性）降水的雷达反射率因子及降水雨滴谱的垂直结构进行统计分析，期望得出四川山地降水的垂直结构特征，这将有助于进一步理解山地地形对降水结构和内部微物理过程的影响，对深化山地强降水机制的科学认知具有十分重要的意义。

1. 研究区域、资料与方法

GPM（全球降水测量）卫星的轨道覆盖范围为 65°S～65°N，飞行高度为 407km，绕地球飞行一周用时约为 93min，每天绕地球约 16 圈。GPM 主卫星上搭载了全球首部星载双频降水测量雷达（Dual-frequency Precipitation Radar，DPR），DPR 工作于 13.6GHz 的 Ku波段和 35.5GHz 的 Ka 波段，其星下点水平分辨率约为 5km，可探测地表至 22km 高度的降水三维结构，其包含两个降水雷达，分别是 Ka 波段降水雷达（Ka-band Precipitation Radar，KaPR）和 Ku 波段降水雷达（Ku-band Precipitation Radar，KuPR）。DPR 共分为 3种天线扫描方式：KuPR 的扫描模式（normal scan，NS），KaPR 同步 KuPR 波速的匹配模式（matched scan，MS），KaPR 的高精度扫描（high-sensitivity scan，HS）。Ku_NS 扫描宽度为 245m，星下点垂直分辨率为 250m；Ka_MS 扫描宽度为 120m，垂直分辨率为 250m；Ka_HS 扫描宽度为 120m，垂直分辨率为 500m。

Liao 和 Meneghini（2019）对 GPM 双频联合反演产品 DPR 的降雨剖面检索算法进行物理评估，证明 DPR 双波长算法通常可以提供准确的降雨率。金晓龙等（2016）评估了卫星降水产品 GPM 在天山地区的适用性，结果表明 GPM 在山区的精度最高，能够以较准确的精度和较低的误差估测降水系统。卢美坼（2017）使用 GPM 的 DPR 资料，对台风"彩虹"进行降水回波结构分析，证明了 DPR 数据质量的可靠性。张暴祺（2019）通过个例和统计分析揭示，GPM_DPR 双频反演产品 DPR_MS 对强降水和弱降水结构的揭示能力都较强。Lasser 和 Foelsche（2019）在中国的长江—淮河流域将 GPM_DPR 数据与 Parsivel 激光雨滴谱仪的测量结果进行比对，发现其测量结果相似，平均值偏差相对较小，偏度值接近零，证明具有良好的一致性。以上的对比评估工作都表明 GPM_DPR 观测数据具有很高的可靠性。

本节研究所用资料为 GPM V06A 版本的 level 2 双频联合反演产品 2A DPR_NS 在2014～2020 年 5～9 月时间段内的轨道级资料。2A DPR 数据可提供详尽的逐轨道降水信息，包含卫星上 PR 探测的降水反射率（简称雷达反射率或降水反射率），雨滴粒子谱（drop size distribution，DSD），雨顶高（storm top altitude，STA），冻结层高度（freezing height，FzH），降水率（rain rate，rr）等多种变量。

这里的研究区域为四川盆地及其周边地区（99°E～109°E，27°N～33°N）。利用美国地球物理中心发布的 ETOPO1 高程资料（空间分辨率为 1′，约为 1.85km）。范建容等（2015）研究认为地形起伏度最佳统计单元为 9.92km²，由于受到 ETOPO1 资料分辨率的限制，这里的地形起伏度统计单元定义为 13.69km²。参考相关研究成果（高玄彧，2004；钟静和卢涛，2018；杨斌，2009），我们将研究区域划分成三类地形（图 3.24）：①平原，即海拔 0～500m，起伏度<100m；②山地，即海拔 500～1500m，起伏度≥200m；③高山（川北、川东）或高原（川西），即海拔 1500～4000m，起伏度≥200m，这类地形区域后文简称

高山。统计分析研究时段内发生在三类地形区域上的降水事件，得到降水样本频数如表 3.1 所示。

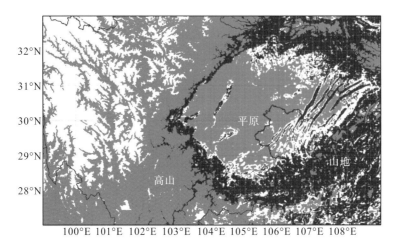

图 3.24 四川盆地及其周边区域(99°E～109°E，27°N～33°N)的地形分区

等高频率分布图(contoured frequency by altitude diagram，CFAD)能够有效地揭示降水的垂直结构，并已在许多研究中得到应用(Yuter and Houze，1995；Zhang et al.，2020)。CFAD 内各频率除以分析区域内最大绝对频率就是归一化等高频率分布(normalized contoured frequency by altitude diagram，NCFAD)，从而能将各绝对频率不同的 CFAD 放在一起进行比较(Houze et al.，2007)，则可利用 NCFAD 统计分析四川地区的平原、山地和高山背景下层云和对流性强降水的垂直结构特征。其中，强降水定义为 1h 降雨量大于 20mm 的降水过程(陈贝 等，2016)。考虑到 GPM 探测的敏感性，降水率(rr，单位：mm/h) ＜0.5mm/h 的降水不纳入统计。同时结合王曙东等(2017)对降水等级的划分标准，本书将地面雨强等级依次划分为 0.5mm/h≤rr<2mm/h，2mm/h≤rr<4mm/h，4mm/h≤rr<8mm/h，8 mm/h≤rr<20mm/h，rr≥20 mm/h 等 5 级进行讨论。GPM DPR 资料中由于浅雨被归档为对流性降水类型，我们将其从对流性降水类型中剔除，仅考虑地面降水粒子相态为液态的降水事件。

表 3.1 2014～2020 年 5～9 月 GPM DPR 探测到的四川盆地及周边不同地形的降水样本数

降水率分级(mm/h)	平原/个	山地/个	高山/个
0.5≤rr<2	1891(29386)	3994(63351)	5859(58335)
2≤rr<4	1737(9743)	3503(22035)	3502(13321)
4≤rr<8	1694(4662)	3573(11067)	3133(5115)
8≤rr<20	1373(1481)	2958(3261)	1902(1022)
rr≥20	794(216)	1308(421)	453(79)

注：括号外表示对流性降水的样本数，括号内表示层云性降水的样本数。

2. 结果分析

1) 雷达反射率因子的垂直分布

为了解四川盆地及周边的平原、山地以及高山两类（层云和对流性）降水云的垂直结构，使用雷达反射率因子 NCFAD 以及反射率因子最大频率廓线揭示降水云宏观分布和云内粒子群生长存留状况（图 3.25）。从图 3.25 中可见，在同类地形下，对流性强降水的反射率因子在近地表的值总是大于层云性强降水的，说明对流云通常更易造成强度更大的降水事件。两类强降水的冻结层高度几乎不受地形影响，因此地表至冻结层间的气层高度随着地势升高而减小。在相同的地形下，对流性强降水的雨顶高度和云顶高度总是高于层云性强降水。两类强降水中，地表至云顶以及地表至雨顶的气层高度随着地势升高而减小。在对流性强降水中 [图 3.25(a)～图 3.25(c)]，平原的反射率因子中心主要位于 0.5～2.5km 高度；而由于山地地形抬升作用，使得山地的反射率因子中心主要位于 1.1～4km；高山的地形抬升作用更为明显，反射率因子中心主要位于 3.5～5.5km。

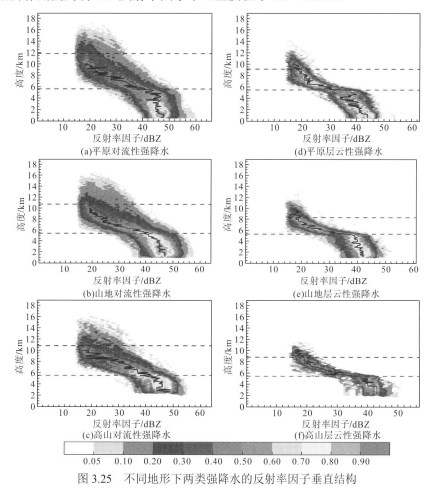

图 3.25　不同地形下两类强降水的反射率因子垂直结构

注：填色为反射率因子出现的频率；上面一条虚线表示雨顶高度；黑色实线表示反射率因子最大频率廓线；

下面一条虚线表示冻结层高度。

雷达反射率因子的最大频率廓线除了可揭示降水的垂直结构外，还能很好地反映其微观物理过程(Cao et al.，2013)。层云性降水通常在冻结层附近有明显的亮带特征，而亮带能很好地指示水凝物的相态变化(Sánchez-Diezma et al.，2000)。位于亮带以上的水凝物的相态主要为冰和雪，亮带以下则主要为液体，而在亮带内，则存在着包含融化的冰雪以及雨滴在内的混合相态水凝物。从图 3.25 中的反射率因子最大频率廓线可见，从 6～10km 伴随着高度的降低，不同地形下两类强降水的反射率因子均随之增大，降水粒子在下落过程中得到增长。不同于对流性强降水，层云性强降水中反射率因子在冻结层附近增长速率非常大，其廓线趋于水平[图 3.25(d)～图 3.25(f)]，说明降水粒子在冻结层附近发生了从冰相到液态的迅速转变。从冻结层至地表的低层大气的含水量、温度变化使得低层降水云反射率因子廓线存在波动，但总体呈增加趋势，说明降水粒子从冻结层落至地面的过程中，碰并作用要强于蒸发作用。

从不同地面雨强等级的雷达反射率因子廓线(图 3.26)中可以看到，两类降水的反射率因子从降水雨顶到地面基本呈增长趋势，近地表反射率因子随着地面雨强的增大而增大。同时，从[图 3.26(f)～图 3.26(j)]中也能明显看到层云性雷达反射率因子在 5km 左右呈现出的亮带特性，且廓线在冻结层附近出现明显的弯折，这在对流性降水的反射率因子廓线中是没有的。

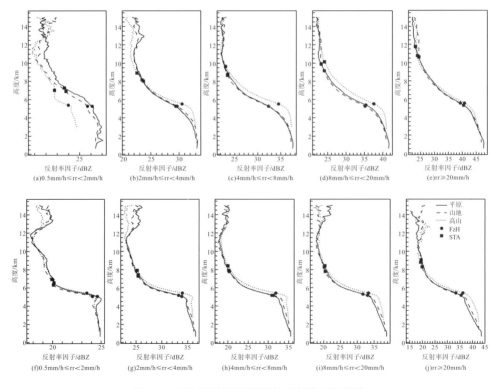

图 3.26　不同地面雨强等级的反射率因子廓线

注：(a)～(e)表示不同地面雨强等级的对流性降水的反射率因子廓线，(f)～(j)表示不同地面雨强等级的层云性降水的反射率因子廓线。实线表示平原；虚线表示山地；点线表示高山；黑色圆点表示冻结层高度；黑色方形点表示雨顶高度。

当为 0.5mm/h≤rr<2mm/h 的对流性弱降水时[图 3.26(a)]，不同于山地和高山，平原的降水粒子在冻结层高度以下的下落过程中受蒸发、上升气流等影响较大，出现较大的波动(山地和高山则表现得较为平稳)，并在近地层呈减小趋势(其在高山近地层则呈增长趋势)。而平原层云性弱降水的降水粒子在冻结层高度以下的下落过程中[图 3.26(f)]，反射率因了廓线则表现得较为平稳，且在近地层呈增大趋势。

2)降水粒子 D_m 的垂直分布

雨滴粒子谱(DSD)是降水的一个基本属性，对于理解降水系统内部发生的微物理过程至关重要。DSD 包含粒子质量加权平均直径(D_m)和粒子归一化浓度参数(dBN$_w$)两个参数。图 3.27 给出不同地形下两类强降水的 D_m 垂直结构。从图 3.27 可见，对于两种类型的降水而言，小直径降水粒子(D_m≤1.2mm)均主要集中在雨顶高度和冻结层之间。随着地势抬升，D_m 分布域增大而谱高度降低。同类地形下，层云性强降水 D_m 分布域宽度和谱高度均要小于对流性强降水，且 D_m 分布域中直径最大值也皆小于对流性强降水。

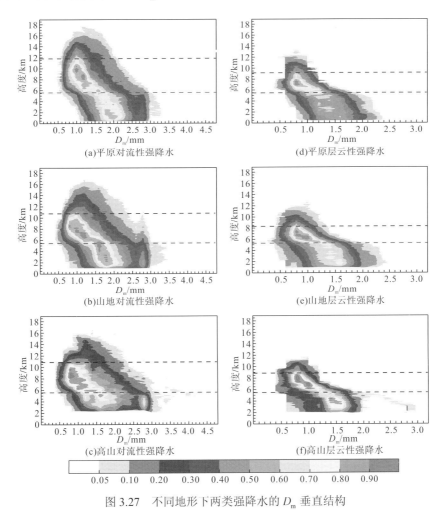

图 3.27　不同地形下两类强降水的 D_m 垂直结构

注：填色为出现的频率；上面一条虚线表示雨顶高度；下面一条虚线表示冻结层高度。

　　冻结层高度几乎不随地势变化，意味着从冻结层至地表的气层高度是随着地形升高而减小的，降水粒子的碰并路径就会随之缩短。从［图3.27(a)～图3.27(c)］可见，对流性强降水中大雨滴($D_m \geq 2.6mm$)出现的概率是随着地势升高而增加。由于山地地形的抬升作用，强上升气流更易形成，上升气流更能托起下落雨滴，使其下落速度变慢，同时还会将一部分小雨滴抬升至高空与下落的雨滴进行碰并，使得降水粒子的碰并效率增加；强上升气流还能挟带充足的水汽进入云体，云体内水汽含量增加也有利于雨滴粒径增大。垂直上升运动加强，也会使冻结层上方的雪和霰粒子迅速增长，从而更易生成大雨滴(Yan et al.，2018)。

　　对比图3.27(a)～图3.27(c)，观察不同地形下对流性强降水粒子的D_m分布情况，平原的D_m在1.6～1.7mm内的降水粒子主要集中在冻结层以上，而其在山地和高山则主要集中在冻结层以下。地面至4km的气层中，平原D_m主要集中在1.7～2.1mm，山地D_m主要集中在1.45～2.0mm，而其在高山的分布较散，主要集中在1.35～2.0mm和2.7～2.9mm。可见，随着地势抬升，地面至4km气层中D_m的主要集中区的分布范围越来越广。对于层云性强降水［图3.27(d)～图3.27(f)］能明显看出，山地和高山冻结层高度以下D_m在1.4～1.65mm的降水粒子出现的概率比平原高，且海拔越高其出现概率越大。

　　图3.28为不同地面雨强等级的D_m廓线，可以看出在地形和雨强等级相同的情况下，对流性降水在近地层的值总是大于层云性降水。从图3.28(a)中可以看到，对流性弱降水(0.5mm/h$\leq$rr$<$2mm/h)的D_m廓线与其他雨强等级的D_m廓线有明显区别：平原和山地的D_m廓线在雨顶高度和冻结层之间随着高度降低呈现先增后减的趋势，从冻结层至近地层的气层中D_m廓线总体呈随高度降低而减小的趋势；而山地的D_m廓线在雨顶高度和冻结层之间总是随着高度降低而减小，并在冻结层附近略微增大，之后随高度降低呈现先减后增的趋势。高山对流性强降水的D_m廓线［图3.28(e)］与其他廓线也略有不同：随着高度降低，在雨顶高度和冻结层之间呈现先减后增的趋势。除此之外两类降水的D_m廓线在雨顶高度至冻结层高度间均随高度降低而增大。图3.28(j)中，在12～14km高度范围内，高山的D_m值明显比平原和山地的大得多，这与其他雨强等级的层云性降水D_m廓线有着明显不同。对于强降水而言［图3.28(e)、图3.28(j)］，10km以上的高空中，山地和高山的D_m值皆要比平原大，且地势越高其值越大。

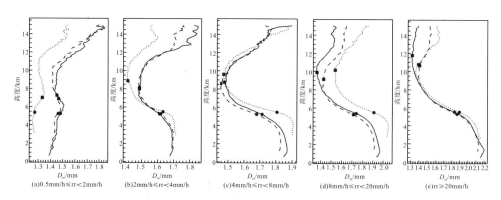

(a)0.5mm/h$\leq$rr$<$2mm/h　　(b)2mm/h$\leq$rr$<$4mm/h　　(c)4mm/h$\leq$rr$<$8mm/h　　(d)8mm/h$\leq$rr$<$20mm/h　　(e)rr$\geq$20mm/h

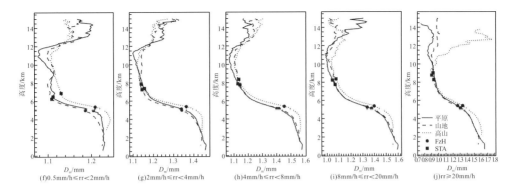

图 3.28　不同地面雨强等级的 D_m 廓线

注：(a)～(e)表示不同地面雨强等级的对流性降水的廓线，(f)～(j)表示不同地面雨强等级的层云性降水的廓线。实线表示平原，虚线表示山地；点线表示高山；黑色圆点表示冻结层高度；黑色方形点表示雨顶高度。

3）降水粒子 dBN_w 的垂直分布

对比同一地形下层云和对流性强降水的 dBN_w（图 3.29）可知，平原和山地层云性强降水的 dBN_w 分布域虽然宽于对流性强降水但其高频区的分布范围却不如对流性强降水集中；而高山层云性强降水的 dBN_w 分布域明显比对流性强降水窄，同时高频区更加集中。不同地形下对流性强降水的 dBN_w 垂直结构也有明显不同[图 3.29（a）～图 3.29（c）]：随着地势升高，dBN_w 的分布域也随之变宽。平原的 dBN_w 高频区最为集中，冻结层高度以下的 dBN_w 高频区为 34～38。山地和高山的 dBN_w 高频区的分布较平原地区更为分散，尤其在高山表现得更为明显。而层云性强降水的情形正好相反[图 3.29（d）～图 3.29（f）]，山地和高山的 dBN_w 高频区的分布相比于平原地区更为集中。

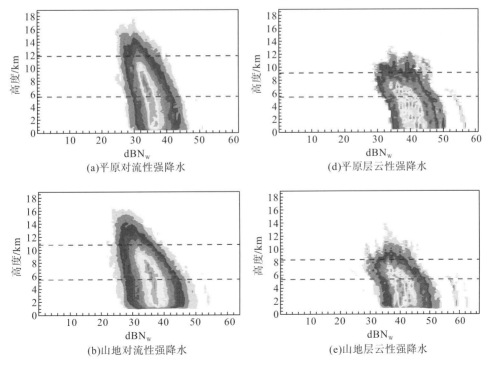

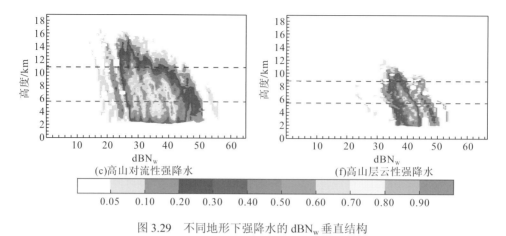

(c)高山对流性强降水　　　　　　　　　　　　(f)高山层云性强降水

図 3.29　不同地形下强降水的 dBN_w 垂直结构

注：填色为强降水粒子 dBN_w 出现的频率；上面一条虚线表示雨顶高度；下面一条虚线表示冻结层高度。

图 3.30 给出了不同地面雨强等级下的 dBN_w 廓线分布情况。可以看出，随高度降低，dBNw 廓线总体呈增大的趋势。相较于对流性降水，层云性降水的 dBN_w 廓线在雨顶高度和冻结层间的弯曲程度更为明显。对于强降水的 dBN_w 廓线而言［图 3.29（e）、图 3.29（j）］，高山 10km 以上的气层所对应的 dBN_w 明显要比平原地区小。结合强降水的 D_m 廓线［图 3.30（e）、图 3.30（j）］可以看出，相较于平原地区，高山的降水粒子在 10km 以上呈现数浓度较低、尺度较大的特征。

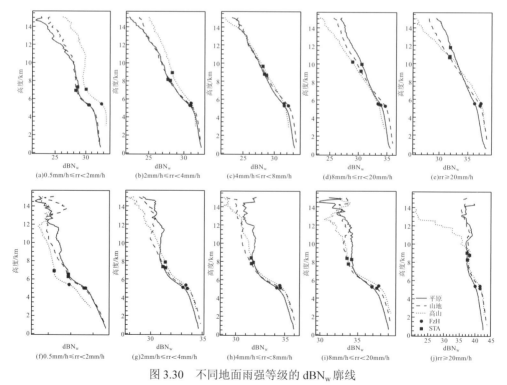

図 3.30　不同地面雨强等级的 dBN_w 廓线

注：（a）～（e）表示不同地面雨强等级的对流性降水的 dBN_w 廓线，（f）～（j）表示不同地面雨强等级的层云性降水的 dBN_w 廓线。实线表示平原；虚线表示山地；点线表示高山；黑色圆点表示冻结层高度；黑色方形点表示雨顶高度。

3.4　复杂地形区突发性暴雨的卫星和雷达特征

2019 年 7 月 22～23 日，山地突发性暴雨侵袭了贵州省水城县并且引起了山体滑坡和泥石流等次生灾害，造成重大人员伤亡。

3.4.1　天气学分析

本节利用地面降水资料、欧洲中期天气预报中心 ERA5 再分析资料、FY-4A 相当黑体亮温 TBB 资料，分析贵州水城"7·23"山地突发性暴雨成因。结果表明，最强降水是由 TBB 低于-82℃的强对流云带造成的，影响本次强降水的天气系统主要为贵州西部 700～750hPa 低槽及四川盆地北部冷锋。暴雨发生之前，四川盆地北部冷锋迫使盆地内高能气团向贵州西北部移动[图 3.31(a)]，随着贵州水城县鸡场镇南侧西南气流发展，为强降水发生提供充足的水汽条件，同时因暖湿气流的增强使得鸡场镇低层对流不稳定性增强[图 3.31(b)]。降水初期(22 日 20:00)上升运动主要位于 700hPa 以下[图 3.31(a)]，这与鸡场镇地面偏东气流遇到地形阻挡，沿地形爬坡产生的上升运动影响有关[图 3.31(b)]。随天气尺度气旋性环流扩展到贵州境内[图 3.31(a)]，此时应是中低层辐合上升运动增强带来大范围的降水发生，但实际降水区域只发生在气旋性环流内较狭窄的带中。通过巴恩斯(Barnes)带通滤波分析，天气尺度的气旋性流场内存在一些更小尺度的气旋、反气旋排列，鸡场镇西侧有两个小气旋环流，它们北侧的强气流汇合带正好是降水发生区，鸡场镇此时还位于一个小尺度鞍形场区域中[图 3.32(a)]，明显有利于中低层气流汇合，叠加地面偏东气流遇到山脉阻挡形成的上升运动，导致鸡场镇附近上空气流在 21:00～23:00 时辐合上升进一步发展增强[图 3.32(b)]、突发性暴雨发生。前期鸡场镇已发生多日降水，土壤松软，结合鸡场镇山体多为结构较为松散的古崩滑堆积体，遭遇突发性强降水后，山体稳定性骤然下降，引发了山体滑坡。

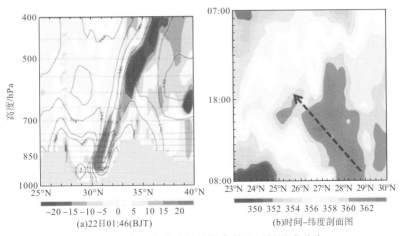

图 3.31　贵州水城鸡场镇温度场和风场垂直分布

注：(a)鸡场镇温度平流(阴影，单位：10^{-5}℃·s^{-1})、假相当位温(实线，单位：K)、风场(v-w)经向剖面；(b)2019 年 7 月 22 日 08:00～23 日 07:00(北京时间)在 775hPa 高度上沿 104.5°E～104.75°E 经向平均假相当位温(单位：K)时间-纬度剖面图。

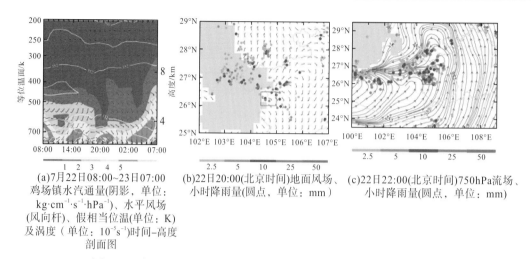

(a)7月22日08:00~23日07:00
鸡场镇水汽通量(阴影,单位:
kg·cm⁻¹·s⁻¹·hPa⁻¹)、水平风场
(风向杆)、假相当位温(单位:K)
及涡度(单位:10⁻⁵s⁻¹)时间-高度
剖面图

(b)22:00(北京时间)地面风场、
小时降雨量(圆点,单位:mm)

(c)22:00(北京时间)750hPa流场、
小时降雨量(圆点,单位:mm)

图3.32　贵州水城鸡场镇水汽场、温度场、风场和降水场的空间分布

3.4.2　中尺度特征

2019年7月22日09:00~16:00 UTC一次短时山地突发性暴雨事件侵袭了水城县,最强小时累计降雨量达到了66mm,引起了山体滑坡、泥石流等次级灾害。基于多种观测资料(地面加密自动气象观测站网、FY-4A卫星和多普勒天气雷达),对这次山地突发性暴雨事件进行了分析,结论如下:①山地突发性暴雨事件在水城县复杂地形降水两个阶段表现出降水落区和强度的差异,降水前期阶段,孤立的降水中心发生在主峰的迎风坡,降水后期阶段,较强的降水雨带分布主要山脊之间的低洼区域(图3.33);②通过识别和追踪MCS降水云团,结合大气环境场条件,两次降水阶段属于不同的降水类型。前期阶段,MCS呈东北—西南向分布但还未移到水城县上空,在MCS上有两条雨带共存,一条位于MCS的北侧边缘,另一条位于MCS的南部,此时水城县受到南部的地形性降水影响。后期阶段,700hPa低涡天气系统形成,南部的MCS分裂为东西向,此MCS北部边缘有组织的对流云带南压到水城县上空,造成水城县再次突发性暴雨事件,可称这个强降雨带为天气系统影响的雨带(图3.34);③通过多普勒天气雷达可以看到在两个阶段回波特征也表现出明显的差异,在地形降水阶段,孤立的 γ 中尺度(2~20km)的对流单体有较低的回波顶高度(6~10km)分布在主峰的迎风坡,而在与天气系统相关的降水阶段, β 中尺度(20~200km)的对流回波带有较高的云顶高度(10~14km)分布在主要山峰之间的低洼区域。雷达垂直剖面上,明显的回波墙存在于对流带的北侧,逆风区和较强的雷达径向速度辐合有利于强上升运动的发生(图3.35)。

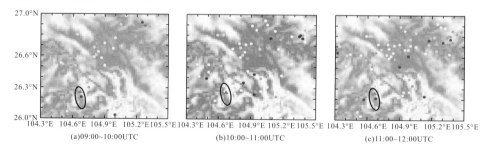

(a)09:00~10:00UTC

(b)10:00~11:00UTC

(c)11:00~12:00UTC

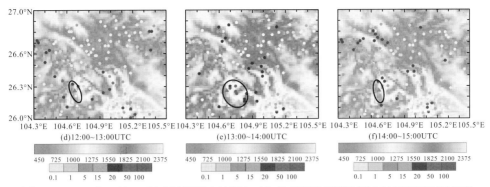

图 3.33　2019 年 7 月 22 日水城县降水过程自动气象观测站观测的逐小时累积降雨量演变

注：阴影代表地形高度(m)，圆点代表不同等级的降水(mm)。圈内的三角代表滑坡点。

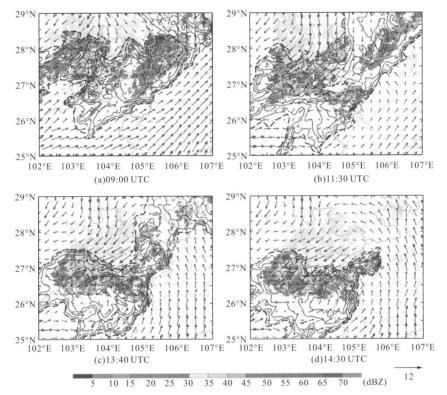

图 3.34　2019 年 7 月 22 日雷达拼图(阴影，dBZ)叠加 FY-4A 卫星 TBB(等值线，℃)和 700hPa ERA5 水平风场

注：黑色点虚线代表-52℃的 MCSs 边界线(识别区域 TBB≤-52℃)等值线间隔 5℃，D 代表低涡系统。

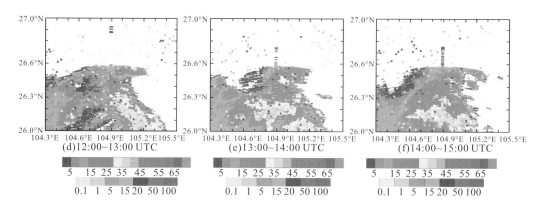

图 3.35　2019 年 7 月 22 日贵州兴义雷达站观测的雷达组合反射率(阴影，dBZ)

叠加逐小时累计降雨量(黑色点，mm)演变

注：图中三角代表滑坡点。

3.4.3　FY-4A 卫星和多普勒天气雷达揭示的暴雨特征

2019 年 7 月 22 日，伴随山地突发性强降水的 MCS 侵袭了中国西南部贵州省水城县并且引起了山体滑坡和泥石流等次级灾害(图 3.36)。基于 FY-4A 卫星和多普勒天气雷达资料的个例研究表明，这次山地突发性强降水事件表现出在前后两个降水阶段具有明显的降水落区和强度的差异：前一阶段，孤立的降水中心出现在高大山体的迎风坡；后一阶段，更强的带状降水出现在高大山体之间的峡谷地带(图 3.37)。基于 MCS 客观识别和追踪技术并结合对流层中层和地面的环境场条件，以上两个降水阶段被区分为地形性降水阶段(降水落区位于 MCS 的前方，无明显天气系统)和天气系统相关的降水阶段(降水落区位于 MCS 北侧并具有强冷核，700hPa 低涡和地面辐合线)(图 3.38 和图 3.39)。在地形性降水阶段，较小的 γ 中尺度(2~20km)对流单体具有较低的回波顶高度(6~10km)，出现在高大山体的迎风坡。在天气系统相关的降水阶段，β 中尺度(20~200km)的对流回波带具

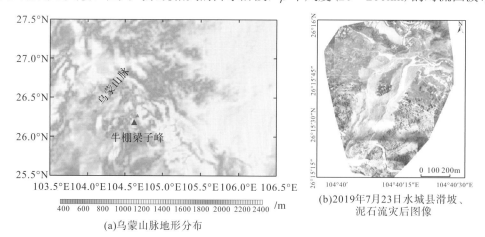

(a)乌蒙山脉地形分布

(b)2019年7月23日水城县滑坡、泥石流灾后图像

图 3.36　乌蒙山脉地形分布和 2019 年 7 月 23 日水城滑坡、泥石流灾后图像

注：图(a)中，圈内三角形代表滑坡点位置；水城县为圈内区域。

有较高的回波顶高度（10～14km），出现在高大山体之间的峡谷地带（图 3.40 和图 3.41）。从单站雷达图可以看出，水城县上空存在雷达径向速度逆风区和明显的辐合区域（图3.23）。这次山地突发性强降水事件的形成机制表明：地形性降水是由于东南暖湿气流和地形的相互作用，而天气系统相关的降水是由于地面辐合线、中低层低涡和高层 MCS 相互作用的结果；相比于前一阶段，来自高海拔的地面冷舌叠加在低海拔峡谷的暖池之上有利于强降水的增幅（图 3.42）。

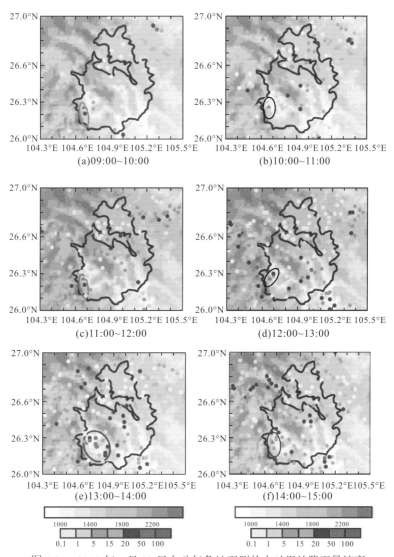

图 3.37　2019 年 7 月 22 日自动气象站观测的小时累计降雨量演变

注：自动气象站观测的小时累计降雨量演变和水城县的地形特征（阴影，m），圆点代表不同等级的小时累计降雨量（mm）；圈内的三角形代表水城县滑坡点的位置。

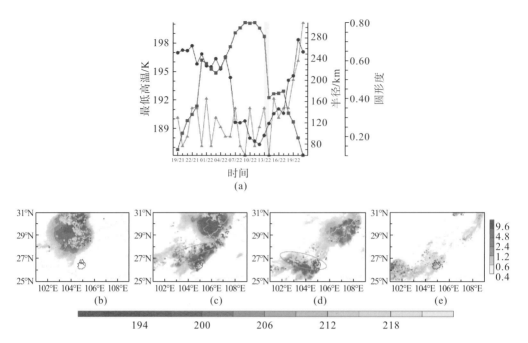

图 3.38　贵州水城暴雨降水事件过程中的 MCSs 位置和传播路径

注：(a) 识别的 MCS 最低亮温(TBB)、半径和圆形度时间演变。图中灰色阴影区域为 MCS 的分裂过程。(b)～(e)FY-4A 卫星观测的 TBB 红外图像并叠加未来 10min 的累计降雨量(mm)。彩色圆点代表不同等级的 10min 累计降雨量(mm)；红色圆圈代表雨带的位置。

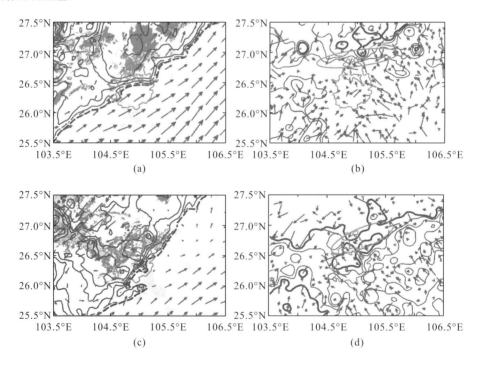

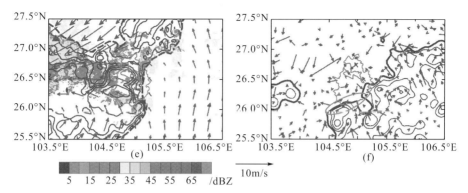

图 3.39　2019 年 7 月 22 日 09:00（a）（b）；12:00（c）（d）；14:00（e）（f）的（左图）雷达组合反射率（阴影，dBZ）叠加 FY-4A 卫星 TBB（等值线，K）和 ERA5 再分析资料的 700hPa 水平风矢量（箭头，m/s）；（右图）相当位温 θ_e（等值线，K）叠加地面风场（箭头，m/s）。左图中的黑粗短线代表识别的 MCS（TBB≤221K 区域）外围 221K 等值线；TBB 间隔 5K 等值线；红实线代表辐合线；"L"代表低涡天气系统；浅色阴影代表识别的 MCS 区域以外的组合反射率。右图中的粗实线代表 356K 相当位温 θ_e 等值线并且间隔 2K

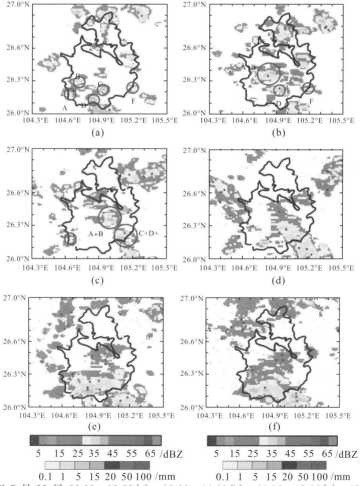

图 3.40　2019 年 7 月 22 日 09:00～10:00（a）；10:00～11:00（b）；11:00～12:00（c）；12:00～13:00（d）；13:00～14:00（e）；14:00～15:00（f）小时时段内四站雷达三维拼图的最大组合反射率（阴影，dBZ）演变，图中字母代表对流单体

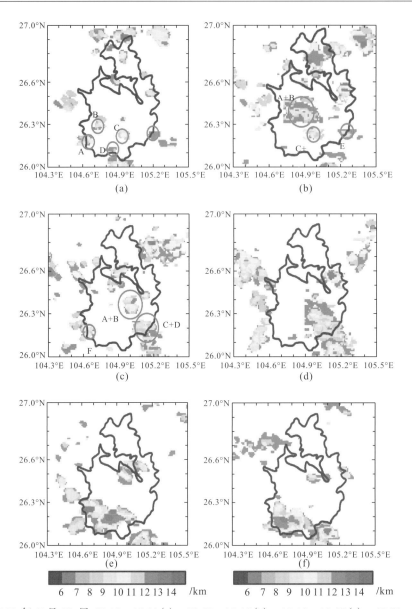

图 3.41　2019 年 7 月 22 日 09:00～10:00（a）；10:00～11:00（b）；11:00～12:00（c）；12:00～13:00（d）；13:00～14:00（e）；14:00～15:00（f）小时时段内四站雷达三维拼图的最大回波顶高度（阴影，km）演变，图中字母代表对流单体

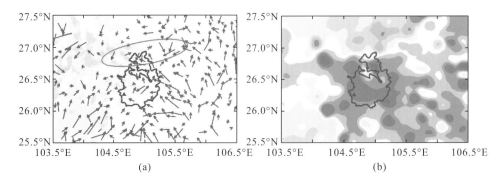

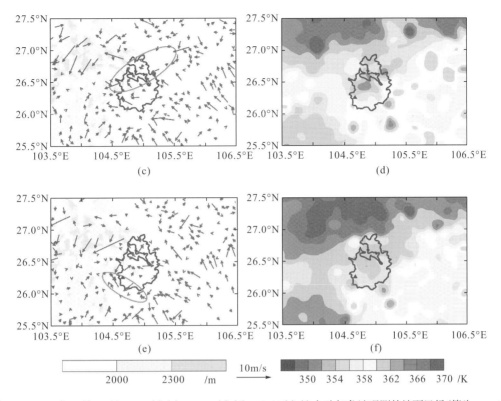

图 3.42　2019 年 7 月 22 日 09:00 (a) (b)；12:00 (c) (d)；13:40 (e) (f) 自动气象站观测的地面风场（箭头，$m \cdot s^{-1}$）和相当位温 θ_e（阴影，K，右侧）分布，椭圆圈代表地面辐合区域，左图中阴影代表地形高度

3.5　地形影响局地突发性暴雨的中尺度分析与数值试验

我国山地暴雨出现的地点、强度和持续时间，除了和天气因素有关外，还具有明显的地方性特征，许多山脉附近降水较多，并且常为暴雨中心所在（李国平，2016；章淹，1983）。通常来说，地形对暴雨的影响主要表现在动力和热力两个方面，即迎风坡对气流的辐合抬升作用、山脉对气流的阻挡绕流作用以及地形下垫面对大气的加热作用（廖菲 等，2007；陈明 等，1995；赵庆云 等，2018；曾勇和杨莲梅，2018）。近年来中尺度数值模式不断发展，其模拟、预报的能力有了很大提高，数值模拟和敏感性试验的方法开始在山地影响暴雨的研究中广泛使用（袁有林 等，2015）。毕宝贵等（2005）对秦岭、大巴山降水进行的数值试验结果认为大巴山减小了秦岭山脊、汉江河谷的降水，并使秦岭南坡的降水增加，而秦岭使得大巴山和汉江河谷、陕北降水增加，同时使山脉本身降水减少。王文和程攀（2013）认为，无规则小云团的自组织过程能促使中尺度对流系统发展，槽线上能激发中尺度重力波，能量下传并被下层中性大气吸收，促进暴雨的发生发展。康延臻等（2018）对单双参云微物理方案进行了对比分析，发现方案间的差别随着模拟时间的延长而变大，且单参方案对各量级降水的模拟差别比双参方案显著，SBU_YLin 方案对于此次特大暴雨过程模拟效果最好，对降雨量级和落区的模拟都接近实况。袁有林等（2017）分析了不同初始场 WRF 模式的影响，发现 ERA-Interim 与 FNL 资料在模拟结果上的差异较大，总体来说，

ERA-Interim 优于 FNL 资料，反映了 WRF 对初始场与边界条件的敏感性。

贵州东南部地处云贵高原向湘桂丘陵盆地过渡地带，境内沟壑纵横、山峦延绵，海拔落差很大，这种独特的地形对于暴雨的影响十分显著，黔东南地区一直是山地暴雨高发区。这些局地暴雨通常具有突发性、历时短、强度大的特点(顾欣 等，2006；聂云 等，2018)，暴雨的雨前征兆不明显，地形及高低空环境场复杂多变，常常难以对其强度与落区进行准确的预测。雷公山坐落在黔东南中部，是珠江水系和长江水系的分水岭，地形复杂，黔东南大部分暴雨都与其相关(池再香 等，2008)。对雷公山进行研究旨在揭示地形对山地突发性暴雨的影响，深化对贵州东南部突发性暴雨及其次生灾害的认识，提升山地突发性暴雨预报的准确性和防灾减灾能力。

目前，关于贵州地形影响降水的研究，前人多选择降水范围广，局地性不太强的个例进行模拟，并且大部分集中于探讨中尺度或大尺度地形对暴雨的影响，而单独针对中小尺度地形在突发性暴雨中作用的研究还比较缺乏。本节所选个例暴雨雨区范围小，雨量大，发生时间短，具有很强的局地性、突发性，同时与中小尺度地形关系密切，通过数值模拟探索此种突发性山地暴雨的各物理量变化及中小尺度地形所起的作用具有积极意义。另外，使用欧洲中期天气预报中心(ECMWF)最新发布的新一代再分析资料 ERA5 作为模式的初始场，经对比分析，此套资料相对于其他资料(如 NCEP FNL 分析资料与 ERA-Interim 再分析资料)能够更好地对此类中小尺度暴雨进行模拟，为今后研究此类暴雨的资料选择提供了有益参考。

3.5.1 资料

本节使用的资料有：①欧洲中期天气预报中心(ECMWF)开发的新一代再分析资料 ERA5，该资料时间分辨率为 1h，水平分辨率 0.25°×0.25°，包括高空风场、位势高度场、温度场与地面温度、气压、土壤的温湿度等信息，数据获取网址为:https://cds.climate.copernicus.eu/cdsapp#!/search?type=dataset)；ECMWF 所开发的上一代再分析资料 ERA-Interim(数据获取网址为：https://www.ecmwf.int/en/forecasts/datasets /reanalysis-datasets/ERA-interim)；②国家气象信息中心经过质量控制后的中国 3 万~4 万多个自动气象站观测的逐小时降雨量与美国气候预测中心研发的全球 30min、8km 分辨率的 CMORPH 卫星反演降水产品进行融合后的逐小时格点降水产品(数据获取网址为：http://data.cma.cn/site/index.html)。该融合降水资料所反映的短时强降水的大尺度特征与站点资料一致，保留了高分辨率的卫星观测信息，并能更好地描述地形的影响(廖捷 等，2013)；③美国国家环境预报中心(NCEP)所开发的 NCEP FNL 分析资料(数据获取网址为:https://rda.ucar.edu/)；④国家卫星气象中心 FY-2E 卫星的相当黑体温度(TBB)数据，其水平分辨率为 0.1°×0.1°，时间分辨率为 1h(数据获取网址为：http://data.nsmc.org.cn/portalsite/default.aspx?currentculture=zh-CN)。

3.5.2 暴雨实况、天气形势与地理特征

1. 暴雨概况

2015 年 5 月 26 日晚~27 日白天（北京时，下同），黔东南地区遭受了一次特大暴雨侵袭［图 3.43（a）］，降水中心位于雷山县高岩乡，16h 累计雨量超过 300mm，为 200 年一遇的特大暴雨，全县受灾人口 64535 人，因灾造成经济预计损失 98854.3 万元。从降水中心逐时降雨量随时间的演变情况来看［图 3.43（b）］，强降水主要集中在 27 日 03:00~07:00，4h 的总降雨量达到了 248mm，其中 04:00~05:00 降雨量超过了 60mm，06:00~07:00 降雨量超过了 30mm。07:00 以后降雨量迅速减小，11:00 降水结束。此次过程降水范围小、局地性强、强度大、降水时段集中。根据武汉暴雨研究所定义的突发性暴雨特征：降水区域直径小于 200km、1h 累计雨量≥20mm 且 3h 累计雨量≥50mm 的强降水，可以判断此次降水为一次典型的突发性暴雨事件。

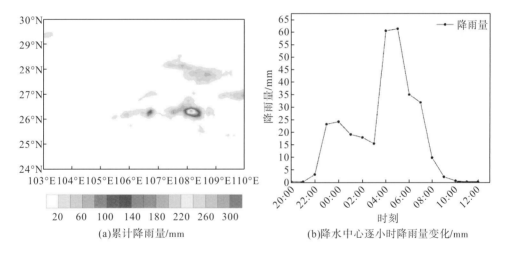

(a)累计降雨量/mm 　　　　　　(b)降水中心逐小时降雨量变化/mm

图 3.43　5 月 26 日 20:00~27 日 12:00 16h 累计降雨量分布(a)与降水中心逐小时降雨量变化(b)

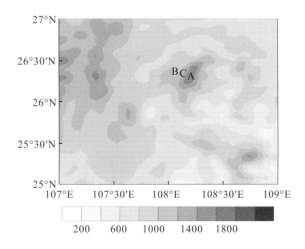

图 3.44　黔东南地形高度示意图(阴影，单位：m；A 为雷公山，B 为雷山县城，C 为暴雨中心)

从图 3.44 中可以看出，雷山县位于贵州省黔东南苗族侗族自治州的西南部，地势西南低、东北高，最低海拔 480m，海拔最高处为东部苗岭主峰——雷公山（山顶海拔 2178.8m），此山大致呈准东北—西南走向，与雷山县海拔落差很大，特殊的地形分布与大气的环流形势相结合，使雷山县成为贵州的暴雨中心。

2. 天气形势

26 日 08:00（图略），500hPa 上四川中部至云南北部有一短波槽，贵州位于槽前，在西南气流影响下，副热带高压 588 位势什米等高线位于华南地区，并且在暴雨发生前稳定维持（26 日 08:00～21:00）。850hPa 贵州北部存在一切变线，广西大部分地区被风速为 12～18m·s^{-1} 的西南低空急流所控制，贵州位于急流左前方，偏南气流为贵州东部带来了充沛的水汽。暴雨强盛时（图略），位于广西的西南低空急流范围加强，强度增大，有更多的水汽源源不断地输送到暴雨区，促进暴雨的发展。原先位于贵州北部的切变线南压至贵州中部，此时贵州中部有一地面辐合线，与切变线近乎重合，这种配置容易造成强烈的辐合上升运动，诱发产生暴雨。

3. 中尺度对流云团

利用 FY-2E 卫星观测的 TBB 可以很好地指示对流云的生消过程（王晖 等，2017；石定朴和王洪庆，1996；张芹 等，2018）。在有云区，TBB 一般为负值，且负值越大，代表云顶越高，对流越强。图 3.45 为此次突发性暴雨过程中逐小时 TBB 的演变情况。26 日 19:00，雷山县及其周边已经出现了零星对流云团，TBB≤-10℃，但此时并没有降水产生；到了 21:00［图 3.45（a）］对流云范围扩大，TBB 中心值达到了-50℃以下，对应的雷山县及其周边地区开始降雨；23:00［图 3.45（b）］，云团进一步发展，由椭圆状发展为线状，贵州南部也出现了零散的中尺度对流云团；27 日 01:00［图 3.45（c）］，位于降水中心区域上方的中尺度对流云团的 TBB 值已经突破了-60℃，同时，南部地区零散的对流云团也发展为东—西走向的线状云团并与黔东南上方的云团相连接，对流系统开始强烈发展；27 日 03:00～05:00［图 3.45（d）～图 3.45（e）］，可以看到南部的对流云团东移与黔东南地区的对流云团合并，TBB 低值中心位于暴雨中心上方且数值在-70℃以下，对应此次暴雨最强时刻；07:00 开始［图 3.45（f）～图 3.45（i）］，暴雨区上方的对流云团逐渐消亡，对应时段的降水减弱，至 13:00 对流云消失，降水过程结束。

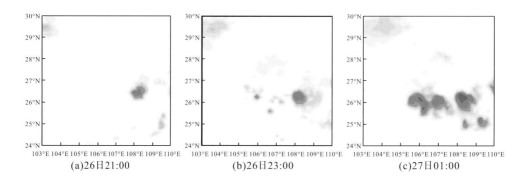

(a)26日21:00　　　　　　　　(b)26日23:00　　　　　　　　(c)27日01:00

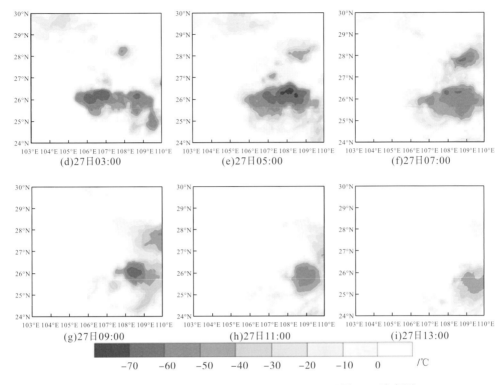

图 3.45 5 月 26 日 21:00～27 日 13:00 FY-2E 卫星 TBB 演变图

从以上分析可以看出，相当黑体温度可以较好地反映暴雨的区域和强度变化，整个过程中雷公山附近的暴雨区一直与 TBB 的低值区有很好的对应，说明局地地形与此次暴雨中的中尺度对流系统关系密切。地形的强迫抬升作用增强了迎风坡的上升气流，从而促进了低层水汽的抬升凝结，有利于对流云团的形成与增强。

3.5.3 模式方案、验证和设计

1. 模式方案

在 3.5.2 节天气分析的基础上，下面利用 WRF v3.9.1.1 中尺度数值模式（Skamarock et al., 2008）对此次突发性暴雨过程进行数值模拟、试验。初始场采用 ERA5 高分辨率再分析资料，模式使用三重嵌套，Lambert 投影方式，模拟区域的中心经纬度为 26.38°N，108.07°E，每层嵌套的网格点数分别为 110×90，166×142，226×184，对应的水平网格距为 45km、15km、5km，模式层顶为 10hPa，垂直方向为 29 层。模式采用的物理过程为：三网格均采用 SBU-Ylin 微物理过程方案、RRTM 长波辐射方案、Dudhia 短波辐射方案、Monin-Obukhov 近地层参数化方案、Noah 陆面过程方案、YSU 边界层参数化方案，前两重网格采用 Kain-Fritsch（new Eta）积云对流参数化方案，第三个网格关闭对流参数化方案。模拟初始积分时间选在强降水出现前 19h，积分时段为 2015 年 5 月 25 日 18:00～27 日 12:00 共 42h。

2. 模式资料适用性的对比分析与模式验证

对于黔东南这样复杂地形下中小尺度突发性暴雨的模拟，一直以来都存在模式对模拟区域暴雨位置和强度刻画不足的问题（赵海英 等，2017；Heikkilä et al.，2011；Jiang et al.，2019）。本研究从改善资料入手（杜娟 等，2019），对比分析了目前常用的 NCEP FNL 资料、欧洲中期天气预报中心（ECMWF）的 ERA-Interim 以及 ERA5 这三套资料作为初始场模拟本次突发性暴雨的效果。其中，ERA5 是 ECMWF 最新一代高分辨率再分析资料，采用了更加先进的建模与同化系统，相较于 ERA-Interim，其主要的变化是将资料的时间分辨率提升到 1h，空间分辨率提升到 0.25°×0.25°。图 3.46 给出了三种资料对于本次降水的模拟情况，从图中可以看到相对于实况降水，FNL 与 ERA-Interim［图 3.46（c）］资料模拟出的降水区域明显偏北、偏东且雨量偏小约 120mm，雷山县及其周边几乎无降水，说明这两种资料可能并不完全适用于在黔东南这样复杂下垫面的降水模拟。相反，ERA5 表现出在黔东南降水模拟效果上的优越性，基本成功模拟出了此次降水过程中雷山县（雷公山）的雨情，只是范围相较实况偏小。对比实况［图 3.43（a）］与模式模拟出的 16h 降雨量［图 3.46（a）］可以发现，模式模拟的降水强度和落区、强降水中心的分布和雨带的走向均与实况比较一致，但模式未能模拟出发生于黔东北的降水，并且在四川与贵州交界处出现一虚假的降水区。

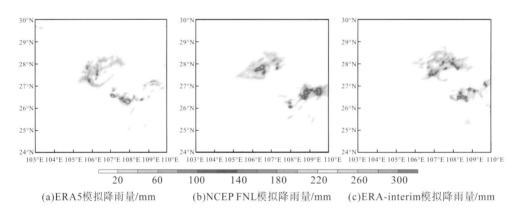

(a)ERA5模拟降雨量/mm   (b)NCEP FNL模拟降雨量/mm   (c)ERA-interim模拟降雨量/mm

图 3.46　ERA5、NCEP FNL、ERA-Interim 三种资料分别驱动 WRF 模拟的 16h 降雨量

由上述分析可知，不同资料作为初始场对 WRF 的降水模拟结果有着比较大的影响，那么，有必要通过探讨这三种资料的差异来明确降水的模拟结果为何会存在显著不同，选取 D03 嵌套域内输出资料经过对比后发现，三种资料所模拟的 850hPa 风场有着明显的区别。图 3.56 是 27 日 01:00 三种资料各自的 850hPa 风场图，可以看到，ERA5 资料所模拟出的风场（图略）在雷公山迎风坡处有一切变线存在，有利于水平气流的辐合，加上地形的抬升作用，产生强烈的上升运动，同时西南气流的强度也强于其他两种资料，能将更多的水汽往雨区输送，有利于暴雨的发展。同时，贵州北部存在气流的辐合，而东北部则是一致的东南风，这可能是导致贵州东北部无降水而北部出现虚假降水区的原因。而 NCEP FNL（图略）与 ERA-Interim（图略）资料并未能模拟出位于雷公山附近的切

变线，相应的西南气流强度也偏弱，对雷公山处的降水产生了显著影响。此外，除 ERA5 资料外，其他两种资料都在云南东部至贵州西南部一带模拟出了很强的偏西气流，并逐渐向北偏转，其中 NCEP FNL 资料模拟出的风场在贵州北部有一切变线，在贵州东南角也有一切变线，均与其模拟出的降水区对应良好。而 ERA-Interim 资料显示在贵州东北部有一切变线，同时在东南角有气流的辐合，与降水区也有很好的对应。由此可见，三种资料所模拟出的 850hPa 风场间的不同是导致此次模拟结果产生差异的主要因素，ERA5 具有更高的时间与空间分辨率，相对于其他两种资料能够更好地捕捉中小尺度信息，从而达到比较好的模拟效果。综上，使用 ERA5 资料作为背景场驱动的 WRF 模式能够较好地再现此次山地突发性暴雨天气过程，可用模式输出的高分辨率模拟资料对此次暴雨事件做进一步分析研究。

3. 地形敏感性试验设计

由前述天气学分析可知，此次强降水与雷山县东部的雷公山关系密切，要研究雷公山地形对本次突发性暴雨的影响，可以改变模式中相应的地形，使模式各环流形势场根据地形改变而做出相应调整，从而导致降水区域和强度产生不同，模式模拟出不同的结果，从而得以明确地形在暴雨中的作用。因此，在不改变其他参数的条件下，设置了 2 组地形敏感性试验，如表 3.2 所示。

表 3.2 地形敏感性试验方案

试验名称	试验内容	目的
CTRL	保留真实地形	保持原有地形不变，再现天气过程
TEST1	将雷公山 (26.15°N～26.5°N，108.16°E～108.35°E) 高度升高 1/2	检验雷公山地形升高对降水的影响
TEST2	将雷公山 (26.15°N～26.5°N，108.16°E～108.35°E) 高度降低 1/2	检验雷公山地形降低对降水的影响

3.5.4 地形对暴雨强度和落区的影响

图 3.47 是控制试验与两个敏感性试验 16h 的累计降雨量分布图，对比 CTRL［图 3.47(a)］与 TEST1［图 3.47(b)］可以看出，TEST1 试验与 CTRL 试验雨带走向大致相同，均为东北—西南走向，在 TEST1 试验中雷山县过程累计最大雨量上升至 402mm，较控制试验增加了约 100mm。TEST2 试验［图 3.47(c)］中原本位于雷山县的降水中心向西北移动，导致雷山县的雨量锐减，降水大值区中心雨量相对于控制试验减少约 50mm。模拟结果说明雷公山对于此次降水的强度和位置均有重要影响，当雷公山地形升高时，迎风坡雨量明显增加且雨区位置基本不变；而当地形高度降低后，雨区西移且雨量减少。

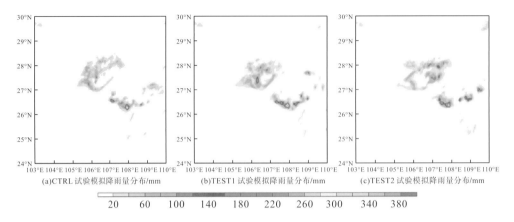

(a)CTRL试验模拟降雨量分布/mm　　　(b)TEST1试验模拟降雨量分布/mm　　　(c)TEST2试验模拟降雨量分布/mm

图3.47　5月26日20:00～27日12:00 CTRL、TEST1、TEST2模拟的16h累计降雨量分布

3.5.5　地形对散度场的影响

图3.48为2015年5月27日01:00控制试验与两个敏感性试验沿26.28°N的散度剖面图。在CTRL试验中[图3.48(a)]，雷公山前迎风区400hPa以下有强烈的辐合上升运动，辐合中心位于 700hPa，强度达到了$-19\times10^{-4}\,\text{s}^{-1}$；600hPa 以上有强烈的辐散，强中心位450hPa，数值为 $18\times10^{-4}\,\text{s}^{-1}$，这种低层与高层的超强辐合辐散相互配合，产生了强烈的抽吸作用，造成气流的剧烈上升，有利于暴雨的产生与维持、增强。TEST1试验中[图3.48(b)]，辐散区位于 200hPa 以上，中心位于 100hPa，山前气流辐合的强度显著加强，说明地形上升有利于迎风坡辐合作用的增强。TEST2[图 3.48(c)]中辐合、辐散区域西移，垂直方向上大致呈现辐合-辐散的交替结构。张弘等(2007)指出，这种特殊的辐合、辐散形势有利于上升运动的增强，因此虽然 TEST2 中辐合、辐散的强度与范围减小，但是上升运动依然较强，西移后的暴雨中心雨量也没有明显下降。

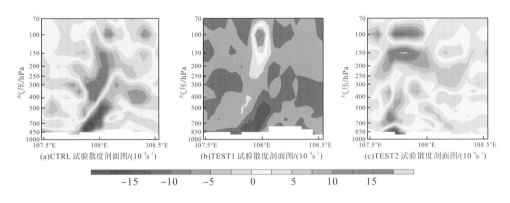

(a)CTRL试验散度剖面图/($10^{-4}\,\text{s}^{-1}$)　　(b)TEST1试验散度剖面图/($10^{-4}\,\text{s}^{-1}$)　　(c)TEST2试验散度剖面图/($10^{-4}\,\text{s}^{-1}$)

图3.48　5月27日01:00沿26.28°N的散度剖面图

3.5.6　地形对能量与垂直速度场的影响

假相当位温(θ_{se})是一个能够综合反映大气温湿特征的物理量，其垂直分布可以用来判断大气的稳定度，图3.49是沿26.28°N的假相当位温纬向-垂直剖面。由图可以看出，

CTRL 试验中[图 3.49(a)]，550hPa 以下为等 θ_{se} 线密集区，且假相当位温随高度减小，表示对流层中低层为不稳定层结，107.8°E～108.1°E 的暴雨区在 600hPa 以下为一明显的暖舌，近地层假相当位温最高为 362K，暴雨区上方对应强上升运动，分别在 500hPa 与 400hPa 有一中心，最强上升速度为 7m·s⁻¹。对比 CTRL 试验，TEST1 试验[图 3.49(b)]中暴雨区 550hPa 以下的等位温线更加密集，低层不稳定能量增大，同时高低层不稳定能量贯通，其上方的垂直运动也显著增强，中心升至 300hPa，最大上升速度高达 8m·s⁻¹，使这一区域的对流系统强烈发展。在 TEST2 试验里[图 3.49(c)]，雨区下方暖舌伸展高度明显低于前两个试验，并且不稳定层结高度也降低至 650hPa 左右，上升区域向西偏移并且断裂为高低层两个部分且上升速度减弱。通过上述对比分析可知，局地地形对垂直上升速度和层结不稳定性的增强有重要促进作用。

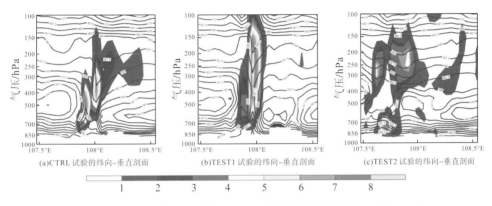

(a)CTRL 试验的纬向-垂直剖面　　(b)TEST1 试验的纬向-垂直剖面　　(c)TEST2 试验的纬向-垂直剖面

图 3.49　5 月 27 日 01:00 沿 26.28°N 假相当位温(等值线，单位：K)
与垂直速度(阴影，单位：m·s⁻¹)的纬向-垂直剖面

3.5.7　地形对水汽场的影响

暴雨的产生和维持都离不开水汽的输送和汇聚(周长艳 等，2015)，图 3.50 给出了 5 月 27 日 01:00 各个试验 850hPa 的水汽通量散度分布。在 CTRL[图 3.50(a)]试验中，在雷公山以西形成了一条东西向水汽通量散度负值区，其中心区域强度为 -33×10^{-7}g·hPa⁻¹·cm⁻²·s⁻¹，与特大暴雨中心十分吻合；TEST1[图 3.50(b)]中水汽通量散度分布与 CTRL 试验大致相同，但迎风坡前水汽通量散度区无论是范围和强度均强于 CTRL 试验，中心数值为 -42×10^{-7}g·hPa⁻¹·cm⁻²·s⁻¹。TEST2 中[图 3.50(c)]水汽通量散度区域向西移动，中心强度也下降到 -36×10^{-7}g·hPa⁻¹·cm⁻²·s⁻¹。由此可知，雷公山地形阻挡了水汽继续向东输送，使大量水汽在迎风区聚集。当地形高度升高时，山脉对水汽的阻挡作用亦增强；地形高度降低后，对水汽的阻挡作用显著下降，水汽向东、西两个方向继续输送，当遇到西部较高的地形后开始聚集，在有利的天气形势下产生降水。

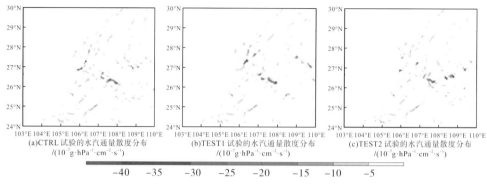

图 3.50　5 月 27 日 01:00 850hPa 水汽通量散度图

3.6　四川盆地东部特殊地形对东移西南低涡及其降水的增强机制

长期的气象静止卫星观测证实 30°N 纬度带是中国三条主要中尺度对流活跃带中的一条，长江流域的大部分区域正好位于这条纬度带内，长江流域内分布的各类不同地形在东移对流系统的生消演变中扮演着重要的角色。伴随有活跃对流系统生成的东移西南低涡的演变也与这些特殊的地形分布有关。在大多数情况下，位于四川盆地东侧的长江中游第 2 级阶梯地形对东移经过此处的西南低涡及其产生的降水有显著的增强作用，本节采用独特的位涡反演诊断视角揭示第 2 级阶梯地形作用对东移西南低涡及其降水的影响机制。

从 2016～2020 年的历史个例天气图中挑选出具有相似特征且有代表性的三次东移西南低涡个例，它们的相似性主要体现为天气系统的初生源地相同，相似的气旋性环流特征以及相似的东移路径，之后利用上述挑选个例合成结果开展的西南低涡合成模拟研究被用于第 2 级阶梯地形的地形效应研究中。基于分布式位涡反演原理将 WRF 模拟得出复合流场分解为平衡流场与扰动流场，这一做法保证了对二阶地形作用机制得到有别于过去且更加深入的认识。最终结果表明分离得出的扰动流场对地形强迫有快响应特征，而分离得出的平衡流场对地形强迫响应较慢，进一步表明扰动风场因其气旋性环流特征与局地强降水的关系更加密切，而且进一步的深入研究揭示出非平衡流场主要由位涡异常决定，并且具有气旋性环流特征的非平衡流场与正位涡异常有较好对应关系。因此，位涡异常的产生机制就是需要回答的主要科学问题。

大量的分析证实凝结潜热释放、垂直风速、相对涡度等因子在正位涡的产生中扮演着重要的角色。通常情况下，上述因子紧密地关联在一起，相互影响。并且通过进一步的敏感性试验证实迎风坡的地形作用机制可以通过引起凝结潜热释放、垂直风速、相对涡度的变化从而间接决定位涡异常的产生。此外，通过敏感性试验也发现了在大气边界层内与地形有关的地表摩擦作用对于位涡异常的产生也有着相当重要的作用。之后利用针对位涡变率的定量诊断[式(3.7)～式(3.9)]进一步证实了在上述敏感性试验揭示出的新事实(图 3.51)，迎风坡地形作用通过引起对流层中低层垂直风速项和绝对涡度项的显著增加，最终引起位涡的时间变率，即位涡异常的变化。考虑到垂直风速在决定位涡时间变率时的关键性作用，通过垂直风速与地形关系定量化诊断[式(3.10)～式(3.12)]发现由于地形阻塞造成的地形动力抬升和边界层辐合是影响垂直风速变化的主要因子(图 3.52)，并且前者相较于后者对迎风坡地区上升气流增强的贡献作用更大，继而导致产生更多的正位涡异常以及促进气旋性的非平衡风形成。

$$\frac{\mathrm{d}q}{\mathrm{d}t} = \rho^{-1}\nabla\cdot(H\zeta_a) \tag{3.7}$$

$$H = w\left(\frac{\partial\theta_p}{\partial z}\right) \tag{3.8}$$

$$\frac{\mathrm{d}q}{\mathrm{d}t} = \zeta_z\rho^{-1}\left(\frac{\partial w}{\partial z}\right)\frac{\partial\theta_p}{\partial z} + \rho^{-1}w\left(\frac{\partial\zeta_a}{\partial z}\right)\frac{\partial\theta_p}{\partial z} \tag{3.9}$$

$$W = W_L + W_F \tag{3.10}$$

$$W_L = u\frac{\partial h}{\partial x} + v\frac{\partial h}{\partial y} \tag{3.11}$$

$$W_F = \frac{1}{f}\left[\frac{\partial}{\partial x}\left(C_d v\sqrt{u^2+v^2}\right) - \frac{\partial}{\partial y}\left(C_d u\sqrt{u^2+v^2}\right)\right] \tag{3.12}$$

式中各参数为气象常用物理量。

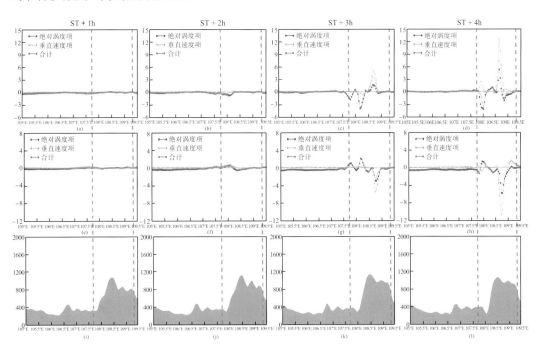

图 3.51　700hPa 等压面(a)~(d)及 500hPa 等压面(e)~(h)上由地形作用机制决定的绝对涡度项、垂直速度项以及二者之和(i)~(l)对位涡异常贡献的定量化诊断结果

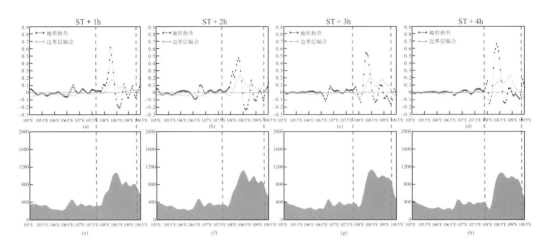

图 3.52　由地形 (e)～(h) 作用决定的地形动力抬升机制 [(a)～(d) 中波形虚线] 和边界层辐合机制 [(a)～
(d) 中竖直虚线] 对垂直风速作用的定量化诊断结果

3.7　结论与讨论

　　本章选取了四川盆周山地几例突发性暴雨个例，考虑到四川盆地以及周边复杂的地形环境，从其环流背景和动力结构进行分析，梳理出主要影响系统，初步揭示多尺度天气系统的协同作用，并且从动力、热力条件诊断了低空急流对暴雨的触发作用，分析了山地地形对天气系统及暴雨的影响；针对 2018 年 5 月 21～22 日发生在我国四川盆地西南部山区的一次突发性暴雨过程，对其降水强度和天气概况进行了基本分析，并根据绕流和爬流分解原理，利用 ERA5 再分析资料计算出绕流分量和爬流分量，重点分析地形以及地形强迫的爬流与绕流在此次暴雨过程中的异同作用；根据 ETOPO1 高程资料将四川盆地及其周边区域分为平原、山地和高山三类地形，利用 2014～2020 年 5～9 月的 GPM DPR 资料分析了发生在这三类型地形上对流和层云性降水事件的雷达反射率因子以及降水粒子的垂直结构特征；针对 2015 年 5 月下旬黔东南山区一次突发性暴雨事件，利用 FY-2E、ERA5 再分析资料和 WRF 模式进行了天气学分析和数值模拟试验，初步揭示了山地突发性暴雨特征及山区地形对强降水的影响。本章研究得出的主要结论有五点。

　　(1) 四川盆地东北部突发性暴雨过程由四种天气系统共同影响：500hPa 高空槽使得槽后冷空气南下影响四川盆地，588dagpm 等高线西伸明显，有利于低层暖湿气流 (700hPa 来自孟加拉湾的西南气流和 850hPa 来自南海的偏南气流) 输送，尤其是在暴雨的第二阶段，沿副高边缘的西南气流直接输送至川东北，与冷空气在此交汇，给四川盆地东北部带来大暴雨。由于高层天气系统影响而诱生的低层切变线 (或辐合线) 也直接影响暴雨的雨型。低空急流不仅将暖湿空气输送到四川盆地，促使对流层低层的不稳定性增加，为暴雨的发生提供了必要的水汽、热力条件，而且对暴雨产生动力触发作用。四川盆地西南部突发性暴雨过程的主要触发因子是低层切变线，随着北方冷空气的南下和东南方暖湿空气的北上，两股气流交汇于四川盆地东南部的暴雨区，使暴雨上空产生正涡度和强辐合的动力结构特征，为暴雨的产生提供足够的上升运动。高空影响系统是高空低槽后的西北气流与副高外沿的暖湿气流交绥,为本次暴雨提供了很好的动力条件和水汽条件。低层中尺度切变线与高层辐散流场的耦合为突发性暴雨的发生创造了有利环境场,切变线与暴雨区有很好的对应关系,雨带随切变线而移动,雨带的经纬型分布也取决于切变线的横竖分布形态。北方冷空气自低层逐渐向高层侵入,低空切变线及辐合上升运动是暴雨在第二阶段出现增幅的重要原因。对盆地东北暴雨起增幅作用的山地主要是盆地北边界的秦巴山脉和盆地西边界的青藏高原,对盆地西南暴雨起增幅作用的山地主要是盆地南边界的大凉山和盆地西南边界的横断山脉,因地形的动力抬升作用在秦巴山脉迎风坡和青藏高原东麓背风坡,大凉山的迎风坡和横断山脉东侧的背风坡均有强烈的辐合上升运动。 山地地形对本次暴雨的增幅作用主要体现在动力抬升和阻挡作用: 盆地北边界的秦巴山脉迎风坡和盆地西边界的青藏高原东麓背风坡均有强烈的辐合上升运动。 东移的中尺度对流系统由于盆地东北部山地的阻挡而停滞并发展旺盛。

(2)贵州水城“7·22”山地突发性强降水事件表现出在前后两个降水阶段具有明显的降水落区和强度的差异:前一阶段,孤立的降水中心出现在高大山体的迎风坡;后一阶段,更强的带状降水出现在高大山体之间的峡谷地带。 两个降水阶段被区分为地形性降水阶段(降水落区位于 MCS 的前方,无明显天气系统)和天气系统相关的降水阶段(降水落区位于 MCS 北侧并具有强冷核,700hPa 低涡和地面辐合线)。形成机制表明:地形性降水是由于东南暖湿气流和地形的相互作用,而天气系统相关的降水是由于地面辐合线、中层低涡和高层 MCS 相互作用的结果;相比于前一阶段,来自高海拔的地面冷舌叠加在低海拔峡谷的暖池之上有利于强降水的增幅。

(3)对于四川盆地,地形阻挡使得来自东北方向的冷空气旋转而产生绕流运动,在盆地内形成局地涡旋。同时盆地和山地之间的地形高度差强迫出山气流产生爬流运动,加强垂直上升运动。所以爬流与绕流共同为突发性暴雨的发生发展提供了有利条件。暴雨区内爬流分量略大于绕流分量,因此过山气流由于地形海拔的变化而产生的地形适应运动,以爬流运动为主,绕流运动次之。爬流产生的垂直运动分布与雨带分布密切相关,与高分辨率再分析资料中的垂直速度在位置和方向上具有很好的对应关系,均出现在盆地向山地过渡的迎风坡上,但爬流强迫出的垂直运动可能会低估该区域的垂直上升速度。

(4)地形高度的变化对山地突发性暴雨的强度与落区有重要影响。山脉高度上升能增强其对于气流的阻挡作用从而加强气流的低空辐合、高空辐散,叠加迎风坡的地形抬升作用形成强烈的垂直上升运动,加强大气层结不稳定性,触发不稳定能量释放,配合充足的水汽条件最终促成暴雨发生。不同初始场的选择对于暴雨强度和落区的模拟影响很大,ERA5 再分析资料得益于更高的时空分辨率和更多的物理信息,能够更好地捕捉中小尺度信息,改善模式风场的模拟效果,对于山地暴雨的模拟效果明显优于 FNL 分析资料和ERA-Interim 再分析资料。WRF 模式对此次山地突发性暴雨个例的模拟能力较好,能够正确反映主要雨带的形状与强度,但雨带的范围和位置存在偏差,山地加密观测资料可能有助于减小这些模拟误差。

(5)平原、山地和高山三类地形强降水事件中,地表至冻结层、地表至云顶以及地表至雨顶高度的气层厚度随地势抬升而减小。且同类地形下,对流性强降水的雨顶高度、云顶高度以及近地层反射率因子总是大于层云强降水。层云强降水中,雷达反射率因子最大频率廓线在冻结层附近增长十分迅速,对流性强雷达反射率因子快速增长区也在冻结层附近,但其增长速率明显低于层云性强降水。不同于对流性降水,层云性雷达反射率因子廓线在冻结层附近出现明显弯折。平原层云性弱降水的反射率因子在近地层呈平稳增长趋势,而平原对流性弱降水的反射率因子在近地层波动较大且呈减弱趋势,但高山对流性弱降水的反射率因子在近地层则为平稳增长。对流性强降水中,随着地势抬升,雷达反射率因子中心高度也随之升高。 分析降水粒子的垂直结构可得:同类地形下对流性强降水的分布域宽度、谱高度、分布域中直径最大值都要大于层云性强降水。两类强降水的小直径降水粒子(≤1.2mm)均主要集中在降水雨顶和冻结层之间。随着地势升高,两类强降水类型的分布域都随之增大但谱高度降低。在对流性强降水中,随着地势升高,大雨滴(≥2.6mm)出现的概率增加,地面至4km的气层中主要集中区的分布范围变广。对于层云性强降水,山地和高山冻结层高度以下中等直径的降水粒子(1.4≤直径≤1.65mm)出现的概率比平原高,且地势越高其出现概率越大。地面雨强等级为强降水时,在10km以上的高空,山地和高山的值均大于平原,且地势越高其值越大。分析降水粒子的垂直结构可知:两类降水的廓线总体均随高度降低而增大。对于对流性强降水,平原的高频区的分布较山地和高山更为集中,而层云性强降水的情形正好相反。在10km以上的高空,高山强降水的值明显比平原小,降水粒子呈现浓度较低、尺度较大的特征。

需要指出的是,以往的研究通常是利用模式抬升和削减地形高度来分析地形对暴雨有哪些作用,结果基本都显现出地形确实对暴雨的发生发展有重要影响。然而有关地形促进暴雨产生的具体动力机制的研究较少,盆地与周围山地的这种地形高度差对降水强度的定量影响也尚不清楚。 因此我们认为今后可以利用区域数值模式结合动力机制探讨来加深这方面的研究,通过改变盆地与周围山地的高程差以对降水落区、降水强度以及触发机制等方面展开进一步研究,从而加深对复杂地形与暴雨关系的理解。另外,地形爬流引起的上升速度与系统性上升速度对山地暴雨的相对贡献也有待进一步厘清。与已有的四川盆地暴雨研究相比,本章基于新一代高分辨率再分析资料较为全面地探究了四川盆地及周边山地突发性暴雨的动力影响因子,对低空急流对山地暴雨的触发作用进行了针对性分析,为揭示我国西部山地突发性暴雨的特征与机理提供了一些线索。但研究结果(如低空急流与地形的叠加对山地突发性暴雨的触发作用)尚需要应用山地暴雨加密观测试验资料及中尺度模式数值试验进一步证实,同时不同尺度、不同高度低空急流的耦合作用以及暴雨的水汽源地和水汽输送等重要问题,也有待进一步研究。本章的研究多针对山地突发性暴雨事件个例,且主要集中于研究地形的动力作用对降水的增幅效应,对于山地的热力作用对降水的影响、山地对水汽汇集的作用以及山地对暴雨云团动力、微物理过程的影响以及兼顾水平格距细化与模拟效果优化的中小尺度模式试验等问题都值得在后续研究中加以探讨。本章还利用GPM双频降水雷达对发生在平原、山地和高山三类地形上的强降水事件进行了分析和讨论,初步揭示了不同地形下强降水垂直结构特征,对于认识地形对强降水的影响具有重要参考意义。但目前只讨论了雷达反射率因子、降水粒子DSD信息、雨顶高度和冻结层高度等物理量,下一步工作将尝试加入更多物理量,并努力将卫星遥感的降水产品与地形强降水机理的研究相联系,以期更好地推进地形强降水的科学认识和业务应用。

第4章 地形重力波影响西南山地突发性暴雨的物理机制

4.1 重力波与地形重力波

重力波是流体介质在重力作用下产生的一种波动,它的产生与垂直运动有关($w' \neq 0$)。重力波分为重力外波(表面重力波)和重力内波(图 4.1),对中小尺度天气有重要意义的一般是重力内波。重力内波又分为两类。①切变重力内波:发生在不同密度的两层流体交界面上,也称界面重力内波,或开尔文-亥姆霍兹波(Kelvin-Helmholtz wave),简称 K-H 波。②层结重力内波:在稳定层结下,空气质点受到扰动后偏离平衡位置,在重力作用下产生的波动。重力波主要是垂直横波,双向传播波,但在垂直方向也呈现波动状,是二维波动,即非静力平衡大气中在稳定层结条件下才能形成重力内波,它既可以沿水平方向传播,也可以沿垂直方向传播。波速为每秒几十米,是中速波、"中等频率"波。但波速与波数有关,当垂直波数很大即物理量垂直变化很大(垂直结构很复杂)时,波速会变得较小(近于基本气流的速度),此时可以变为低频波。

图 4.1 南极山峰上空的重力内波云系

重力波是层结稳定状态下的大气受到垂直扰动后,气块在重力作用下产生周期性振荡运动并在空间传播形成的。重力波是大气中的基本波动之一,能起到传输能量和动量等重要作用,并影响中尺度对流系统的活动,引起大风、冰雹、暴雨等灾害性天气,是大气动力学、天气机理研究中的重点和难点。重力内波与中尺度特别是小尺度天气系统关系密切,中尺度飑线、对流云、波状云，引起飞机颠簸的晴空湍流(clear air turbulence, CAT)都可以作为重力内波的实例。如果考虑地球重力以及旋转的影响，并且大气层结是稳定的，真实大气中的重力内波应为考虑地球旋转影响的惯性-重力内波这样的大气混合波，由于惯性-重力内波的本质仍然是重力内波，故理论研究与业务应用是多将其简称为重力波。对于中尺度气象问题，从波动成因和波动基本特征上来衡量，重力波显然是一种较为理想的理论研究模型，即可以借助重力波来研究相关大气运动的物理机理问题。

4.2 地形重力波的研究意义

山地突发性暴雨具有强度大、降水区域集中和迅猛异常的特点，诱发山地突发性暴雨的原因主要有两方面：第一是有利的大尺度环流条件和影响系统等大气内部因素，第二是复杂的地形作用，山地地形有利于中小尺度系统的发生发展。例如，在大气稳定层结下，一定强度的过山气流可以导致重力波的形成，层结稳定状态下的大气受到垂直扰动后，气块在重力作用下产生周期性振荡运动并在空间传播形成重力波。对于中尺度强对流天气，重力波一般指地球旋转产生的科里奥利力与重力共同作用形成的惯性重力波，即本应理解为惯性重力波的简称。地形作用可以通过重力波直接或间接地对天气系统产生影响。作为大气的基本波动之一，其活跃于各个尺度的大气演变过程中，对于中尺度的天气系统发展以及局地天气变化有着十分重要的意义，因此备受气象学者的关注。

李麦村(1978)通过得到线性绝热情况下的重力波解，发现其中涡度中心相位落后于散度中心，且暴雨中心一般落于地面中低压与中高压偏向高压一侧，指出重力波作为中尺度对流天气的触发机制，对于暴雨的强度和落区有着重要作用。冉令坤等(2009)则从波动扰动的角度出发，利用波流相互作用的观点解释中尺度波动不断发展的原因，推导出比较准确的诊断暴雨落区的非静力平衡拟能量波作用方程。徐燚等(2013)用华南一次锋前暖区暴雨个例分析了其过程中重力波的演变特征，提出了华南暖区暴雨的一种低层重力波触发机制。朱莉等(2010)从重力波的角度研究了低纬高原地区一次大暴雨过程中的 MCS 生命史较短这一地域特征形成的原因，侧面证实了低纬高原地区降水突发性强、历时短的特点与重力波的快速传播与能量频散有关。四川盆地地处青藏高原东麓，由于特殊的地形作用，夏季常发生区域性大暴雨，研究发现与高原地区降水过程相似，四川地区的暴雨也是地形和天气系统共同作用的结果，而地形与暴雨天气系统之间的相互作用又常常以重力波为纽带(贺海晏，1989；吴迪 等，2016)。

一般认为，重力波的激发主要与地形作用、基本气流在垂直方向的切变不稳定以及积云对流有关。地形是对流层重力波的重要触发因素之一，地形分布对重力波的强弱以及活动范围有着显著影响。当气流流经山脉时，受机械阻挡作用易在地形下游激发重力波，因此绝大多数重力波活跃区的扰源都与山脉有关(桑建国和李启泰，1992；张云 等，2011)。吴池胜(1994)分析表明，当大气层结稳定时，沿着地形高度上升方向传播的重力波能量会逐渐减少，而沿着地形高度下降方向传播的重力波扰动将加强；在不稳定层结中，上坡和下坡方向重力波扰动发展情况与之相反。王兴宝(1996)对于三维地形下重力波的发展以及传播进行分析，得到地形影响下的波作用能量守恒方程，表明重力波的能量有向地形较高地区传播的趋势，并且扰动在上坡时加大而下坡时减小。

风的垂直切变不稳定也可以产生重力波，普遍认为重力波常出现在急流出口区域，高空急流出口区的切变不稳定和非平衡性都是导致重力波发生的有利条件。覃卫坚等(2007)通过推导非线性 KdV 方程证实了重力波的强度随垂直风切变和层结稳定度的增大而增大。Uccellini 和 Koch(1987)综合切变不稳定和非地转平衡这两种动力条件，指出高空急流出口区明显的非地转运动与急流在垂直方向上的切变不稳定可导致中尺度重力波发生，这种与高空急流相联系的中尺度重力波产生机制也被其他研究者所证实(Zhang et al.,2001；许小峰和孙照渤，2003；王文和程攀，2013)。

与强天气过程相关的重力波常常会受到积云对流的影响而被激发(Uccellini，1975)，但是对流对重力波的触发是一个比较复杂的过程，普遍认为有三种对流触发机制：第一种是热力强迫机制(Piani and Durran，2000)，第二种是波间相互作用引起的波动能量交换以及波动特征的发展，第三种则是边界层积云对气流起到了类似于地形阻挡的作用，能够触发重力波的形成(Clark et al.，1986)。此外，经典的 Wave-CISK 理论清晰地阐述了波动与对流之间的相互作用：首先，重力波产生的强上升运动以及不稳定能量的释放提供了对流所需要的辐合辐散条件，并且在对流随着波动传播的过程中，对流通过非绝热加热作用又可以反过来激发和加强重力波，两者之间相互作用，互相维持，形成正反馈机制，共同增强和发展(Powers and Reed，1993)。

重力波的维持和传播机制也一直广受关注，波导是重力波最为重要的维持机制，只有一定波长以及波速的波动在较为稳定大气中才能向下游传播，而在大气环境不符合的情况下波动会迅速消失。Du 和 Chen(2019)在垂直风切变对海陆风的重力波影响研究中提到，波导层结为一个足够厚的相对稳定或条件稳定层结，当传播中的重力波通过某个临界层，即背景风与重力波水平相速度相等且理查森数小于 0.25 的层结，波动从基气流中提取能量，维持波动的发展。Heale 和 Snively(2015)发现，一个具有足够振幅的稳定中尺度波动风场可以对一个小尺度波动进行滤波或引起反射，中、小尺度波的相对传播方向对小尺度波动有显著影响，当相速度方向相同时，小尺度波更有可能被捕获并最终被过滤到临界水平。

重力波与其他天气系统的相互作用，使得天气系统的发生、发展过程趋于复杂，对于重力波的动力机制、演变过程和与天气系统关系的研究不仅仅具有理论意义，对于提高山地突发性暴雨预报的准确性也具有一定的应用价值。目前，我国在山地突发性暴雨的预报预警方面需求迫切，山地地形与暴雨天气系统之间的互相影响和相互作用研究不充分，对于山地突发性暴雨的动力学原因研究尚不完善。本节拟从天气系统入手，选择山地地区出现的强对流天气中的重力波，将其与地形和暴雨进行联系，研究山地地形对于波动的具体影响以及重力波对于暴雨的触发和维持作用。将波动作为纽带，把地形与暴雨联系起来，意在弥补对于此类山地突发性暴雨过程研究的不足，深化与其密切相关的机制机理的研究，希望能为此类天气过程的预报提供理论指导和参考依据。

随着探测技术的不断发展，探测重力波已经不仅仅局限于传统的探空资料。对高原以及山地等复杂地形上重力波活动特征的研究通过无线电、雷达等探测方式变为可行。张灵杰和林永辉(2011)就川西高原红原探空站无线电探空资料对平流层重力波参数进行了分析,发现重力波的垂直波长主要集中在 2~4km,水平波长主要集中在 100~600km,固有频率主要集中在 1.5~3.5f(f 为地转参数)且波能在垂直方向上主要向上传播。徐晓华等(2016)更为细致地探讨了大气重力波活动的能量空间分布,发现高原地区重力波活动随季节变化明显,呈现出冬春强、夏秋弱的趋势。另外还发现在全年中重力波的活跃度都随着高度的升高而减少,在高原边缘处波动活动较为频繁。程胡华(2017)通过滤波和多阶拟合的方法获取了扰动场中的大气重力波参数,发现波周期大小、变化趋势、水平和垂直波长与扰动场的影响有关,但相比波周期、水平波长和垂直波长而言,不同扰动场对波传播方向和重力波群速的影响程度更小。卞建春等(2004)、邓少格等(2012)和白志宣等(2016)对其他地区重力波参数进行了研究。概括来说,重力波的水平波长范围为几千米到几百千米,周期为几分钟到几小时的短波长波动出现频率较高,周期达几十小时的波动出现频率较低。

中国西南地区位于青藏高原与长江中下游平原过渡地带(第 2 级阶梯地形区),地形复杂、多样,地势西高东低是我国山地突发性暴雨频发的地区之一。与高原地区降水过程相似,四川地区的暴雨常是地形和天气系统共同作用的结果,而地形与暴雨中尺度天气系统之间的相互作用又常常以重力波为纽带。与重力波相关的天气系统如西南低涡(简称西南涡)、冰雹、暴雨、台风等都是近年来重力波研究的热点,将重力波与天气过程相结合,探究波动与强天气过程的相互作用有利于提高对灾害天气的预报准确度,进而降低灾害天气导致的社会损失(覃卫坚 等,2013;陈炜和李跃清,2018)。陈炜和李跃清(2019)将青藏高原东部重力波事件与西南涡活动相联系,发现移出型西南涡活动期间重力波主要向北和东北方向传播,波动能源更多地来自对流层上层而原地型则集中于西北和东南方向。从大气波动学角度出发,西南涡的演变以及其导致的暴雨天气过程实际上与低频重力波在垂直方向上的活动有着密切的关系。因此,不少研究者尝试从理论的角度出发,寻找波动与强降水之间的关系。低频重力波指数就很好地将三维空间上的探测资料描述在二维平面上,用于反映导致重力波发生、发展的原因。马振锋(1994)发现西南涡一般发生于重力波指数的负值区内,并且随着指数值的减小而发展,暴雨常发生于指数负值区内。此外,Du 和 Zhang(2019)通过对广东地区一次由重力波活动引起的对流云带的数值模拟发现,若关闭潜热则波动特征几乎消失,表明对流潜热的释放可以激发和促进波动,对流在波动的形成和维持中起关键作用。

4.3 重力波的识别方法

重力波判识的方法有多种:①基于观测量,如小时降雨量、高分辨卫星 TBB 数据、无线电探空资料;②基于天气动力学诊断量,如垂直速度、水平散度;③专门的提取方法,如基于波动能量的傅里叶分析、交叉谱分析、小波交叉谱分析和傅里叶逆变换等分析方法;④用机器学习模拟重力波,如用神经网络来更好地定义地形重力波的分布和特征建模所需的参数。下面重点介绍谱分析技术。

大气演变过程中，在空间尺度和时间尺度上都存在波动现象，谱分析常用于分析大气运动在时空方面存在复杂波动的规律性。由于重力波频谱的范围很广，作为大气波动研究有利工具之一的谱分析也常常用于捕获波动信息，辅助探测和识别重力波。

1. 傅里叶分析

对于任意物理量时空序列 $\varphi(x,t)$，x 为空间变量，t 为时间变量。对其进行二维傅里叶变换

$$\varphi'(k,\omega) = \text{FFT2}\left[\varphi(x,t)\right] = \iint \varphi(x,t)\mathrm{e}^{-\mathrm{i}2\pi(kx+\omega t)}\mathrm{d}x\mathrm{d}t \tag{4.1}$$

式中，FFT2 为对物理量进行二维傅里叶变换；$\varphi'(k,\omega)$ 为变换后的傅里叶系数，k 为波数，ω 为频率。二维傅里叶变换得到的功率谱可用于提取波动的时空特征，以功率谱密度频率-波数谱为例，其计算方法为

$$\text{PSD}(k,\omega) = \text{Re}\left\{\varphi'(k,\omega) \cdot \text{Conj}\left\{\varphi'(k,\omega)\right\}\right\} \tag{4.2}$$

式中，PSD 表示功率谱密度；Re 为对数据取实部；Conj 表示共轭复数。通过带通滤波可以滤出指定波长和频率的波信号，即将选定波长和频率所对应的谱系数 φ' 保留，将其余 φ' 赋值为 0，得到滤波信号 $\hat{\varphi}'(k,\omega)$，利用傅里叶逆变换根据滤波信号可计算出扰动信号

$$\hat{\varphi}(x,t) = \text{Re}\left\{\text{IFT2}\left(\hat{\varphi}'(k,\omega)\right)\right\} = \text{Re}\left\{\iint \hat{\varphi}'(k,\omega)\mathrm{e}^{-\mathrm{i}2\pi(kx+\omega t)}\mathrm{d}k\mathrm{d}\omega\right\} \tag{4.3}$$

式中，$\hat{\varphi}(x,t)$ 为滤波后的扰动波信号；IFT2 为对波信号进行二维傅里叶逆变换。

2. 交叉谱分析

交叉谱分析又称为互谱分析，用于计算两个时间或空间序列之间的关联程度以及两者之间的位相差（黄嘉佑和李黄，1984）。对于任意两个时（空）间序列 $f_1(\tau)$、$f_2(\tau)$，其对应的复谱为 $F_1(\omega)$、$F_2(\omega)$，通过运算得到交叉谱并转化为极坐标形式

$$S_{12}(\omega) = F_2(\omega)F_1^*(\omega) = A_{12}(\omega)\mathrm{e}^{-\mathrm{i}\theta_{12}(\omega)} \tag{4.4}$$

式中，$F_1^*(\omega)$ 为 $f_1(\tau)$ 的共轭复谱；$S_{12}(\omega)$ 为两个时（空）间函数的交叉谱；$A_{12}(\omega)$ 为振幅谱，表示两个序列在频率 ω 上的相关程度；$\theta_{12}(\omega)$ 为位相差谱，反映两个序列中各个频率波动结构的位相差关系。为表征两个序列在各个频率上的相关程度，引入相干谱 $C_{12}(\omega)$：

$$C_{12}(\omega) = \left|\frac{S_{12}(\omega)}{\left\{S_{11}(\omega) \cdot S_{22}(\omega)\right\}^{1/2}}\right| \tag{4.5}$$

式中，$S_{11}(\omega)$ 为 $f_1(\tau)$ 的单谱；$S_{22}(\omega)$ 为 $f_2(\tau)$ 的单谱，相干谱能够在频域内刻画两个序列的相干性（张瑞 等，2015）。本节中交叉谱分析主要用于判定符合重力波极化性质的波动特征（波数或频率）。

3. 小波交叉谱分析

将交叉谱与小波变化分析方法相结合，能够更好地描述两个信号相干性在时间或空间域中的分布情况（Torrence and Webster，2010），小波交叉谱分析具体步骤参考孙卫国和程炳岩（2008）利用交叉小波变换对于区域气候变化的研究。

对于两个任意物理量时(空)间序列 $f(\tau)$，其连续小波变换为

$$W_f(s,l) = \int f(\tau)\varphi(s,\tau-l)\mathrm{d}\tau \tag{4.6}$$

式中，s 为伸缩尺度；l 为平移参数；$\varphi(s,\tau)$ 由 Morlet 小波定义。两个时间函数 $f_1(\tau)$、$f_2(\tau)$ 的小波交叉谱定义为

$$C_{f1,f2}(s) = \int \overline{W_{f1}(s,l)} W_{f2}(s,l)\mathrm{d}l \tag{4.7}$$

交叉小波变换实际为两个时(空)间信号协方差的尺度分离在时(空)间轴上的积分，交叉小波变换的标准化形式为小波互相关系数，表示为

$$\rho(f_1,f_2) = \frac{\mathrm{Cov}(f_1,f_2)}{\sqrt{\sigma^2(W_{f1})}\sqrt{\sigma^2(W_{f2})}} \tag{4.8}$$

式中，Cov 表示方差。根据交叉谱概念，$C_{f1,f2}(s)$ 的实部为交叉小波协谱，虚部为交叉小波正交谱，其绝对值为交叉小波振幅谱。交叉小波位相谱表示为

$$\theta_{f_1,f_2} = \arctan\frac{\mathrm{Re}(\langle s^{-1}\cdot C_{f_1,f_2}\rangle)}{\mathrm{Imag}(\langle s^{-1}\cdot C_{f_1,f_2}\rangle)} \tag{4.9}$$

式中，Re 和 Imag 分别表示取实部和取虚部；<>表示平滑谱运算。

4.4　山地暴雨中的重力波特征

选取个例参照中国气象局武汉暴雨研究所对于西部山地突发性暴雨的定义：发生在西部山地(海拔 500m 以上)、降水区域直径小于 200km、1h 累计降雨量大于等于 20mm 且连续 3h 累计雨量大于等于 50mm 的强降水(张芳丽 等，2020)。根据以上标准，本节选取 2018 年发生在四川省的两次山地突发暴雨事件作为研究对象进行研究，分别是 2018 年 5 月 21~22 日四川暴雨(以下简称"5·21"过程)以及 2018 年 7 月 10~11 日四川暴雨(以下简称"7·10"过程)。这两次暴雨的共同特征为：①降水落区都位于四川盆地与边缘山区的过渡坡地处；②两次暴雨发生的天气背景场相似；③两次个例都达到了山地性突发性暴雨的标准。

为了更全面地分析山地突发性暴雨过程中的重力波特征，对于不同个例，研究的侧重点有所不同。以"5·21"过程为主例，通过最新的 ERA5 再分析资料现有分辨率数据对个例中的重力波过程进行分析。从重力波的触发原因、发展过程以及重力波对暴雨的触发维持作用方面进行系统性研究。"7·10"过程作为辅例，将两次过程利用数值模拟获得更高时空分辨率的数据，通过谱分析的方式重点研究重力波的时空特征并进行对比分析，使用敏感性试验探讨地形和非绝热加热对重力波的增强维持过程与对降水的增幅作用，进一步探讨山地突发暴雨中重力波作用的共性。

现阶段对于重力波的研究和识别方法主要有两种，分别是常规资料分析法和谱分析法。第一种较为直观，利用常规气象资料，如气压、散度、垂直速度、涡度、云水混合比等绘制等压面上物理量场图，如若出现正负中心交替的链式分布，或者在垂直剖面图上出现物理量的正负或大小交替分布的现象，那么我们认为存在重力波(郭虎 等，2006；刘佳

和王文，2010；徐红和王文，2015）。Lu 等（2005）提到短周期纯重力波水平扰动速度的两个分量(u, v)之间必须存在线性极化，即其相位角相差为 0、$\pm\pi$ 或 2π，并且这两个分量分别与位势高度或者位温的相位差也为 0、$\pm\pi$ 或 2π。但重力波与纯重力波之间存在差异，重力波的椭圆极化性质表现为 u 与 v 之间的相位角相差 $\pi/2$，此外还表现为扰动水平散度与扰动垂直涡度相位差为 $m\pi\mp\pi/2$，根据以上理论，通过无线电探空资料画出速度矢量图识别和研究波动是常用的一种研究方法。

有鉴于此，本章将利用常规气象资料分析法探究"5·21"过程中出现的中尺度大气波动现象，利用重力波极化性质识别本次过程中的重力波主要特征，并对重力波的触发原因进行探索，分析其在山地降水过程中的作用。

4.4.1　重力波识别特征

通过 2018 年 5 月 21 日 15:00（世界时，后同）和 16:00 的 1h 降雨量分布［图 4.2（a）和图 4.2（c）］可以看出，15:00 3 个降水大值中心呈 V 形分布，到 16:00 3 个降水大值中心基本位于同一直线上，雨量呈强—弱—强—弱—强的波动状分布。从其对应前一小时（14:00 和 15:00）FY-2G 卫星 TBB 图［图 4.2（b）和图 4.2（d）］来看，14:00 降水落区有一 V 形云带，随后偏西区域迅速发展，到 15:00 发展为西北—东南向带状云区，TBB<-62℃的冷云面积覆盖川南地形坡区及其前方平原地区，表明此区域存在深厚对流系统。云内有多个呈波动状排列的冷云核心区（TBB<-80℃），冷云核心区与降水大值中心位置一致，对降水中心有指示意义。降水落区的波动状排列可能是受到了波动扰动的影响，接下来进一步论证此猜想。

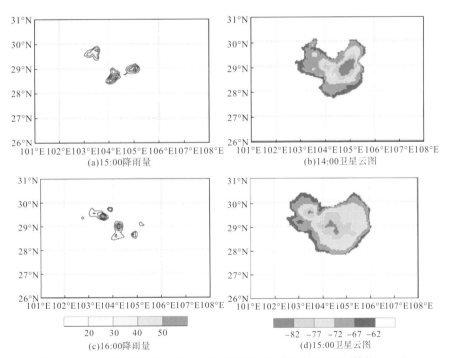

图 4.2　2018 年 5 月 21 日 15:00 和 16:00 的 1h 降雨量(a)(c)（单位：mm）
和 14:00 和 15:00 的 FY-2G 卫星云图(b)(d)（单位：℃）

　　图4.3(a)为ERA5再分析资料中2018年5月21日10:00 350hPa上垂直速度场分布。不难看出，在四川地区有一条明显的西北—东南向的正负值链式场存在，对应交替的上升—下沉气流，垂直速度大值中心超过$0.7\text{Pa}\cdot\text{s}^{-1}$。同时刻同位置的250hPa水平散度场[图4.3(b)]也表现出同样的波动状态。降水带[图4.3(a)]与垂直速度以及水平散度的链式分布区域基本一致，初步表明在这次降水过程中可能存在重力波的影响。

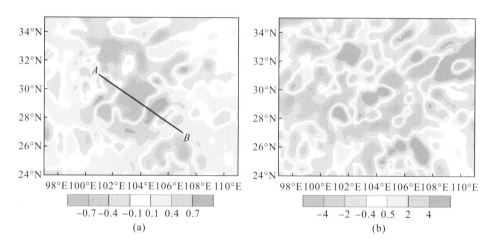

图4.3　2018年5月21日10:00 350hPa垂直速度(a)($\text{Pa}\cdot\text{s}^{-1}$)和250hPa散度场(b)($10^{-5}\cdot\text{s}^{-1}$)

注：黑色粗实线AB($101°\text{E}$，$31°\text{N}\sim107°\text{E}$，$27°\text{N}$)表示图所用剖面位置。

　　基于重力波波动中扰动垂直涡度与扰动水平散度的位相差是$\pi/2$的极化特征，从观测和模拟数据中提取重力波是定量识别与研究波动的重要手段。小波交叉谱分析是通过交叉小波变换和小波相干性来检验两个时间或空间序列之间时频和空间关系的有效方法，在此用于确定重力波的位置和时空特征，有助于研究重力波的发展和演变(李驰钦 等，2018)。

　　扰动水平散度(D)和扰动垂直涡度(ζ)的计算公式(高守亭，2007)如下

$$D = \frac{\partial u'}{\partial x} + \frac{\partial v'}{\partial y} \tag{4.10}$$

$$\zeta = \frac{\partial v'}{\partial x} - \frac{\partial u'}{\partial y} \tag{4.11}$$

式中，u'，v'分别代表纬向、经向扰动速度。对图4.3(a)中实线AB上10:00 350hPa的扰动垂直涡度以及扰动水平散度进行小波交叉谱分析(图4.4)，发现有两个明显的小波交叉谱能量的高值区，一个位于距离A点$500\sim740\text{km}$范围内，但这个能量高值区中的扰动垂直涡度与扰动水平散度基本同相，不符合重力波的极化性质；另一个波谱能量大值区贯穿距离A点的650km范围内，波长集中于150km左右，扰动垂直涡度与扰动水平散度相位差符合重力波的极化性质，同时也与图4.3所观察到的垂直速度链式分布区域吻合，可以确认重力波的存在。

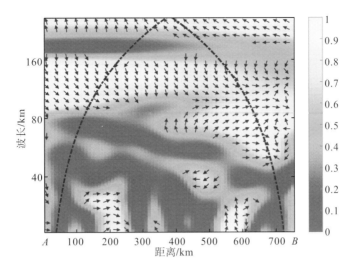

图 4.4　2018 年 5 月 21 日 10:00，沿图 4.3(a)实线 *AB* 的 350hPa
扰动垂直涡度与扰动水平散度小波交叉谱分析

注：横轴为距离 *A* 点的水平距离，黑灰色阴影色阴影为小波序列相关系数，箭头向下表征扰动垂直涡度的位相落后扰动水平散度 π/2，点划线为影响域。

　　为进一步探讨重力波的时频特征，对实线 *AB* 上降水大值中心即距离 *A* 点 300km 处 350hPa 上垂直速度的时间序列进行小波分析。从图 4.5(a)可看出，在此区域存在周期为 5h 左右的波动，且在强降水发生前 1h 即 12:00 前后波动能量最强，这与前文分析的突发性降水发生时间十分吻合。上述分析表明，此次山地突发性暴雨受到了波长约为 150km、周期为 5h 的重力波活动影响，属于典型的 *β* 中尺度天气系统诱发的暴雨事件。那么重力波是怎样产生并触发此次突发性暴雨过程的呢？下面将从动力学角度进一步探究重力波的产生及其对暴雨的作用。

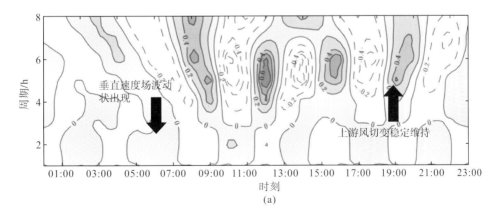

(a)

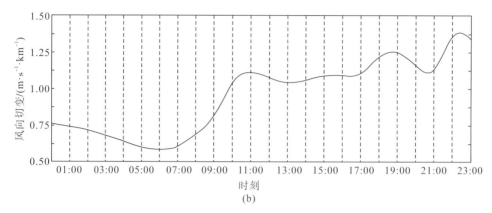

图 4.5　2018 年 5 月 21 日实线 *AB* 上距离 *A* 点 300km 处 350hPa 垂直速度时间序列小波分析图(a)(实线
为正值，虚线为负值)和地形坡区内(距离 *A* 点 300km 内的矩形范围即 29.5°N～31°N，101°E～103.5°E)
500hPa 与 900hPa 之间的区域平均垂直风切变(b)

4.4.2　重力波形成机制和传播特征

1. 地形触发作用

一般认为，重力波的激发主要与地形作用、基本气流在垂直方向的切变不稳定以及积云对流有关。四川西部特殊的陡峭地形经常导致波动的产生，此次重力波辐合辐散链式分布区域最早出现在图 4.3(a)中 *A* 点所示的川西高原上，在高空西北气流的引导下逐渐向下游传播。在重力波被激发的地形坡区，低层有沿地形上坡方向运动的爬坡气流，高层气流越过川西高原沿地形背风坡下沉，这样的高低层风切变有利于激发重力波，然后重力波向东传播并由于能量频散而逐渐减消亡。从图 4.5(b)可以看出，06:00 开始，地形坡区内高低层之间风垂直切变增加，与此同时，在距离 *A* 点 300km 处(位于地形坡区下游)的波动能量开始增大，波动快速发展[图 4.5(a)]。10:00 之后，地形坡区内的垂直风切变基本维持在一个相对的大值范围内，下游波动持续发展。地形坡区内高低层风切变激发重力波，不断为波动提供不稳定能量，使得波动持续发展。可见，地形强迫是四川山地重力波形成的重要外因。

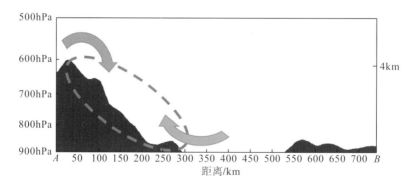

图 4.6　地形坡区风切变示意图

注：箭头表征气流运动

2. 切变不稳定触发作用

在大气层结稳定条件下，较强的垂直风切变可导致重力波发展，理查森数（R_i）作为大气热力-动力稳定度判据被广泛应用于诊断大气中由切变不稳定引起的重力波（高守亭和孙淑清，1986；王晓芳 等，2007）。一般将 $R_i < 1/4$ 作为重力波不稳定发展的条件，此时重力波可从基本气流中汲取能量而发展（寿绍文 等，2009）。当大气层结稳定时，R_i 越小，所对应的垂直切变不稳定就越大。理查森数的计算公式为

$$Ri = \frac{gZ^2\left(\dfrac{\partial T}{\partial Z} + \gamma_d\right)}{TU^2} \tag{4.12}$$

式中，γ_d 为干绝热递减率；$Z = \sqrt{Z_1 Z_2}$，Z_1、Z_2 分别代表上下两层的高度值。鉴于有重力波发生时大气要素的垂直分布往往很不均匀，则计算气温直减率以及垂直风切变时宜采用对数差分法（李国平 等，2002）。

由于 500hPa 以上均为大气稳定层结，所以应重点关注其动力因子也就是垂直风切变的作用。图 4.7 为 350hPa 上理查森数分布图，与前述中尺度重力波出现的位置以及降水区域相比，重力波发生位置和降水落区均与 $Ri < 0.25$ 低值区相对应，但不是所有 Ri 低值区都有重力波的产生，由此也说明切变不稳定只是重力波产生的机制之一。

进一步分析发现，21 日 03:00 在波动生成区（Z_1 区：29°N～31°N，102°E～104°E）Ri 最小，表明此区域有强烈的垂直切变不稳定，但此时重力波还未产生；到 06:00，Ri 的突然增大对应着垂直风切变的减小，基本气流中的动能不断转化为扰动动能，从而为重力波的发生发展提供能量。重力波激发的过程中，波动生成区内 R_i 低值区迅速消失，而在下游区域（Z_2 区：28°N～30°N，104°E～106°E）R_i 低值区开始发展。

为更直观地描述理查森数的变化与重力波之间的关系，图 4.8 给出了两个波动关键区（图 4.7 中的 Z_1 和 Z_2）内理查森数与重力波随时间的演变。由于重力波活动中的强上升、下沉运动会导致等熵面的波动，等熵面厚度的变化可以间接描述波动的变化，因此我们利用等熵面波动幅度最大处，也就是强上升下沉中心所在高度即 200～300hPa 的位温厚度（$\Delta\theta = \theta_{200hPa} - \theta_{300hPa}$）来表征重力波对应的槽脊（高值表征波脊，低值表征波槽）。图 4.8(a) 直观反映了两个关键区内 R_i 低值区随时间的变化，Z_2 区内 R_i 低值区的发展比 Z_1 区滞后约一个波动周期，并且在 03:00～06:00Z1 区内 R_i 数低值区迅速减小时，下游 Z_2 区内 R_i 数低值区持续发展。此后，Z_2 区新生成的 R_i 低值区的范围和强度随时间逐渐增大，10:00 后开始减少，到 12:00 也就是强降水突发前 1h 迅速消失。在 13:00～16:00 也就是强降水突发时段，Z_2 区内 Ri 低值区所占面积不足其所在区域的 5%，16:00 切变不稳定又开始重新发展，到 19:00 又迅速衰减。从图 4.8(b) 可以看出，06:00 之后，Z_1 区内的波动比 Z_2 区提前出现，这证实了波动的传播是从 A 点到 B 点。此外，两处的波动都在 10:00～16:00 比较明显，且在 16:00 后 Z_1 区内波动逐渐消失。从图 4.8(c) 可见，Z_2 区内 R_i 低值区的发展明显早于波动发生时间，并且当波动活跃时，R_i 低值区的发展陷于停顿。从图 4.8(c) 发现，Z_1、Z_2 两区的降水均出现在 10:00 之后，降水开始发生的时间与重力波波动较为活跃的时段相对应。由此看来，R_i 低值区位于重力波传播方向的下游且先于波动发生，表明此次

重力波事件中切变不稳定先于波动生成，进而诱发重力波产生，并且对降水落区以及波动的传播路径有较好指示意义。此外还发现，由于基本气流能量和波动扰动能量相互转换，随着波动的不断发展，切变不稳定减弱；反之当波动开始衰减，切变不稳定又重新发展。因此，切变不稳定(Kelvin-Helmholtz 不稳定)可认为是四川山地重力波形成的一种重要机制(内因)，理查森数对重力波移动路径有着很好的指示意义。

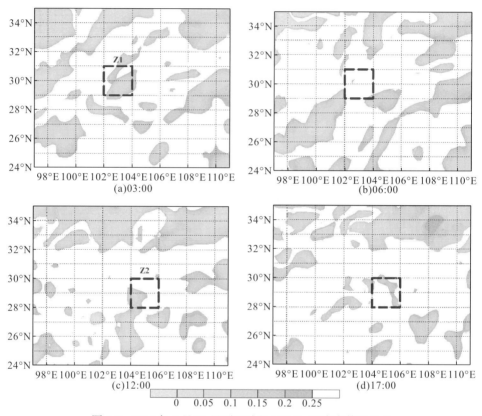

图 4.7　2018 年 5 月 21 日不同时段 350hPa 理查森数的分布

注：图中方框 Z_1，Z_2 为波动关键区。

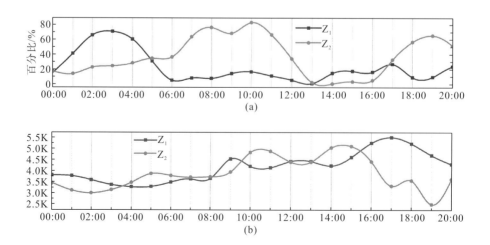

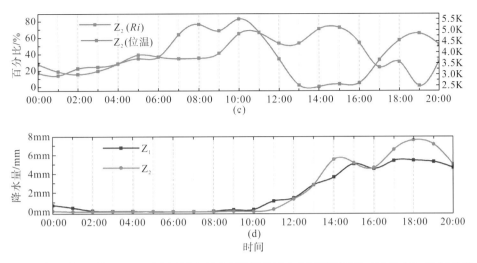

图 4.8　2018 年 5 月 21 日 Z_1、Z_2 两个区域内理查森数低值区占本区域面积的百分比（R_i<0.25 的格点数/总格点数）(a)，距离 A 点 200km（位于 Z_1）和 600km 处（位于 Z_2）位温厚度（$\Delta\theta = \theta_{200hPa} - \theta_{300hPa}$）(b)，图 4.7 中 Z_2 区域内理查森数低值区占本区域面积的百分比和位温厚度(c)，Z_1、Z_2 两个区域的区域平均降雨量时间序列图(c)

3. 非地转平衡触发作用

除此之外，在大气质量和动量（气压梯度和科里奥利力）失衡的非地转状态时，在地转调整的过程中（地转适应过程）可以激发重力波（陈金中和黄荣辉，1995；李国平，2014），Zhang 等（2000）用几种不同的大气不平衡诊断量对美国东海岸一次中尺度重力波事件进行分析，发现非线性平衡方程对于非平衡流的诊断效果较好。非线性平衡方程表示为

$$\Delta NBE = 2J(u,v) + f\delta - \nabla^2\varphi - \beta u \tag{4.13}$$

式中，φ 为位势高度；∇^2 为二维拉普拉斯算子；u、v 分别为水平风的纬向、经向分量；J 为雅可比算子；f 为科里奥利参数（地转参数）；δ 为相对（垂直）涡度，$\beta = \partial f / \partial y$ 为罗斯贝参数。通常，将 ΔNBE 的非零值区看作具有较强不平衡性的区域，且波动一般形成于 ΔNBE 的极值区。另外，非地转平衡特征也可用罗斯贝数（R_0）来表征，R_0>0.5 时被认为是地转调整过程中可能产生中尺度重力波的条件（Koch and O'Handley，1997；王文 等，2011）。

从图 4.9 中可看出，R_0>0.5 区域以及 ΔNBE 极值区与重力波活动区域基本一致，但罗斯贝数大值区与 ΔNBE 极值区并不完全对应，ΔNBE 大值区更接近重力波产生区，对非地转平衡的诊断效果更好，由此可认为非地转平衡运动也是此次重力波的触发机制之一。

Koch 和 Dorian（1988）提出非地转平衡导致的地转适应过程和切变不稳定可以同时作为重力波的触发机制，因此综合以上结果可认为本书分析的重力波是地形扰动、切变不稳定以及非地转平衡三者的共同作用下触发形成的，其中表征切变不稳定的理查森数对波动传播方向以及降水落区的指示能力较强。

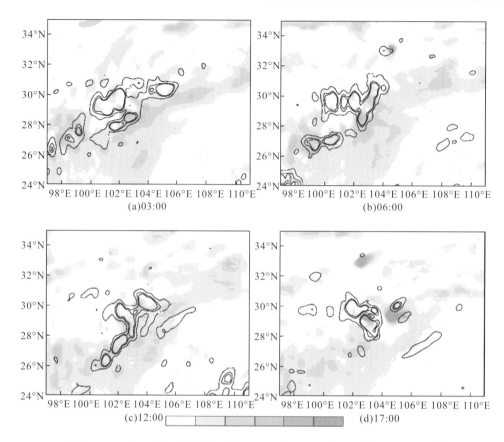

图 4.9 2018 年 5 月 21 日不同时段 400hPa 上 ΔNBE（灰色阴影）和罗斯贝数

注：等值线表示 $R_0 > 0.5$ 分布。

4.5 重力波与对流耦合触发山地暴雨的机理

4.5.1 重力波与对流的耦合作用

在降水过程中，波动可以提供维持对流所需要的辐合辐散条件，组织积云对流。与此同时，积云加热又可以反过来激发和增强重力波，这种正反馈机制促使对流和波动的相互发展（Zhang and Fritsch，1986；孙艳辉 等，2015）。

为进一步讨论暴雨过程中的重力波结构，沿剖线 *AB* 做垂直速度、散度和位温剖面。从图 4.10 中可见有明显的上升—下沉—上升的交替式分布特征从剖面左侧地形上方不断向下游移动，且上升、下沉运动分别对应高层辐散、低层辐合或高层辐合、低层辐散的流场，这样的配置有利于深厚对流的形成，为之后的降水提供动力条件。等位温面上存在小振幅的波动，在上升（下沉）气流和下沉（上升）气流之间也对应着等位温线的波槽（波脊），波动在高层更为明显。这与 Koch 和 O'Hangley（1997）提出的等位温面波动槽（脊）落后垂直速度场下沉(上升)气流 $\pi/2$ 位相的重力波垂直结构相一致。

进一步分析得出，21 日 06:00 重力波在图 4.10(a)中左端地形上方形成，随时间向下游传播发展；至 09:00[图 4.10(b)]波动一直维持在 600~200hPa(4~12km)高度范围内；到 10:00[图 4.10(c)]，垂直速度强度达到最强，波动垂直范围扩大 2 倍，最强上升支气流从地面延伸至 100hPa(16km)，几乎贯穿整个对流层。值得注意的是，此时波动区域在低层突然出现数值大于 5 m/(s·km)的强垂直风切变，催生切变不稳定，导致重力波振幅加大。另外，低层急流受地形影响转向产生气旋式旋转，整个盆地处于正涡度区中，而背景场涡度的增加也有利于重力波振幅增加(覃卫坚 等，2007)。10:00 之后，原有清晰的重力波结构开始变得复杂，散度场上辐合、辐散中心交替分布的结构解体，高层以辐散为主；垂直速度场上原来位于距离 A 点 300km 处的上升运动强度和范围迅速增大，最强上升中心上移至 200hPa 附近，表现为覆盖整个降水区域且具有多个强上升中心的对流系统。等位温面上波动振幅明显增加，且波峰、波谷相继经过对流区。与此同时，上升运动的强弱也随着重力波的传播而发生振荡变化，如 13:00[图 4.10(d)]，在距离 A 点 200~500km 范围内存在两个上升运动大值区，此时等位温面出现波槽—波脊—波槽的波动形式。随着重力波向下游的传播，到 15:00 等位温面上原来波脊(槽)变为波槽(脊)，重力波的通过使得原来左侧较弱的上升运动迅速发展，右侧强的上升运动减弱[图 4.10(e)]，这种垂直速度场的周期性变化能够直观地描述重力波对于中尺度对流系统的影响。从 16:00 开始，重力波结构变得不规则，振幅逐渐减弱，波动逐渐消亡，至 19:00 已很难分辨出波动特征[图 4.10(f)]，这与 4.4 节提到的理查森数的演变时间一致。

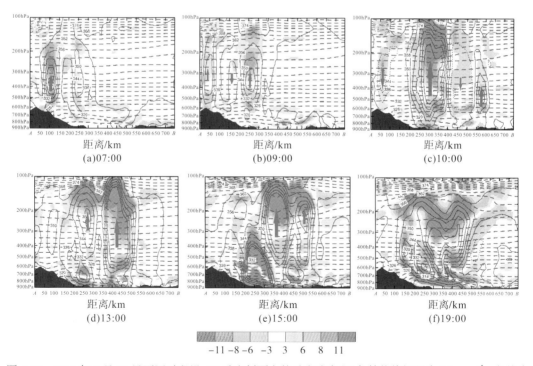

图 4.10　2018 年 5 月 21 日不同时段沿 AB 垂直剖面上的垂直速度(黑色等值线间隔为 $0.1\mathrm{m\cdot s^{-1}}$，负值为虚线表征下沉运动)、水平散度(黑色、灰色阴影，单位：$10^{-5}\cdot\mathrm{s^{-1}}$)和位温(横向虚线，单位：K)

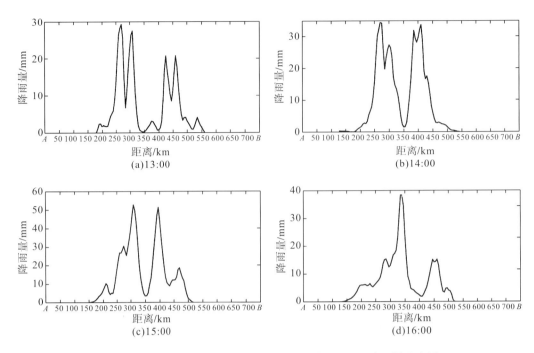

图 4.11　2018 年 5 月 21 日不同时段沿 AB 剖面的 1h 降雨量分布图

当波动触发对流的时间与波动强迫时间相近，且初始对流与波动以固定位相传播时，根据 Wave-CISK 理论，两者之间可以形成正反馈机制(孙艳辉 等，2015)。对比实线 AB 上 1h 累计降雨量，发现降水有明显的波动状分布，最大降水位置与上升运动中心相对应，落后等位温(等熵)面波脊 $\pi/2$ 位相，降水强度与对流强度相比有 1h 左右的滞后。重力波与降水的这种对应关系充分体现了在中尺度重力波影响下降水的阵性特征。故可以认为重力波作用下对流系统的交替发展是导致此次山地暴雨具有波状降水落区的主要原因。重力波的上升—下沉结构提供了维持对流发展的辐合—辐散这一挟卷机制，使得低空水汽不断辐合并向高空输送，组织初期对流的发展；对流发展到旺盛时期，产生降水，同时形成的旺盛积云起到类似于地形的屏障作用而阻滞重力波的传播，而对流中的强上升运动又触发新的重力波产生。

综上所述，此次山地突发性暴雨过程中，对流系统与重力波具有耦合作用(正反馈机制)，重力波对暴雨发生发展有显著影响，下面将从不稳定能量角度进一步分析山地重力波对暴雨的触发作用。

4.5.2　重力波对不稳定能量的触发机制

1. 重力波对对流不稳定能量的累积作用

暴雨的产生需要充沛的水汽和强烈的辐合上升运动，而不稳定能量释放是增强辐合上升运动的主要热力成因。图 4.12 为沿剖线 AB 的流场和对流稳定度的分布，对流不稳定判据为：$\partial\theta_{se}/\partial z<0$。从图 4.12 中可看出，低层存在对流不稳定层结，不稳定能量随波动的上升—下沉气流不断释放和累积。到 13:00，在距离 A 点 200～600km 范围内已经聚集了

大量的不稳定能量，同时在 850hPa 出现了厚度约为 1km 的浅薄稳定层。

2. 临界层效应

为了进一步说明重力波是如何触发突发性暴雨的，通过计算不稳定能量异常大值区（距离 A 点 200~600km，650~750hPa 范围）内平均动量通量（$\overline{u'w'}$）来诊断重力波对低层不稳定能量的作用。由于本过程中低空急流位于 850hPa，风速最强可达 24m/s 以上。从风速剖面图上看（图略），由 850hPa 向上风速迅速减小，到 800hPa 处风速已减小至 12m/s 左右，为避免低空急流风速脉动造成异常区内平均动量通量的偏差，异常区选择 650~750hPa 高度范围以尽可能避免低空急流带来的影响。计算得到的异常区内平均动量通量（$\overline{u'w'}$）均为负值，表明此区域受到波动能量下传的影响（为了更直观表示扰动能量输送的大小，在图中以绝对值 $|\overline{u'w'}|$ 表示）。此次重力波事件中波动能量的向下传播主要是因为在大气低层出现所谓的临界层效应。一般将重力波传播方向上的背景风分量与重力波相速度相等的层结作为临界层，而临界层最突出的作用是可以吸收波动能量，导致波动迅速衰减（Booker and Bretherton，1967；谭本馗和伍荣生，1992）。

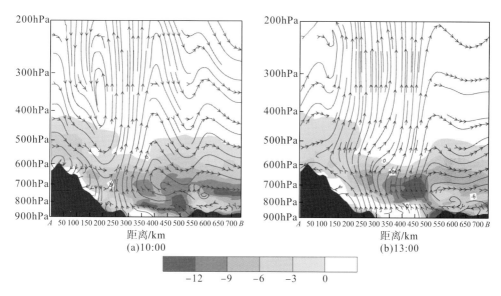

图 4.12　沿图 4.3(a) 实线 AB 垂直剖面上 2018 年 5 月 21 日 10:00 和 13:00 流场（流线）和对流稳定度（灰色阴影，单位：$K \cdot km^{-1}$）

21 日 10:00 开始，低层的东北低空急流迅速发展，重力波活动区域在 700~800hPa 出现东北风与西南风的垂直风切变，存在垂直切变的上下层之间必然存在风速与重力波相速度相同的临界层。在 U（平均纬向风）垂直分布随时间变化图[图 4.13(a)]上更为直观，随着低空急流的发展，10:00 在 750hPa 附近有明显的纬向切变，750hPa 以上以西风为主，750~900hPa 被较强的东风控制，因此可将 750hPa 看作背景风过渡的临界层，低层临界层不断吸收上空的波动能量，从而形成波动能量下传。钟水新等(2014)也指出，由地形触发的重力波可以将相当大的水平动量传输到波动被吸收或者被耗散的区域，产生天气尺度强迫。从图 4.13(b)可以看出，由于低层临界层的出现，10:00 低层扰动动量开始加强，13:00 扰动动量迅速增大，在 16:00 达到峰值后减小，动量的强烈衰减标志着重力波发生破碎，这与 4.4 节中分析的波动衰减时间一致。不稳定能量从波动扰动发生时开始累积，13:00 达峰值后迅速减小，意味着不稳定能量的释放。13:00～16:00 时段对应动量通量的迅速增大与不稳定能量的减小，波动能量与不稳定能量的反相关关系再次证明由于波动扰动能量的下传使得低层扰动加强，触发不稳定能量的释放，辐合上升运动强烈发展，导致突发性暴雨的发生，从前面的分析也可以佐证，不稳定能量释放后的 3h(即 13:00～15:00)降水达到突发性暴雨标准。16:00 开始随着波动的破碎(衰减)，强降水迅速减弱。

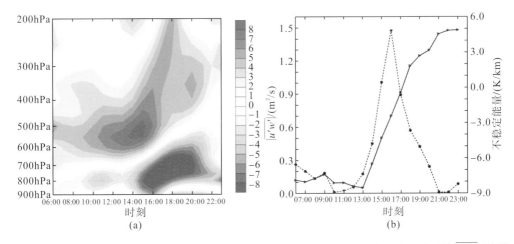

图 4.13 距离 A 点 350km 处 U 随时间变化图(a)，不稳定能量异常大值区内平均动量通量 $\overline{|u'w'|}$(虚线，单位：$\mathrm{m^2 \cdot s^{-1}}$)与平均不稳定能量(实线，单位：$\mathrm{K \cdot km^{-1}}$)时间序列图(b)

就整个过程而言(图 4.14、图 4.15)，由于重力波的波动结构建立了低层辐合-高层辐散的流型，使得低层水汽辐合上升，输送到高空形成有组织的对流云。与此同时，波动的下沉支气流促使低层不稳定能量累积；低空急流产生的临界层效应导致波动扰动能量下传，触发不稳定能量释放，进一步加强对流，最终引起此次山地突发性暴雨。

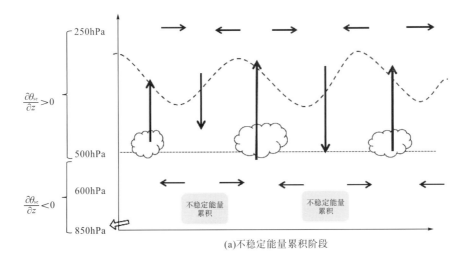

(a)不稳定能量累积阶段

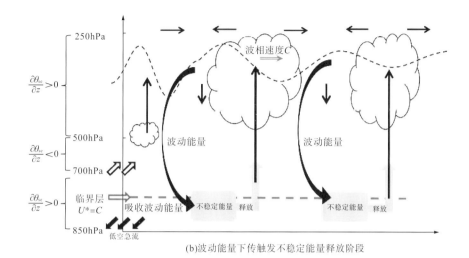

(b)波动能量下传触发不稳定能量释放阶段

图 4.14　山地突发性暴雨过程中重力波触发不稳定能量机制示意图

注：波状虚线表示重力波即等位温面波动，细箭头表示水平或垂直运动，粗箭头表示风场，$\partial \theta_{sc} / \partial z$ 为对流不稳定判据，虚线表征临界层位置。

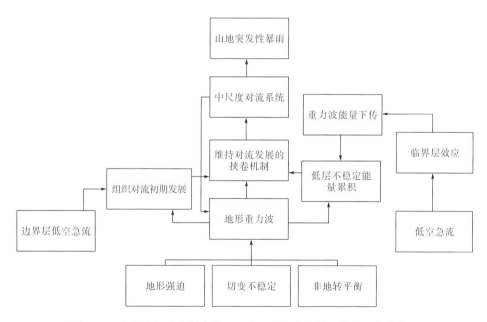

图 4.15　重力波与对流耦合作用引发山地突发性暴雨的物理概念模型

4.6　地形和非绝热加热对重力波影响的敏感性试验

四川盆地位于青藏高原与长江中下游平原的过渡地带，地势西高东低，盆地四周以山地为主要特色，是我国山地突发性暴雨频发的地区之一。重力波作为地形与暴雨天气系统之间相互作用的纽带，在山地突发性暴雨过程中起到关键作用。近年来，随着中尺度数值模式不断发展，通过中尺度数值模式模拟研究分析暴雨过程复杂的演变和发展机制已经成为气象科研和业务工作中广泛使用的手段。前文已经利用 ERA5 再分析资料对"5·21"强天气过程中重力波在山地突发性暴雨中的作用进行了研究和分析,提出了一种重力波对于山地突发性暴雨的触发机制。为了进一步了解山地突发性暴雨过程中重力波的活动行为,本节将利用数值模式对"5·21"过程和"7·10"过程进行模拟,通过谱分析探究重力波时空特征,并探讨地形与非绝热加热对重力波的具体作用。

4.6.1　模拟方案以及试验设计

为了更好地揭示暴雨过程的动力学特征,利用中尺度数值模式 WRF-ARW v3.8.1,采用 ERA5(0.25°×0.25°)逐小时再分析资料为初始场,分别对两次暴雨过程进行数值模拟。模拟采用 Lambert 投影三重双向嵌套网格区域,考虑到两次过程降水落区不同,模拟中心分别选取 30°N,103°E("5·21"强降水过程)和 30°N,105.5°E("7·10"强降水过程),模拟区域格距分别为 27km、9km 和 3km,具体选择区域如图 4.16 所示;垂直方向分为 30 层,模式顶层气压为 50hPa,积分步长为 60s。由于两次过程中强降水时段都在 10:00 以后,而模式中初始场协调需要一定的时间,因此模拟过程分别选取 2018 年 5 月 21 日 00:00 和 7 月 10 日 00:00 作为启动时间,积分时段为 2018 年 5 月 21 日 00:00～23:00 和 2018 年 7 月 10 日 00:00～23:00。为了更好地模拟重力波影响,最内层每 10min 输出一次数据,其他层逐小时输出数据,两次模拟主要物理参数化方案如表 4.1 所示。

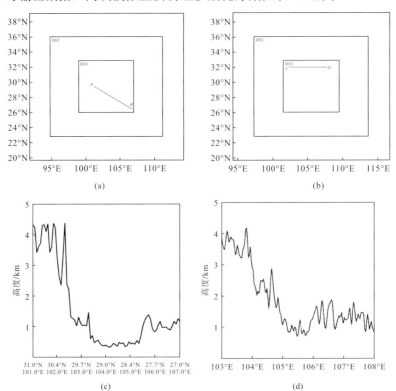

图 4.16　"5·21"过程(a)和"7·10"过程(b)WRF 模式模拟区域设置示意图,
沿 AB 剖线上的地形(c),沿 CD 剖线上的地形(d)

表 4.1　使用的主要物理参数化方案

方案	"5·21" 过程	"7·10" 过程
边界层参数化方案	YSU 边界层方案	YSU 边界层方案
陆面过程参数化方案	Noah 陆面方案	Noah 陆面方案
辐射参数化方案	RRTM 长波辐射方案 Dudhia 短波辐射方案	RRTM 长波辐射方案 Dudhia 短波辐射方案
云微物理参数化方案	Stony-Brook 微物理方案	Ferrier 微物理方案
积云对流参数化方案	KF 积云对流方案	GD 积云对流方案

4.6.2　模拟结果分析

为了对模拟结果的质量进行检验,使用中国自动气象站与 CMORPH 融合的降水资料作为实况资料进行对比分析,考虑到融合资料水平分辨率为 0.1°×0.1°,结合模拟网格格距,选择区域 D02 进行模拟结果检验分析,而对重力波时空特征的检验和解析则采用第三层嵌套 D03 的结果。

两次过程的模拟降水与实况降水基本一致,对于"5·21"强降水过程[图 4.17(a) 和图 4.17(b)],模拟降水雨带呈西北—东南向分布但降雨量级偏小,降水中心基本一致,模拟降水在时间上滞后实况约 3h;对于"7·10"强降水过程[图 4.17(c) 和图 4.17(d)],模拟雨带呈西南—东北向分布,但模拟降水大值中心较实况位置要偏东且偏北。从降水强度上来看,模拟与实况强度相当,且模拟降水在时间上与实况一致。值得注意的是,在川西高原以及四川盆地西南部出现了虚假降水带,这可能是由于川西高原以及盆地周围地形复杂,导致模拟过程中出现水汽阻塞,致使虚假降水出现。总体来看,两次过程的模拟试验比较成功,模拟能够较好地反映两次降水的突发性。

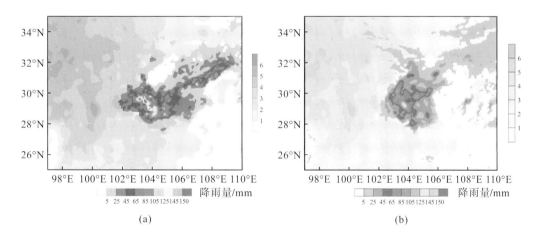

(a)　　　　　　　　　　　　　　　　　　　　　　(b)

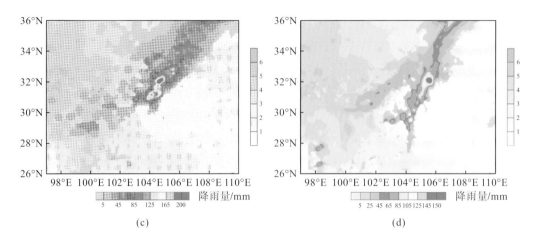

图 4.17   2018 年 5 月 21 日 10:00～23:00 (a) (b) 和 2018 年 7 月 10 日 10:00～23:00 (c) (d)
实况降雨量和模拟降雨量分布

4.6.3   谱分析对重力波特征的判识

重力波作为大气中普遍存在的一种波动现象,其波长、周期和相速度涉及范围较广,前文中已经介绍了通过常规资料分析来直观判识重力波特征的方法,但由于重力波频谱范围很广,这些观测技术不能捕获所有的波信息,因此谱分析也被许多研究人员广泛用于探测和识别重力波特征。波谱分析一般包括傅里叶分析、交叉谱分析和小波交叉谱分析,通过傅里叶分析提取降水过程中临界尺度波的特征,并以重力波极化性质为基础,使用交叉谱分析和小波交叉谱分析验证临界尺度波中存在的重力波和其时空特征,这种方法能够更为精确和准确地判断在多尺度波动中起主要作用的波动类型以及其时空特征(Lane and Zhang,1992;Yang et al.,2018)。

1. 傅里叶分析

气象要素随时间的变化具有周期性,将气象要素的时(空)间序列利用傅里叶变换在频率(波数)域上展开,通过比较不同频率(波数)上波动的功率谱来确定波动的主要周期(波长)是诊断大气中波动特性的主要方法(Wheeler and Kiladis,1999;Liu et al.,2018)。

为了诊断两次个例中的波动特性,采用二维傅里叶分析法,选择图 4.16 中红色实线 AB、CD 分别所示剖面,通过将剖线上不同高度层的垂直速度利用傅里叶分析转换为波数 -频率谱来识别波动特征。对于"5·21"过程,由第 3 章分析得知在 350hPa 处存在明显重力波信号,因此直接对 AB 剖线 350hPa 高度处的垂直速度进行傅里叶分析,得到功率谱图[图 4.18 (a)]。由图 4.18 可知,存在两个明显的单峰窄带信号,一个信号大值区位于频率在 $0.0052min^{-1}$ 以下的低频波数域,这个区域内的波动时空尺度与大气背景流场尺度相符合,即波动能量集中在大气平均流场中,而本章只关注与降水密切相关的中尺度系统,因此,在低频范围内的信号可以忽略。另一个信号大值区出现在频率(ω)为 0.006～$0.017min^{-1}$(周期为 60～167min),波数(k)为 0.01～$0.03km^{-1}$(波长为 33～100km)的区域。图 4.18 (a)中黑色实线为波速,高值信号区对应于波速 ω/k 为 6～25m/s,并且正波数对应波动向东传播，而负波数对应波动向西传播，意味着此次暴雨过程中存在着各个尺度的波动以 10m/s 的平均波速向东传播。综上所述，"5·21"强降水过程中剖线 AB 上 350hPa 高度处存在着周期和波长分别为 60～167min 和 33～125km 的波动以 10m/s 的平均波速向东传播。

对于"7·10"过程，对剖线 CD 上各高度层的垂直速度进行傅里叶分析后，发现在 200hPa(12km) 高度处功率谱存在明显的单峰窄带信号[图 4.18(b)]。与"5·21"过程相似，存在两个强信号区，一个信号大值区位于频率为 0.0052min^{-1} 以下的低频波数域，属于前文中讨论的平均流场，可以忽略。另一个强信号区出现在频率(ω)为 0.006 ～ 0.010min^{-1}（周期为 100～167min），负波数(k)为 0.005～0.013km^{-1}（波长为 77～200km）的区域。图 4.18(b)中黑色实线表示波速，高值信号区对应于波速 ω/k 为-10～25m/s，表明此次暴雨过程中存在着各个尺度的波动以平均速度 15m/s 向东传播。综上所述，在"7·10"强降水过程中剖线 CD 上 200hPa 高度处观测到周期和波长分别为 85～167min 和 77～200km 的波动并以 15m/s 的平均波速向西传播。

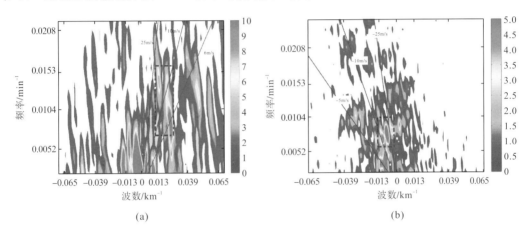

图 4.18　"5·21"过程中沿 AB 剖线上 350hPa 高度处垂直速度的功率谱图(a)，"7·10"
过程中沿 CD 剖线上 200hPa 高度处垂直速度的功率谱图(b)

2. 交叉谱分析

通过傅里叶分析已经确定两次降水过程均受到不同时空尺度波动的影响，但波动是否为重力波依然有待进一步的考证。对重力波的定量识别方法在前文中已经做了完整介绍，重力波极化性质即重力波波动中扰动垂直涡度与水平散度的位相差是 $\pi/2$ 作为识别重力波的方法在此依然沿用。

在气象研究中，交叉谱分析常用于研究不同气象要素时空序列的相关性以及揭露气象要素之间发生的先后顺序(黄嘉佑，1982)。为了定量地识别两次过程中的重力波，将分别对两次过程剖线上的扰动垂直涡度和扰动散度利用交叉谱分析进行研究。

图 4.19(a)、图 4.19(b)为 2018 年 5 月 21 日 10:00 350hPa 上扰动垂直涡度和扰动散度的交叉谱分析。基于重力波极化性质，发现波数(k)约为 0.015km^{-1}（波长约为 70km）处的扰动涡度和扰动散度显示出较强的相关性以及位相相差 $\pi/2$ 的重力波极化性质，表明具

有此波数的波动是较为显著的重力波。另外，前面傅里叶分析中功率谱峰值范围为 $0.01\sim$ $0.03km^{-1}$，波数 $0.015km^{-1}$ 符合此范围，因此我们认为波数 (k) 为 $0.015km^{-1}$ 左右的重力波是影响"5·21"强降水过程的主要波动。利用同样的方法对降水大值中心处扰动垂直涡度和扰动散度的时间序列进行分析发现，在频率 (ω) 为 $0.008\sim0.015min^{-1}$（周期为 $66\sim$ 120min）处的波动相干性显著且符合重力波极化性质，同时，处于高功率谱值的频率范围。综上所述，"5·21"过程受到波长约为 70km，周期为 $66\sim120min$ 的重力波影响，这与前面的分析相一致。值得注意的是，所识别出的重力波时空尺度存在差别，这主要是因为使用数据分辨率不同，前文中所使用的 ERA5 再分析资料是空间分辨率为 30km 的逐小时资料，无法识别更小尺度的波动。

图 4.19（c）和图 4.19（b）为 2018 年 7 月 10 日 13:00 200hPa 上扰动垂直涡度和扰动散度的交叉谱分析。从图中可以发现波数 (k) 为 $0.01\sim0.012km^{-1}$（波长为 $83\sim100km$）处扰动散度和垂直涡度显著相关且具有位相相差 $\pi/2$ 的重力波极化性质，同时符合功率谱高值波数范围 $0.005\sim0.013km^{-1}$，表明波长为 $83\sim100km$ 的重力波是影响"7·10"强降水过程的主要波动。利用同样的方法对降水大值中心处的扰动垂直涡度和散度的时间序列进行分析，发现在频率 (ω) 为 $0.008\sim0.01min^{-1}$（周期为 $100\sim125min$）处符合上述特征。综上所述，"7·10"过程受到波长为 $83\sim100km$，周期为 $100\sim125min$ 的重力波影响。

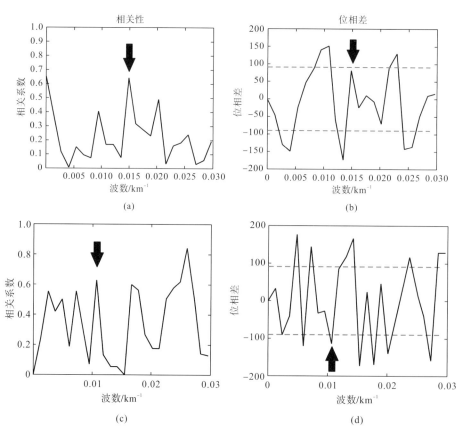

图 4.19　模拟的 2018 年 5 月 21 日 10:00 沿 *AB* 剖线上 350hPa 处（a）（b），2018 年 7 月 10 日 13:00 沿 *CD* 剖线上 200hPa 处（c）（d）扰动垂直涡度和扰动散度的相关性和位相差

3. 小波交叉谱分析

基于上述分析，已经分别识别出了影响两次山地突发暴雨过程的主要重力波波长和周期信息，但传统的傅里叶分析与交叉谱分析仅仅能证明不同尺度重力波的存在性，并不能区分重力波的具体时空信息，小波交叉谱分析通过交叉小波变换和小波相干性不但可以确定波动的时空尺度，还能确定不同尺度波动的时空位置(Lee，2002；Grinsted et al.，2004)。

对于"5·21"过程，根据交叉谱分析选择了波数为 0.015km^{-1}(波长约为 70km)，频率为 0.01min^{-1}(周期约为 100min)的重力波，对其扰动垂直涡度和扰动散度的时空序列进行交叉小波变换得到相位谱、相关谱和振幅谱(图 4.20)。从图 4.20 中可以看出，10:00 在 102°E～103°E 范围内存在重力波特征且相关性明显，具有较大振幅，说明此范围受到重力波活动的影响。15:00 在 103°E～104°E 范围内具有明显的重力波极化性质，与 10:00 相比，重力波波动发生东移，佐证了傅里叶分析中提出的重力波是向东传播。除此之外，在重力波活跃区域都对应着强降水，尤其是 15:00，降水大值中心与活跃重力波波动出现的位置有良好的对应关系。从时间上来看(图 4.22 左)，降水大值中心在 10:00～16:00 存在相位差约为 90°的重力波信号，同时，在此时段内有较大的振幅，表明此时段内重力波最为活跃；从降水时间序列上看，重力波活动先于降水出现，对降水有触发作用，这也与前述分析一致。

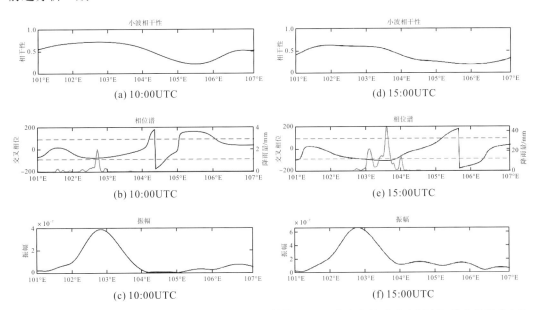

图 4.20　"5·21"强降水过程中 10:00 和 15:00 沿剖线 350hPa 高度上扰动垂直涡度和扰动散度的小波交叉谱分析图，小波相干性(a)(d)，相位谱和剖面上降水分布(b)(e)(短曲线为 1h 累计降雨量，单位：mm，虚线表示相位差为 90°)，振幅谱(c)(f)

对于"7·10"过程，根据交叉谱分析选择了波数为 0.01km^{-1}(波长约为 100km)，频率为 0.009min^{-1}(周期约为 110min)的重力波，对其扰动垂直涡度和扰动散度的时空序列进行交叉小波变换分析得到相位谱、相关谱和振幅谱(图 4.21)。从图中可以看出，13:00，在 104.5°E～107°E 范围内存在重力波特征且相关系数达到 0.8 以上，同时配合较大的小波振幅，证明此范围有明显重力波波动。15:00，在 104.5°E～107°E 范围内依然存在重力波信号，但与 13:00 相比，扰动垂直涡度和扰动散度位相差只是接近 90°，极化性质开始衰减，与此同时相关系数也有所减弱，整体表现出重力波的减弱。值得注意的是，在重力波活跃的范围，都对应着降水的增加。从时间上来看(图 4.22 右)，降水大值中心在 14:00～16:00 以及 18:00～20:00 之间均存在位相差约为 90°的重力波极化特征，说明此时段内重力波活跃，由于 18:00～20:00 之间两者相关系数不到 0.2，则忽略此波动。另外，从降水时间序列上看，降水峰值出现时间与重力波活跃时间相一致，但并不是所有重力波活跃时都有降水峰值，说明重力波和降水之间有一定的联系，有理由推测重力波对降水有一定的增幅作用。

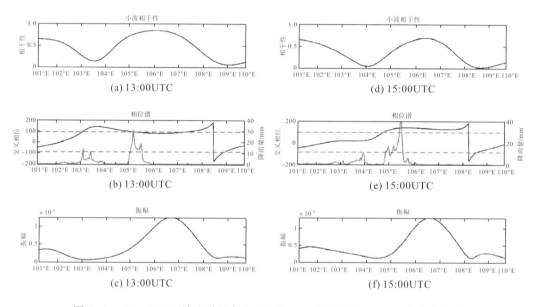

图 4.21   "7·10"强降水过程中 13:00 和 15:00 沿剖线上 200hPa 高度上扰动垂直涡度和扰动散度的小波交叉谱分析图

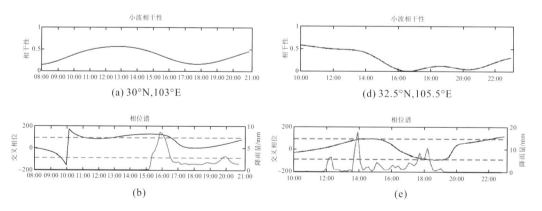

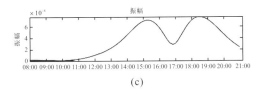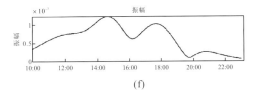

图 4.22　"5·21"强降水过程 30°N，103°E 附近 350hPa 处（左）和"7·10"强降水过程 32.5°N，105.5°E 附近 200hPa 处（右）扰动垂直涡度和扰动散度的小波交叉谱分析图

注：(a)(d)为小波相干性，(b)(e)为相位谱和 10min 累计降雨量时间序列图（短曲线为 10min 累计降雨量，单位：mm，虚线表示位相差为 90°），(c)(f)为振幅谱。

4. 重力波的反演

通过交叉谱分析和小波交叉谱分析已经识别出了两次过程中的重力波时空特征，为了更直观地展示重力波活动，将利用傅里叶逆变换重构反演重力波。通过前文分析，分别在"5·21"强降水过程和"7·10"强降水过程中发现波长和周期不同的重力波。根据以上信息，利用带通滤波和傅里叶逆变换的方法对"5·21"强降水过程中不同高度层上的垂直速度进行滤波，提取波数为 0.014 傅里叶逆变换 0.016km^{-1}，频率为 0.01 傅里叶逆变换 0.015min^{-1} 的重力波；采用同样的方法，在"7·10"强降水过程提取波数为 0.01 傅里叶逆变换 0.012km^{-1}，频率为 0.008 傅里叶逆变换 0.011min^{-1} 的重力波，并对两次降水过程中每一层高度上的滤波信号进行聚合重组后得到重构的重力波信号。

重组的重力波如图 4.23 所示，可以清晰地看到，两次强降水过程中关键尺度重力波的波动特征以及活动情况。从图中很容易看出两次强降水过程中分别在 350hPa[图 4.23(a)~图 4.23(c)]和 200hPa[图 4.23(d)~图 4.23(f)]高度附近存在垂直速度正负交替的波动现象，并且重力波波动活跃的区域与降水位置相一致。

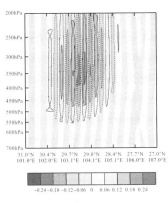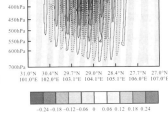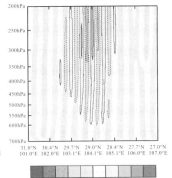

(a) 2018 年 5 月 21 日 13:00　　　　(b) 2018 年 5 月 21 日 15:00　　　　(c) 2018 年 5 月 21 日 17:00

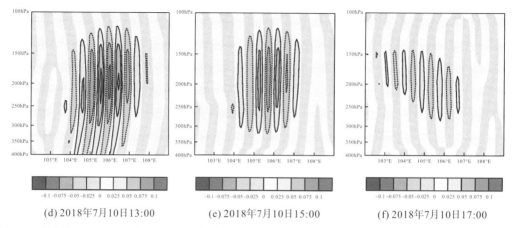

(d) 2018年7月10日13:00   (e) 2018年7月10日15:00   (f) 2018年7月10日17:00

图4.23　模拟的2018年5月21日沿AB剖线(a)(b)(c)和2018年7月10日沿CD剖线(d)(e)(f)不同时刻的重组重力波信号(阴影为垂直速度，单位地：m/s)

　　图4.24为两次过程中的重力波信号与1h累计降雨量的时间-空间剖面图，从图中可以看出两次过程中的重力波与降水位置有很好的对应关系，重力波活跃期伴随着降水的发生，但并不是所有重力波活跃期间都存在降水，活跃的重力波要稍早于强降水出现，另外，两次过程中波动的传播方向与傅里叶分析中所得相一致。

　　对于"5·21"过程[图4.24(a)和图4.24(b)]，11:00之前重力波波动并不突出，此时波动较弱，处于初期阶段，13:00～16:00较强的垂直速度正负交替的波动信号位于102°E～106°E范围，几乎贯穿整个降水区，并随时间向东移动，与此同时，强降水开始发生，16:00后重力波波动开始减弱并随时间逐渐消亡，但降水依然持续。对于"7·10"强降水天气过程[图4.24(c)和图4.24(d)]，12:00之后较强的重力波波动信号出现在剖面最右端山区并随时间向西移动，13:00～14:00重力波振幅达到最大，波动最为强盛，降水同时出现，16:00之后正负垂直速度交替结构逐渐解体，波动逐渐消亡，但此时强降水开始爆发。

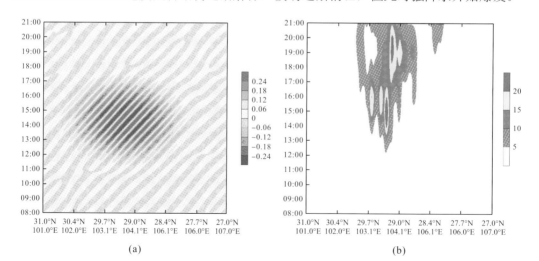

(a)   (b)

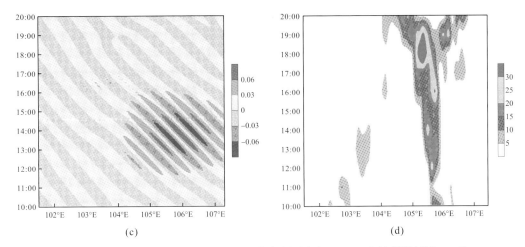

图 4.24　"5·21"过程沿剖线 *AB* 的 350hPa 高度(a)(b)和"7·10"过程沿剖线 *CD* 的 200hPa
高度(c)(d)的重组重力波信号和 1h 降雨量(mm)时间-空间剖面图

4.6.4　降水过程中的重力波特征

为更进一步分析重力波的垂直结构,分别对两次降水过程中 12:00、14:00 和 16:00 各自剖面上所对应的散度场和基本气流以及云水混合比和位温的剖面图进行分析。

对于"5·21"强降水过程,21 日 10:00 之前,高低层气流相对平稳,气流沿剖线自西北向东南运动,没有出现明显的垂直运动,波状气流不明显;12:00[图 4.25(a)],在 103°E～104°E 的地形凹陷区存在明显的上升运动,同时伴随弱下沉运动,同时刻、同位置 350hPa 高度附近清晰的辐合-辐散交替分布情况,由于垂直运动扰动的出现,高空产生基本气流的波动运动;14:00～16:00[图 4.25(b)和图 4.25(c)],上升运动进一步发展,水平范围扩大覆盖几乎全部地形凹陷区域,此时 350hPa 高度附近的辐合辐散交替结构变得紧密,波状基本气流持续存在,强上升运动与降水中心一致,降水与垂直运动强弱呈正比并在时间上有约 1h 的滞后。从散度正负交替的结构、基本气流的波动状变化以及降水的振荡都能反映出重力波的特征。

云水混合比是直观描述中尺度对流系统结构的物理量,常常利用云水混合比来分析对流系统的变化。从云水混合比和位温剖面图上可见[图 4.25(d)～图 4.25(f)],深对流出现位置与强上升运动区有很好的对应关系,从对流强度上来看,位于 103°E～104°E 的对流系统在三个时次中,从对流高度和强度上都呈现弱—强—弱的波动状演变。此外,等位温面上也出现明显的小振幅波动,且波动在高层更为明显。在弱云水出现的位置,也就是重力波波动平衡位置,对应着等熵面的波峰或者波谷,这与等熵面与垂直速度扰动场相差 $\pi/2$ 的重力波垂直结构一致(龚佃利 等,2005)。云水混合比的振荡以及位温场上的波动能够直观地描述重力波对中尺度系统的影响,重力波与对流系统的耦合作用反映在降水上则表现为降水强度的振荡。

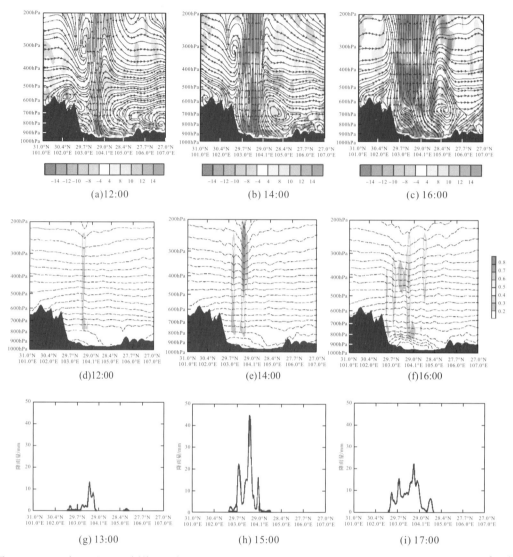

图 4.25　2018 年 5 月 21 日剖线 AB 上 12:00（a）、14:00（b）、16:00（c）模拟散度（灰色阴影，单位：$10^{-5} \cdot s^{-1}$）和流场（箭头，单位：m/s）以及 12:00（d）、14:00（e）、16:00（f）位温（黑色虚线，单位：K）和云水混合比（灰色阴影，单位：g/kg）以及延后 1h 降雨量图（g）（h）（i）

　　"7·10"强降水过程（图 4.26）中散度场的垂直配置具有和"5·21"过程相似的特点，但在位置上存在差别。"7·10"强降水过程中 09:00 之前，低层气流受山脉地形的影响而上下起伏，上升运动高度维持在 300hPa 以下，高层气流较为平稳，以西风为主。12:00 开始［图4.26（a）］，随着低空急流发展，低层东风逐渐加强并深入盆地，受地形的抬升作用在 105°E～106°E 产生强烈的垂直运动，剧烈的上升运动打破原本平稳的高层西风流场，高层稳定大气受到垂直扰动，气块在重力作用下产生周期振荡，重力波被激发。至 14:00［图 4.26（b）］，受低空急流影响，地形坡地上升运动持续发展，低层东风越山爬上高原，并在高原上触发垂直运动，上升支高度延伸至 200hPa，高层扰动加强，出现波动状的基本气流，受高层西风气流的影响，呈现出向上向东倾斜的状态。与此同时，200hPa

高度附近，水平方向上有明显的辐合辐散交替结构，对应位置上出现波状气流，重力波达到最强。云水混合比与位温剖面图特征与"5·21"降水过程一致，表现为对流系统强度的振荡以及 200hPa 高度处附近等位温面的波动状扰动，在此不再过多赘述。

综合来看，两次降水过程中垂直方向上表现出低层辐合、高层辐散为主的上升运动背景场，这样的配置有利于强对流的发生。散度场、流场分布和等熵面的波动以及对流系统的振荡都反映出明显的重力波垂直结构及其影响作用。由上述分析得知，两次过程中地形对于降水分布以及重力波的触发和传播过程都存在这一定的影响，下面，将通过数值模拟进行地形敏感性试验，具体探讨其二者的联系。

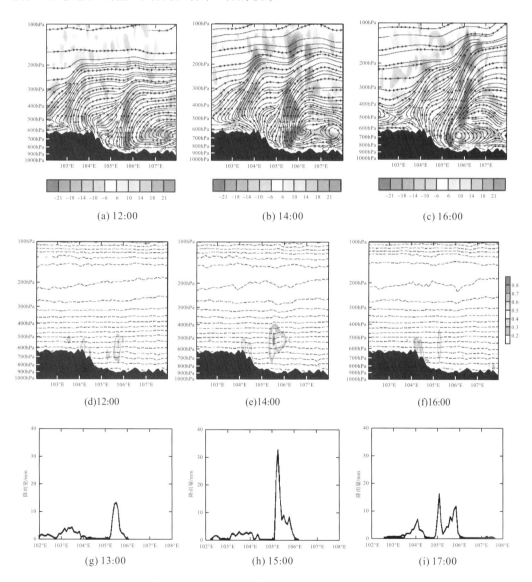

图 4.26　"7·10"过程中剖线 CD 上的情况

注：图例说明同图 4.25

4.6.5　地形敏感性试验

地形是降水事件中触发重力波的重要原因，地形重力波又可以直接或者间接地影响降水的发展(付超 等，2017)。朱民等(1999)研究发现当暴雨区移动到大别山背风坡波动区的合适位置时，降水有加强现象。王宇虹和徐国强(2017)通过多个个例的检验，证明在数值模式中引入次网格地形重力波拖曳参数化方案后降水模拟效果有明显提升。钟水新(2020)指出重力波的形成和传播在受到地形影响的同时，也对大气环流以及地形降水的生消发展具有显著的作用。郭欣等(2013)通过引入湿 Froude 数研究了地形与重力波的相互作用对地形降水的影响，由地形阻塞作用产生的重力波波动区域与降水落区有较高的一致性。为了更好地研究地形与重力波之间的关系，本节将通过敏感性试验研究不同地形尺度对重力波发生发展的影响。从检验重力波的产生和传播对地形敏感性的角度出发，综合考虑重力波波长以及模拟网格距，在其他物理参数化条件不改变的情况下，对地形进行平滑，滤去不同尺度的地形扰动来重新进行模拟。试验设计细节如表 4.2 所示。

表 4.2　地形平滑敏感性试验方案

试验方案	试验内容
CTL	原始地形
TS1	滤去地形中 27km 以下地形扰动
TS2	滤去地形中 54km 以下地形扰动

1. "5·21"强降水过程地形敏感性试验结果分析

27km 以及 54km 以下扰动地形滤波的情况如图 4.27(a)和图 4.27(b)所示，对比原地形[图 4.27(c)]来看，小尺度地形扰动被平滑，地形峰值处高度明显降低，经过滤波后，剖线左端的高大地形变窄。TS1 试验所得功率谱[图 4.27(c)]与 CTL 试验相似，但原来位于大波数和低频处的窄带谱峰消失，功率谱峰值区域收缩，出现在频率为 $0.01\sim0.018\mathrm{min}^{-1}$，波数为 $0.005\sim0.02\mathrm{km}^{-1}$ 处，波动以大于 10m/s 的波速移动；TS2 试验功率谱[图 4.27(d)]与 TS1 相似，功率谱峰值出现的波数区域略小于 CTL 试验。

通过滤波重构重力波后发现，两次地形敏感性试验过程中的重力波强度并无变化，但重力波出现的时间均早于 CTL 试验[图 4.27(g)和图 4.27(h)]，这很可能是因为滤除部分地形扰动后地形降低，地形坡度变缓致使爬流分量更大，气流受地形阻塞时间短，在地形抬升作用下山顶处扰动更早出现。另外，两次试验得到的降水强度比 CTL 试验要小[图 4.27(e)和图 4.27(f)]，且降水带状分布特征不明显，除了由于地形平滑后动力抬升作用减弱而导致的降水减弱之外，值得注意的是，两次试验中在负波数范围低频率区出现了窄带波峰，由此怀疑降水的表现很可能也与反向传播的波动相关。

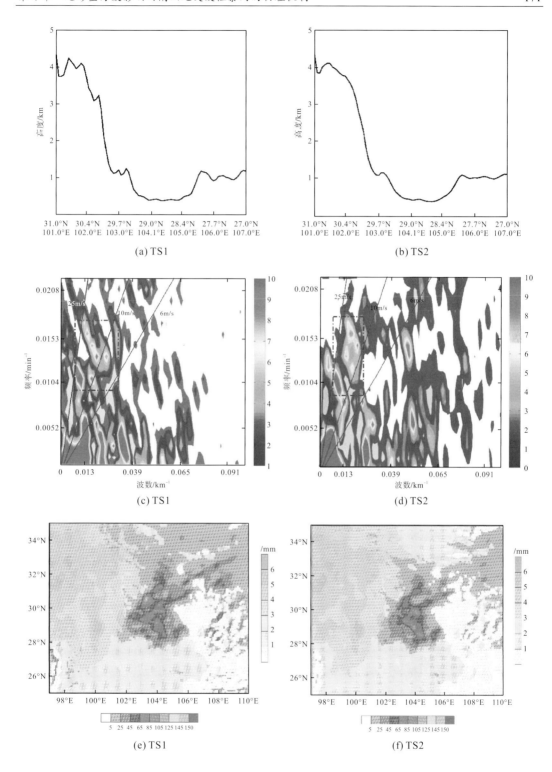

(a) TS1

(b) TS2

(c) TS1

(d) TS2

(e) TS1

(f) TS2

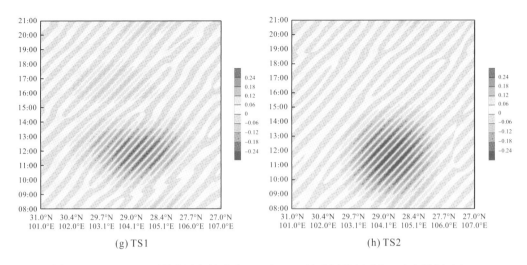

(g) TS1　　　　　　　　　　　　　　　　　　　　　(h) TS2

图 4.27 "5·21"强降水过程的试验 TS1 和 TS2 地形剖面(a)(b)、功率谱(c)(d)、

10:00~23:00 累计降雨量(e)(f)及重组重力波时间-空间剖面图(g)(h)

2. "7·10"强降水过程地形敏感性试验结果分析

27km 以下扰动地形滤波后的试验情况分析如图 4.28(a)、图 4.28(c)、图 4.28(e)和图 4.28(g)所示,对比原地形[图 4.28(d)]来看,所有小地形被平滑,且地形峰值处高度明显降低。功率谱与控制试验 CTL 功率谱相似,但谱能量有所减弱且范围略大于 CTL 试验,对应波长周期范围要大,滤波后的重力波强度变化不大,且受重力波影响下的降水强度与 CTL 试验相当。

对于 54km 以下扰动地形滤波后试验情况[图 4.28(b)、图 4.28(d)、图 4.28(f)和图 4.28(h)]与 TS1 相似,不同之处在于 TS2 试验完全滤去了突出地形使得地形变得平滑。与 CTL 试验相比,功率谱能量更小、波数范围更大,大部分波动能量集中在频率 $0.0052\mathrm{min}^{-1}$ 以下的大尺度平均场中,小部分功率谱峰值出现在负波数为 $0.015\sim0.026\mathrm{km}^{-1}$,频率为 $0.008\sim0.012\mathrm{min}^{-1}$ 的范围内。滤波后未发现与降水相关的活跃重力波存在,说明并无重力波的激发。此外,TS3 试验中累计降雨量比 CTL 试验要弱得多,这很可能是由重力波消失所致。

综合以上地形敏感性试验结果来看,不同尺度的地形扰动对重力波的时空特征有较为显著的影响,小尺度地形扰动是激发重力波的重要原因,复杂地形更容易激发波动。另外,扰动地形尺度与所激发重力波的波长紧密相关,扰动地形尺度越大,激发的重力波波长越长,波速也越大;反之,扰动地形尺度越小,激发的重力波波长就越短。经过分析后还发现,重力波的存在对降水有增幅作用,有重力波影响的过程降雨量相对较大,这主要是因为当重力波经过降水区域时,其自身的波动结构可以组织加强积云对流的发展,上升运动的加强必然使得低层水汽辐合增强,同时强上升运动的持续维持可以使云滴增长周期延长,有助于降雨量的增加。

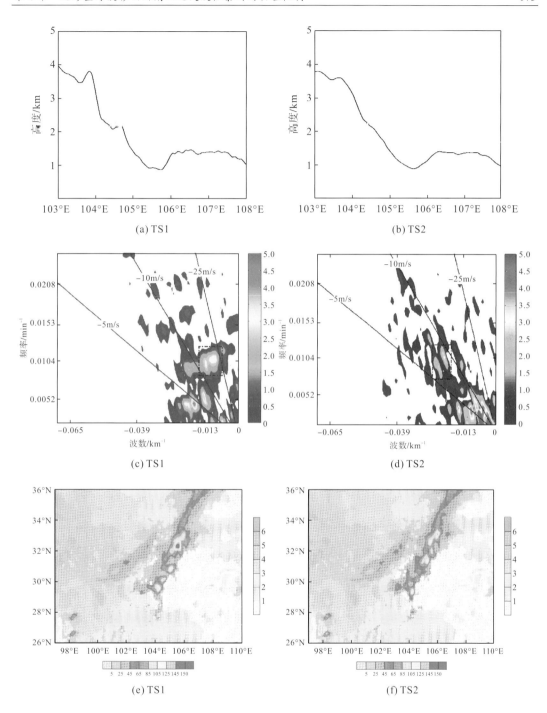

(a) TS1　　　　　　　　　　　　　　　　(b) TS2

(c) TS1　　　　　　　　　　　　　　　　(d) TS2

(e) TS1　　　　　　　　　　　　　　　　(f) TS2

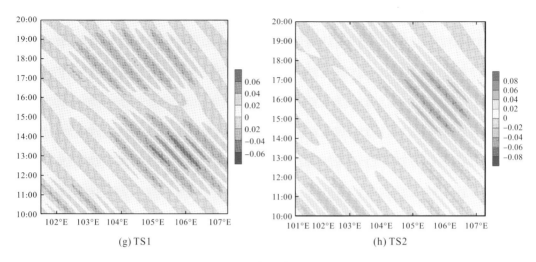

(g) TS1　　　　　　　　　　　　(h) TS2

图 4.28　"7 • 10" 强降水过程的试验 TS1 和 TS2

注：各子图说明见图 4.27。

4.6.6　非绝热加热敏感性试验

大气非绝热加热与天气系统的发生发展有密切联系，与降水等天气过程密不可分，非绝热加热在大气运动中有着至关重要的作用（段安民和吴国雄，2005）。对流是激发重力波的主要原因之一，有研究表明重力波能量在雨季对流最旺盛时期达到最强，说明重力波与对流活动有紧密的联系。对流激发重力波的主要原因是对流导致的潜热释放，来自对流的潜热可以产生或增强重力波（黄大川和刘式适，1999；丁霞 等，2011）。因此，除了地形作用外，非绝热加热在重力波活动中也扮演着至关重要的角色。为了探讨非绝热加热在这两次强降水过程中对重力波的影响，通过在模拟过程中关闭非绝热加热作用（TS3 试验），来检验非绝热加热对重力波的影响效果。

如图 4.29(a)、图 4.29(c) 和图 4.29(e) 所示，与 CTL 试验相比，"5 • 21" 强降水过程中谱峰值除了位于大尺度流场之外，TS3 试验中产生波动的周期与波长范围更小，谱能量也偏弱，此时表征重组重力波波动的垂直速度强度明显衰减，垂直速度大小仅为 CTL 试验中的 1/10，且垂直方向上重力波波动结构收短。从重组重力波时间-空间剖面图上来看，TS3 试验中重力波的发展演变过程与 CTL 试验并无不同，说明此次重力波的触发与非绝热加热关联性小。虽然 TS3 试验中波动的频率和波数发生变化，波动强度也有所减弱，但本次过程中的重力波依然可以被识别，同时重力波的发生发展过程无较大改变。由此可见，地形是 "5 • 21" 强降水过程中重力波触发的主要原因，非绝热加热作用对本过程中的重力波有加持效果，有助于增强重力波。

"7 • 10" 强降水过程的 TS3 试验功率谱与 CTL 试验相比，频率范围相当，波数范围增大，TS3 试验中产生的波动波长更短，且波动能量明显减弱。从重组重力波图上来看，垂直速度波动状出现的位置有明显西移，且强度也显著减小，仅为 CTL 试验中重力波波动强度的 1/3。从重组重力波时间-空间剖面图上发现，关闭非绝热加热后，200hPa 上垂直速度正负交替的波动场最早出现的位置为 $102°E \sim 104°E$ 附近，也就是 CD 剖面西侧的高原上，这与 CTL 试验相比位置偏西，除此之外，TS3 试验中波动出现的时间也比 CTL 试验中要早，这可能是由于关闭非绝热加热后，对流发展受限，地形的影响相对突出，气流主要受高大地形的抬升作用产生气流扰动而激发重力波。TS3 试验中重力波的时空特征以及波动的发生发展过程和强度变化侧面印证非绝热加热对本次降水过程中重力波的产生和发展起到关键性作用。

　　从两次暴雨过程非绝热加热敏感性试验结果来看，非绝热加热作用对山地突发暴雨过程中重力波的产生和传播有一定的影响，由于没有潜热加热的持续供应，对流中的水汽凝结变缓，凝结潜热释放不足，对流发展受阻，重力波与对流耦合作用受到限制，突出表现为重力波波动的减弱。

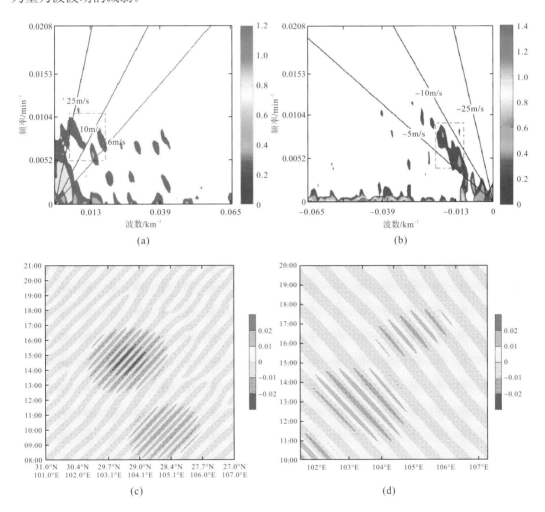

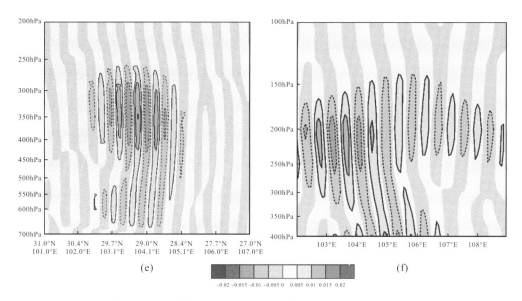

图 4.29　TS3 试验 "5 • 21" 强降水过程 (a)(c)(e) 和 "7 • 10"
强降水过程 (b)(d)(f) 功率谱和重组重力波 (单位：m/s)

4.7　结论与讨论

利用欧洲中期天气预报中心 (ECMWF) 开发的新一代 ERA5 再分析资料、中国自动站与 CMORPH 降水产品融合的逐小时降水资料以及国家卫星气象中心 FY-2G 卫星云图资料，分别对 2018 年四川地区 "5 • 21" 暴雨过程和 "7 • 10" 暴雨过程的降水特征以及环流形势进行对比分析，探讨两次降水过程影响系统的异同。接着对 "5 • 21" 强天气过程中的重力波发生发展及其结构特征进行了天气动力学分析，最后利用 ERA5 再分析资料对两次降水过程进行数值模拟、非绝热加热和地形敏感性试验，分析两次过程中重力波的特征以及非绝热加热和地形对重力波活动的影响，获得三方面成果。

(1) 在 "5 • 21" 过程和 "7 • 10" 强过程环流背景以及其影响系统方面。两次发生在四川的山地突发性暴雨过程具有相似的大尺度环流背景，500hPa 上高空槽发展强烈，槽后冷空气南下影响四川盆地。西太平洋副热带高压不断西伸北抬，利于暖湿气流北上输送，冷暖气流在四川地区交汇，为降水打造有利的环流背景场。在低空急流、低层切变线的配置以及充分水汽供应下，给降水提供有利的热力和动力条件，同时为影响暴雨的中尺度系统形成提供条件。即这两次强降水过程是在多系统配合下发生的山地突发性暴雨。

(2) 对 "5 • 21" 过程中重力波产生和传播的天气动力学分析发现：此次山地突发性暴雨过程中有西北—东南向的重力波覆盖四川地区大部，属于典型的中尺度重力波。重力波先于降水出现，是诱发此次山地突发性暴雨的主要原因，属于典型的 β 中尺度天气系统诱发的暴雨事件。暴雨过程中的重力波是在地形、切变不稳定以及非地转平衡三者的共同作用下形成的，地形是激发此次重力波的外部因素，切变不稳定和非地转平衡是此次山地重力波形成的主要内因，表征切变不稳定的理查森数对波动传播方向以及降水落区有很好的指示作用。重力波的峰谷结构有利于初始对流的组织化，波动中的上升支气流将低层水汽输送到高空的同时加强对流，而下沉支气流有利于低层不稳定能量不断累积。在低空急流临界层效应的影响下，重力波的能量下传并触发低层不稳定能量释放，促进上升运动加强，对流进一步发展，这种正反馈机制最终产生本次突发性暴雨。

（3）对上述两次过程进行数值模拟得到高分辨率数据，采用谱分析方法、非绝热加热和地形敏感性试验对重力波特征进行研究得出：采用谱分析研究方法，两次降水过程对流层中高层存在波长和周期分别为 70km，66～120min（"5·21"过程）和 80～100km，90～120min（"7·10"过程）的重力波活动，并且重力波波动分别以 10m/s 和 15m/s 的波速同时向东和向西传播，属于中尺度重力波。重力波与降水有很好的对应关系，活跃重力波都先于强降水出现，重力波活动是导致降水发生的主要原因。地形敏感性试验研究发现，扰动地形尺度大小对重力波的产生和传播有较为显著的影响，地形越复杂，越容易激发重力波，扰动地形尺度越大，越容易激发波长较长且波速较快的重力波。非绝热加热尤其是凝结潜热释放对重力波的产生和发展有显著的增强效应，非绝热加热作用是重力波能量的重要来源。

在以往与重力波活动相联系的暴雨过程研究中，针对山地突发暴雨过程中重力波的研究还很缺乏，对于地形暴雨过程中波动的产生、传播机制以及与低空急流、对流系统的协同作用机理还少有刻画，本章对此进行的一些探索取得了初步成果，但依然存在一些不足，有些问题希望在今后的工作中继续深入探讨：初步提出的重力波对于山地突发性暴雨的触发机制仅为个例研究，此机制能否适用于其他山地突发性暴雨事件，有待今后更多个例的验证与完善。研究还揭示了"5·21"强降水过程中切变不稳定和非地转平衡（地转适应过程）是激发重力波的两个内部因素，至于两者中哪一个为重力波激发的主导因素，以及切变不稳定影响重力波的具体过程则有待进一步的研究。重力波本身作为一个较为复杂的中小尺度天气系统，其对于降水的具体增幅作用仍然需要深入探究。不同时空分辨率的资料对于识别、提取重力波特征影响的对比分析，以及不同类型的非绝热加热过程对重力波特征以及能量传播（群速度）的影响尚未涉及，也是今后研究工作的关注点。

第5章 低空急流与西南山地突发性暴雨

低空急流(LLJ)是出现在大气最低几千米处的最大风力,是一种重要的大气现象(Rife et al.,2010),在世界许多地区都有发生,包括北美(Bonner,1968;Whiteman et al.,1997),南美洲(Marengo et al.,2004;Vera et al.,2006),非洲(Todd et al.,2008)和亚洲(Chen et al.,2005;Du et al.,2012)。由于LLJ与降水、风能和污染输送关系密切,因此LLJ受到广泛关注(Bonner,1968;Chen and Yu,1988;Rife et al.,2010;Liu et al.,2014;Rasmussen and Houze,2016)。

低空急流的风速强度、范围、出现的高度以及水平和垂直切变都是有差异的,因此,低空急流的定义尚未形成完全统一的标准(刘鸿波 等,2014)。一般把600hPa以下的强而窄的气流称为低空急流,它具有强的水平切变和垂直切变(也称垂直风切变)。根据研究区域的不同,风速值的限定标准也不同。我国通常把600hPa以下,风速≥12m/s的风速带定义为低空急流。Tao和Chen(1987)根据925hPa、850hPa或700hPa的最大水平风速对低空急流进行研究,由于资料分辨率的影响,并未考虑垂直风切变的影响。Bonner(1968)利用单站探空资料详细分析了北美低空急流的特征,文章中低空急流的定义主要包括3个方面:一是距离地面的高度,指最大风速出现在距离地面1.5km之内;二是最大风速必须≥12(16,20)m/s;三是最大风速上方的垂直风切变,要求最大风速层上方风速随高度减小,在距离地面3km之内大概是6(8,10)m/s的风速差,或者距地面3km处的风速比最大风速层的风速小6(8,10)m/s。在此基础上,很多学者根据研究区域的特征对低空急流定义中的最大风速、最大风速高度和垂直风切变进行了调整(Chen and Yu,1988;Chen et al.,1994;Mitchell et al.,1995;Whiteman et al.,1997;Chen et al.,2005;Pham et al.,2008;Du et al.,2012;Wei et al.,2013;Wei et al.,2014)。Whiteman等(1997)规定了最大风速≥10m/s,且最大风速层上方的垂直风切变至少≥5m/s。Pham等(2008)首次采用了最大风速≥10m/s,且最大风速层上方的垂直风切变至少≥3m/s的标准。之后,很多学者在研究中国的低空急流特征时采用了此标准(Du et al.,2014;Du and Chen,2019;Zhang and Meng,2019)。

低空急流按照风向可以分为低空西南风急流、东南风急流、偏东风和偏北风急流(赛瀚和苗峻峰,2012)。也有很多学者根据风速极大值出现的高度将LLJ分为两种类型,一是边界层急流(boundary layer jet,BLJ),发生在1~1.5km(900~850hPa)以下,水平风具有明显垂直切变和日变化的行星边界层(Pham et al.,2008;Rife et al.,2010;Du et al.,2012;Du et al.,2014;Du and Chen,2019);二是与天气系统相关的大尺度低空急流(synoptic-system-related LLJ,SLLJ),发生在自由大气1~4km,垂直伸展较大,通常与天气尺度或次天气尺度的系统有关(Chen et al.,1994;Du et al.,2012;Du et al.,2014;Xue et al.,2018;Du and Chen,2019;Fu et al.,2019)。Stensrud(1996)指出LLJ更易发生在大的山脉附近或有海陆热力差异的地方，一般情况下低空急流的方向与地形或海岸线走向一致。Rife 等(2010)对夜间低空急流进行了定量分析，发现了几个地区经常出现夜间低空急流，包括中国西北部的塔里木盆地、非洲东部的埃塞俄比亚以及非洲西南部的纳米比亚和安哥拉。BLJ 表现出显著的日变化，常出现在夜间或清晨且风速大(Pham et al.，2008)。在中国，也有很多关于 LLJ 的观测、模拟、气候特征和理论研究的工作(Du et al.，2012；Du et al.，2014；Du et al.，2015a；Du et al.，2015b；He et al.，2016；Li et al.，2018；Miao et al.，2018；Shu et al.，2018；Zhang et al.，2018)。Du 等(2014)的研究发现我国的 LLJ 常发生在在塔里木盆地、华南、东北和青藏高原等地区，夜间和清晨出现的频率最大，而 SLLJ 主要出现在中国东北部和华南地区，与梅雨锋和东北冷涡有关，其日变化随着位置的不同而不同。Du 等(2012)发现 SLLJ 的日变化较小，是因为 SLLJ 与天气系统相关。另外，对中国东南地区 LLJ 的研究较多，Du 等(2012)利用风廓线雷达资料，建立了中国南方城市上海 LLJ 的统计特征。Liu 和 Li(2012) 和 Wang 等(2013)利用美国国家环境预测中心(NCEP)FNL 全球业务分析数据，分析了中国东南部的 LLJ。我国的西南地区也是暴雨频发的地区，但是对该地区的 LLJ 特征研究较少，已有的研究都是基于个例或者某个层次的研究。

目前有两种理论可用来解释 LLJ 的发生，一种理论是由于边界层摩擦的日变化而形成的风速日变化(Blackadar, 1957)，另一种理论是美国大平原东西向斜坡地形的昼夜加热不同形成风速日变化(Holton, 1967)。Blackadar(1957)指出夜间观测到的超地转 LLJ 是日落后涡动黏滞性衰减引起的非地转风惯性振荡的结果。白天，与加热的地面有关的湍流垂直混合导致风对边界层中次地转风的减速。日落时分，当湍流应力由于边界层的快速稳定而迅速停止时，气流会突然水平加速。随后，科里奥利力使加速且无摩擦的非地转风旋转，在科里奥利力与惯性离心力的共同作用下形成超地转风的惯性圆运动，这就是导致低空急流形成的惯性振荡机制，其周期为半个傅科摆的振荡周期，大约为 17h(郝为锋 等，2001)。Bonner 和 Paegle(1970)通过理论模拟也证明了这一观点。基于 Blackadar 的概念模型，Shapiro 和 Fedorovich(2010)建立了一个精确的一维解析模型，描述了日落后夜间低空急流的演变，解释了夜晚涡动黏滞性系数小得多的急流演变过程，得出急流强度越强，涡动黏滞性越低。Van De Wiel 等(2010)在 Blackadar 概念的基础上考虑了摩擦效应，结果表明，风速廓线夜间在平衡风矢量附近振荡，而不是在地转风矢量附近振荡。这些理论局限于 LLJ 的发展阶段(日落之后)，解决方案并不适用于日出之后。Holton(1967)提出的理论强调了热强迫在坡度地形上边界层风的日变化振荡中的重要作用，他得到了风振荡的日周期解。然而，结果并没有正确地预测观测到的急流昼夜振荡的位相。LLJ 可能由 Blackadar 或 Holton 提出的机制产生(Jiang et al.，2007)，但是单个理论并不能完全地解释观测到的结果，因此，许多学者在两个理论的基础上建立了更全面的理论模型进行分析(Bonner and Paegle，1970；Paegle and Rasch，1973；Du and Rotunno，2014)。Bonner 和 Paegle(1970)利用地转风和涡动黏滞性描述了坡度地形上热力强迫的日变化，并再现了美国大平原观测到的低空急流的日变化特征。Du 和 Rotunno(2014)建立了一个包含斜坡地形上的热力强迫日变化和边界层摩擦日变化的分析模型，用来解释 LLJ 的振幅和位相的演变特征，结果表明 LLJ 的振幅和相位是随纬度变化的。

低空急流与强降水的关系是一个被广泛研究的问题(Means，1952；Chen and Yu，1988；Rasmussen and Houze，2016)。一般而言，低空急流为强降水提供了热力学条件(Astling et al.，1985；Trier and Parsons，1993；Tuttle and Davis，2006)，不仅输送了暖湿空气，还在出口区提供不稳定的环境条件(Trier and Parsons，1993；Higgins et al.，1996；Trier et al.，2006)，产生辐合(Chen et al.，2017)，同时由于强的风切变产生切变不稳定(Mastrantonio et al.，1976；孙淑清和翟国庆，1980)，进而对降水分布产生影响。有些低空急流有明显的日变化特征，夜晚达到最大值，与夜间的强降水有关(Bonner，1968)。Cook 和 Vizy(2010)发现加勒比低空急流带来异常向南的湿空气输送。Chen 和 Du(2018)发现中国华南地区的BLJ 和 SLLJ 分别与锋面降水和暖式切变线降水有关。中国位于东亚地区，每年夏季受到夏季风的影响，加上复杂的地形作用，经常会出现强暴雨天气过程，陶诗言等(1979)指出暴雨与低空急流的相关率可达 80%，大部分暴雨发生在低空急流的左侧，与水汽辐合中心基本上相重合。但是由于梅雨锋和低空急流的共同作用，降水中心也有位于低空急流的出口区偏急流轴右侧的(朱乾根，1985；董加斌和斯公望，1998)。低空急流与暴雨是相互影响的，低空急流的存在有利于暴雨的发生，暴雨的发生也会导致低空急流的形成或维持。低空急流中风的脉动动能够触发中尺度雨团，与暴雨关系密切的次天气尺度低空急流发生在暴雨之前，对暴雨区起着暖湿水汽输送、动力抬升和触发作用(于廖良，1986)。在暴雨发生发展期间，天气系统通过低空急流促使暴雨的发生，同时，暴雨通过激发不平衡增量促使上升运动使得暴雨和低空急流增强(辜旭赞 等，1996)。

5.1　资料与方法

5.1.1　资料

本章使用的逐小时降水资料源自我国自动站中的考核站点(以下称为"考核自动站")，本章的研究区域共计 3086 个(图 5.1)。除了川西高原站点密度较低之外，考核自动站均匀地分布在西南山地。为了统计西南山地地区突发性暴雨过程的范围和与低空急流的影响区域的关系，Cressman(1959)采用客观分析方法将站点降水资料插值到 $0.25° × 0.25°$ 的格点上，然后进行对比分析。利用热带气旋最佳路径数据集去掉台风降水个例，该数据集由中国气象局上海台风研究所(China Meteorological Administration-Shanghai Typhoon Research Institute，CMA-STI)提供(http://tcdata. typhoon.org.cn)(Ying et al.，2014；Lu et al.，2021)，2009~2016 年时间分辨率为 6h，2017~2019 年时间分辨率为 3h。该套资料包含了热带气旋的编号、中心最低气压、中心经纬度、2min 平均近中心最大风速等。本章还使用欧洲中期天气预报中心的时间分辨率为 1h，空间分辨率为 0.25° × 0.25° 的 ERA5 气候再分析资料中的风场和地面气压对低空急流进行统计(Hersbach et al.，2019)。

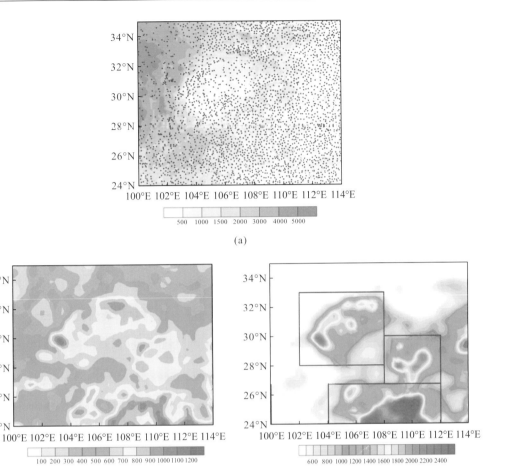

图 5.1　西南山地中国气象局考核自动站站点分布(a)（圆点表示站点位置，灰色阴影表示 500m 以上的地形高度，单位：m），2009～2019 年 5～9 月考核自动站年均降雨量分布(b)（灰色阴影，单位：mm），2009～2019 年 5～9 月突发性暴雨降水总量(c)（单位：mm，方框分别表示四川盆地、湘西地区和黔桂地区）

5.1.2　突发性暴雨和低空急流的判别方法

突发性暴雨使用考核自动站逐小时降水资料进行判别，标准如下。

(1)查找每小时降水≥20mm 的站点。

(2)中心站点的确定，每个时刻中心站点需满足：1h 累计降水≥20mm，3h 累计降水≥50mm，且 $R \geq 0.1$。$R=M/N$，N 为 100km 内站点个数，M 是暴雨站个数。

(3)区域的确定：每个时次按降水从大到小排序，100km 内为一个区域。假设满足条件(1)和(2)的共有 C 个站，对 C 个站进行编号：1，2，3，…，从 1 开始逐个计算站点之间的距离，假如小于 100km，则合并。当一个站同时在两个站的 100km 内时，它的编号与离它最近的那个站一致。不满足的不进行统计。

(4)确定起止时间：对每个时刻中满足上述条件的站点进行时间的追踪，直到小时降水小于 5 mm 结束，即要求起止时间的降水均≥5mm。

(5)相邻时刻连续性判断：经过步骤(1)～(4)，可以得到每个时刻出现的 100km 范围左右的突发性暴雨事件的时间和位置信息，对于前后时刻的局地降水区域而言，假如两个时刻中心站点的距离小于150km，那么就把这两个时刻的区域信息合并，作为一个突发性暴雨事件。

（6）根据降水图进行订正：步骤（5）对于移动较慢的降水系统而言是可行的，但是对于移动较快的降水系统，相邻时刻有时会超过150km，甚至200km，因此，需要人工进行确认，合并为一次事件；有些降水系统是两个局地的降水系统合并而成的，因此也需要进行订正，合并为一次事件；分裂的降水过程，分裂时刻降水大的过程继承原先的编号，小的过程单独编号为一个新例子；在广西地区，降水在局地生成且向东移出消亡，当广西地区有局地新生降水或者贵州地区的降水移到广西地区时，程序会识别为一次事件，因此需要修订；有些降水过程发生在西南山地，但是结束位置超出西南山地范围，剔除此类个例。

我们的研究对象是MCS造成的突发性暴雨，因此需要剔除热带气旋影响的降水，我们利用客观天气图分析法(objective synoptic analysis technique，OSAT)(任福民，2001；Ren et al.，2006；Ren et al.，2007)识别出热带气旋影响的降水并剔除。该方法通过客观计算方法，能够很好地识别出热带气旋产生的降水，比天气图人工判别方法好，该方法使用的是日降水资料，因此，进行判断时，将小时降水转换为日降水数据，假如当日的日降水是热带气旋引起的，则这天发生的所有突发性暴雨均认为是热带气旋引起的。

考虑到ERA5资料的特征气压层和西南山地的复杂地形，当地面气压-特征气压层气压≤100hPa时，距离地面1km以下为边界层；当地面气压-特征气压层气压≤400hPa时，距离地面4km以下为低空。低空急流的判别方法参照一些学者(Du et al.，2012；Du et al.，2014；Du and Chen，2019)的定义，离地面4km以下存在超过10m/s的极大值，且与极大值所在层以上的极小值相差3m/s以上(若极小值所在高度大于4km，则以4km上的风速替代)，且具有南风分量，则认为该点上存在低空急流。若风速极大值发生在1km以下，则认为是边界层急流（BLJ）；风速极大值发生在1~4km定义为与天气系统有关的急流（SLLJ）。

低空急流型突发性暴雨事件的判定步骤是：首先，计算突发性暴雨事件的累计降雨量，以5mm为阈值判定突发性暴雨事件的范围；其次，BLJ和SLLJ的范围至少包含4个格点数；BLJ(SLLJ)与突发性暴雨至少有2个以上的重合格点数，当突发性暴雨事件发生前3h至结束时刻至少有一个时刻满足以上要求，则认为是BLJ(SLLJ)型突发性暴雨事件。但该方法未限定低空急流相对于突发性暴雨的方位，因此，仍然需要人工修订，最后确定BLJ(SLLJ)型突发性暴雨事件。图5.2是四川盆地地区一次典型BLJ型突发性暴雨事件，此次过程降水位于BLJ的左前方，平均风速最大值位于800hPa。

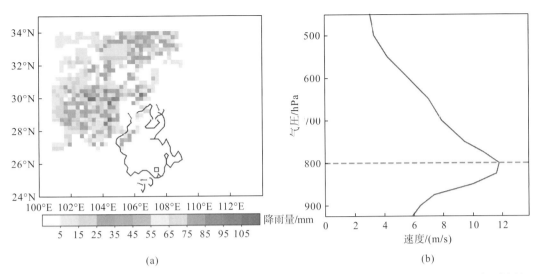

图 5.2　四川盆地 2019 年 7 月 21 日 07:00～22 日 18:00（北京时）BLJ 型突发性暴雨过程累计降雨量（a）
（黑色实线表示此次过程中 BLJ 的范围）和 BLJ 的平均风廓线（b）（具有南风分量）

5.2　西南山地低空急流的统计特征

我国南部地区低空急流主要发生在云贵高原、广西及沿海地区，西南山地的低空急流高频区发生在云贵高原，SLLJ 大致有 3 个大值中心：贵州中部、贵州与湖南西南部交界处、广西的东南部。BLJ 在西南地区主要出现在贵州中部，也可以看到在南海北部和北部湾地区是 BLJ 的高发区（Zhang and Meng，2019），可能对两广沿海地区的降雨过程有重要影响。在贵州地区，虽然 SLLJ 和 BLJ 发生频次都较高，但 BLJ 发生频次大约比 SLLJ 高 2.5 倍（图略）。

低空急流还存在月和日变化，西南山地低空急流 7 月发生频率最高。对于广西南部的 SLLJ，7 月频次最多，其次是 6 月，8 月这个中心消失，但是在 9 月有一个从东部海上伸向两广的 SLLJ 中心。贵州地区 5～7 月 SLLJ 频次逐步增加，7 月频次达到峰值，随后逐渐减少。对于 BLJ，贵州地区在 7 月频次最高，5～6 月和 8～9 月的频次基本相似；湘西的急流中心月变化与贵州的中心相似，但是频次较少；BLJ 最强中心出现在北部湾和南海北部，BLJ 的形成可能与海陆分布密切相关，5～6 月范围大，发生频率高，7 月后开始减弱，且东部的先减弱，范围缩小（图略）。低空急流日变化也较为显著，对于 SLLJ，广西南部从晚上 19:00（北京时）开始频次逐步增加，00:00～01:00 达到峰值，02:00～04:00 逐渐减少，白天急流活动较少，说明广西南部晚上是 SLLJ 的活跃期。云贵高原 04:00 开始频次逐步增加，09:00～12:00 是最活跃时间，10:00 达到峰值，13:00 以后，直至 18:00，是一个减少的趋势。表明云贵高原的 SLLJ 活跃于整个白天和凌晨。湘西的急流活动中心的日变化特征与贵州的活动中心基本一致（图略）。从 SLLJ 的垂直层次空间分布可以看出（图略），850hPa 以下的急流主要在第 2 级阶梯地形区以东的东部地区，这与我国的地形分布有关，贵州急流中心的高度在 700～800hPa。

对于 BLJ，云贵高原从 18:00 开始，频次和范围逐步增加，到 00:00 频次和范围达到峰值，01:00～03:00 频次稳定在一个高值区，04:00 开始频次减少，08:00 以后频次较少，表明云贵高原在傍晚至早晨是 BLJ 的发生活跃期。北部湾和南海北部的 BLJ 与云贵高原的 BLJ 的日变化特征一致（图略）。海上的 BLJ 基本都在 900hPa 以下，大部分出现在 950hPa 以下。贵州的 BLJ 在 850～775hPa（图略）。从以上分析可以看出，SLLJ 和 BLJ 的分布与中国地区西高东低的地形有关，其形成过程中地形的作用有待于开展深入研究。

5.3　低空急流型突发性暴雨

西南山地以盆地、丘陵和高原为主，考虑到局地区域的影响因素，从 2009～2019 年 5～9 月考核自动站年均降雨量[图 5.1(b)]，可以看出西南山地的降水中心大致分为三个：四川盆地（SC，102°E～108°E，28°N～33°N）、湖南西北部和湖北西南部（简称“湘西地区”，XX，108°E～112°E，26.7°N～30°N）和贵州西南及广西北部（简称“黔桂地区”，South 104°E～112°E，24°N～26.7°N）[图 5.1(c)]。三个高值区，每年暖季降水总量为 900mm，四川盆地和黔桂地区的局地可达 1200mm[图 5.1(b)]。

根据本书的山地的突发性暴雨定义，挑选出西南山地 2009～2019 年 5～9 月一共 724 个突发性暴雨个例，其中四川盆地有 302 例突发性暴雨事件，湘西地区有 152 例，黔桂地区有 270 例。剔除热带气旋影响的个例后，三个地区分别有 276 例、145 例和 252 例突发性暴雨事件。四川盆地 2018 年发生次数最多，湘西地区在 2018 年数目最多，黔桂地区在 2014 年最多，3 个地区平均每年发生 25.09 例、13.18 例和 23.90 例[图 5.3(a)]。四川盆地 7 月发生频次最高，其次是 6 月，最少的是 5 月；湘西地区 7 月最多，其次是 6 月，最少的是 9 月；黔桂地区 6 月最多，其次是 8 月，最少的是 9 月，这有可能是因为华南前汛期的降雨过程多，所以突发性暴雨在 6 月发生最多[图 5.3(b)]。

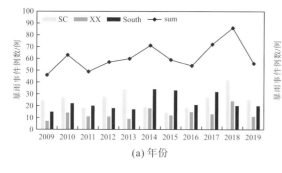
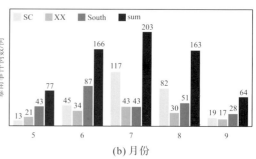

图 5.3　2009～2019 年 5～9 月西南山地 3 个地区突发性暴雨事件的年和月分布

注：“sum”代表突发性暴雨事件的总和。

利用 5.2 节中低空急流型突发性暴雨事件的判别方法，分别筛选出三个区域的个例：四川盆地与 SLLJ 有关的突发性暴雨事件有 35 例，与 BLJ 有关的有 9 例，双急流（DLLJ）型有 18 例，共 62 例，占四川盆地突发性暴雨事件总数（276 例）的 22.46%；湘西地区与

SLLJ 有关的突发性暴雨事件有 6 例，与 BLJ 有关的有 8 例，双急流型有 9 例，共 23 例，占湘西地区突发性暴雨事件总数(145 例)的 15.86%；黔桂地区与 SLLJ 有关的突发性暴雨事件有 16 例，与 BLJ 有关的有 19 例，双急流型有 18 例，共 53 例，占黔桂地区突发性暴雨事件总数(252 例)的 21.03%(图 5.4)。

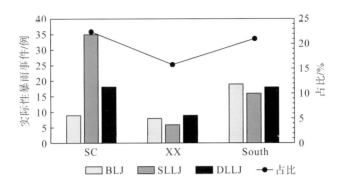

图 5.4　2009～2019 年 5～9 月西南山地三个地区低空急流型突发性暴雨的分布

　　从上面的分析看出，这三个区域的突发性暴雨与急流相关的个例比例并不是很高，因此，我们首先对有无急流的个例的降水情况进行了合成分析。对于四川盆地的突发性暴雨而言，无低空急流存在的所有个例主要位于四川盆地西部，平均小时降雨量大值中心位于西南部，大值中心的值大约是 2.0mm[图 5.5(a)]。但有低空急流存在的所有个例的平均小时降雨量大值区位于四川盆地西部和南部，且最强的大值中心位于盆地的西北部，可达 3.4mm，次大值区位于盆地南部，在 2.0mm 以上[图 5.5(b)]。可见低空急流型的突发性暴雨强度和范围均比非低空急流型大。低空急流型突发性暴雨的降雨量对所有突发性暴雨个例的降雨量贡献率在四川盆地内最高，在盆地西部地区可达 60%以上[图 5.5(c)]。在盆地中西部地区，四川盆地内的低空急流型突发性暴雨的降雨量占 2009～2019 年 5～9 月(暖季)总降雨量的 9%以上，而盆地西北部的比值最高可达 18%以上[图 5.5(d)]。对于湘西地区的突发性暴雨而言，无低空急流型的平均小时降雨量在武陵山东侧约为 1.5mm，最强可达 2.8mm[图 5.6(a)]，而低空急流型的平均小时降雨量基本都在 2.0mm 以上，在武陵山东侧是极大值区，最强可达 3.4mm[图 5.6(b)]。低空急流型暴雨对所有暴雨的降水贡献大值区主要位于武陵山东侧，与平均小时降雨量强度大值区位置几乎一致，可达 35%以上[图 5.6(c)]，但是对于暖季总降水的贡献仅有 3%～6%[图 5.6(d)]。西南山地南部的黔桂地区无低空急流型的小时平均降雨量强度和范围均比低空急流型小，低空急流型突发性暴雨的大值区位于广西北部和贵州西南部，最强可达 3.4mm[图 5.7(a)和图 5.7(b)]。低空急流型突发性暴雨对所有个例总降雨量的贡献率在贵州南部最高，可达 35%以上，在广西北部大多为 25%～30%[图 5.7(c)]。对暖季总降水的贡献率很低，在 3%～6%，但是在贵州西南部局地有 9%以上[图 5.7(d)]。

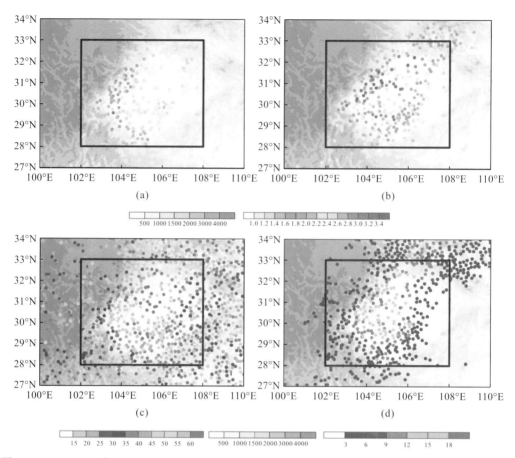

图 5.5　2009~2019 年 5~9 月四川盆地无低空急流(a)和有低空急流型(b)突发性暴雨平均小时降雨量
(mm)，(c)和(d)分别表示低空急流型突发性暴雨降水总量对所有突发性暴雨总降雨量的贡献率和对
2009~2019 年 5~9 月总降雨量的贡献率(%)

注：灰色阴影表示海拔(m)，黑色框是本章所指四川盆地的范围。

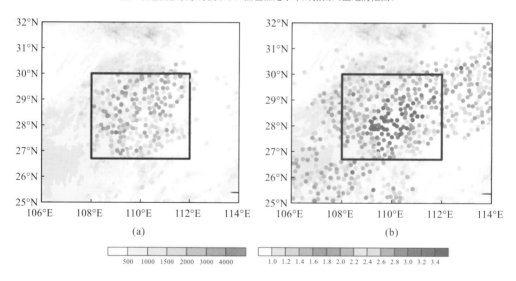

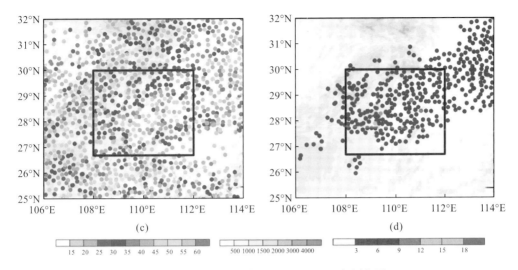

图 5.6　同图 5.5，但为湘西地区，即黑色框范围

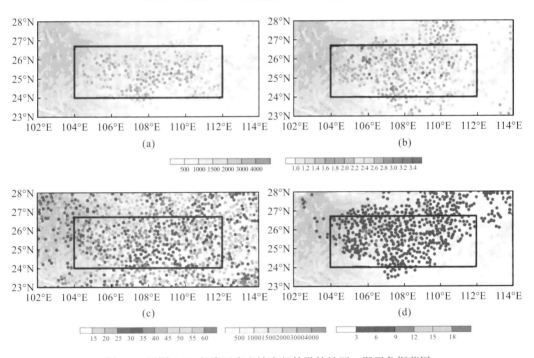

图 5.7　同图 5.5，但为西南山地南部的黔桂地区，即黑色框范围

　　本章中低空急流分为 BLJ、SLLJ 和 DLLJ，因此突发性暴雨也分为 BLJ 型、SLLJ 型和 DLLJ 型突发性暴雨。为了更细致地分析各类低空急流型突发性暴雨的特征及其异同，此处给出了四川盆地、湘西地区和黔桂地区 BLJ 型、SLLJ 型和 DLLJ 型的突发性暴雨小时平均降雨量、对 2009～2019 年 5～9 月总降水（暖季）的贡献率以及对所有突发性暴雨（个例）降雨量的贡献。四川盆地 BLJ 型突发性暴雨小时平均降雨量的大值区位于重庆西部、盆地东南部和盆地西南侧，小时平均降雨量可达 3.4mm 以上［图 5.8(a)］，虽然小时平均降雨量大，但是对于暖季总降水的贡献率却很低，最高仅有 5%左右［图 5.8(b)］，对所有

低空急流型突发性暴雨个例的贡献在重庆西部最大，最高可达 35%[图 5.8(c)]。SLLJ 型小时平均降雨量大值区主要位于四川盆地西侧，强度和范围均小于 BLJ 型[图 5.8(d)]，然而，SLLJ 型对暖季总降水的贡献可达 12%[图 5.8(e)]，同时，SLLJ 型对所有低空急流型突发性暴雨个例的贡献率在盆地内可达 20%以上[图 5.8(f)]，这是因为盆地的低空急流型突发性暴雨以 SLLJ 型为主。DLLJ 型突发性暴雨的强度和范围更小，小时平均降雨量的大值区位于四川盆地东南部和盆地中部偏北部[图 5.8(g)]，此类突发性暴雨对暖季总降水和所有低空急流型突发性暴雨的贡献率在盆地东侧最大，分别在 5%和 20%以上[图 5.8(h)和图 5.8(i)]。虽然 BLJ 型小时平均降雨量大，但是贡献率却最低，SLLJ 和 DLLJ 型突发性暴雨小时平均降雨量大值区，也是对所有降水贡献率最大的地区，3 类突发性暴雨影响的主要范围也不同，SLLJ 的主要影响区域在盆地西部，而其他两类的主要影响区域在盆地东南部。

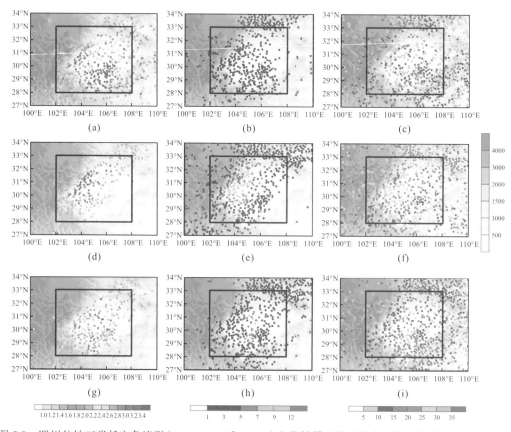

图 5.8　四川盆地三类低空急流型(BLJ、SLLJ 和 DLLJ)突发性暴雨的平均小时降雨量(左，mm)，各类低空急流型突发性暴雨降水总量对 2009～2019 年 5～9 月总降雨量的贡献率(中，%)，以及对所有低空急流型突发性暴雨总降雨量的贡献率(右，%)。第一行为 BLJ 型突发性暴雨，第二行为 SLLJ 型突发性暴雨，第三行为 DLLJ 型突发性暴雨，灰色阴影表示海拔(m)

湘西地区 BLJ 型突发性暴雨小时平均降雨量在湖南西北部较为分散，而 SLLJ 型主要集中在湖南西北部，DLLJ 型的范围最大，基本包括武陵山及其以东地区，三类突发性暴雨小时平均降雨量的最大值均在 3.4mm 以上[图 5.9(a)、图 5.9(d)和图 5.9(g)]。然而，由于个例数不多，三类对于暖季总降水的贡献均较低，除了 DLLJ 型有 5%以上的零星站点外，其他均在 5%以下[图 5.9(b)、图 5.9(e)和图 5.9(h)]。这说明低空急流对湘西地区的突发性暴雨的影响较小。BLJ 型对所有急流型突发性暴雨的贡献率在湘西东部边界最大，在 20%以上[图 5.9(c)]，SLLJ 型值很小，均小于 15%[图 5.9(f)]，DLLJ 型对所有低空急流突发性暴雨个例的贡献率最高，在 25%以上[图 5.9(i)]。西南山地南部的黔桂地区不同类型急流突发性暴雨小时平均降雨量大值区发生的位置有所不同，BLJ 型发生在贵州西南部和广西西北部局部地区，SLLJ 型位于广西东北部和贵州西南部分地区，DLLJ 型的范围最大，包括广西北部和贵州南部，这三类突发性暴雨的小时平均降雨量最高都可达 3.4mm 以上[图 5.10(a)、图 5.10(d)和图 5.10(g)]。三类突发性暴雨的总降水对暖季总降水贡献率均很低，在 5%以下[图 5.10(b)、图 5.10(e)和图 5.10(h)]。BLJ 型对所有个例的贡献率最高值位于贵州西南部，最高可达 30%以上，SLLJ 型最高值也位于贵州西南部，可达 35%以上，DLLJ 型贡献率在 15%以上[图 5.10(c)、图 5.10(f)和图 5.10(i)]。

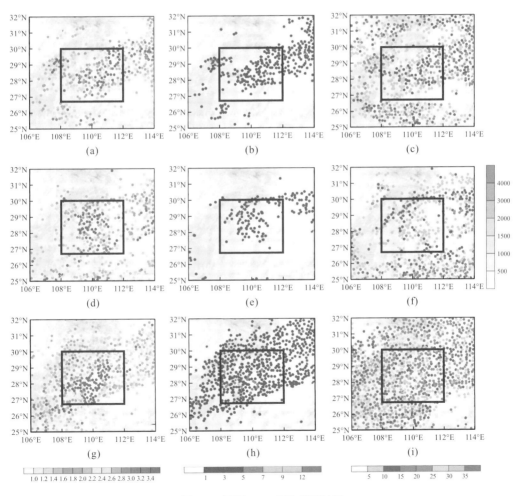

图 5.9　同图 5.8，但为湘西地区

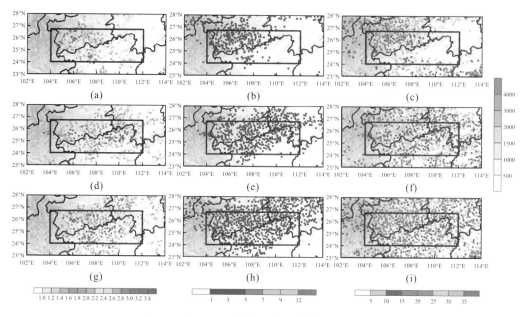

图 5.10   同图 5.8，但为西南山地南部的黔桂地区

　　以上我们分析了各类低空急流型突发性暴雨的特征，下面分析各类突发性暴雨的低空急流特征。四川盆地产生突发性暴雨的 BLJ 一般发生在 750~900hPa，部分过程中 BLJ 出现从暴雨发生前 3h 一直伴随暴雨过程，频次最高的是暴雨发生后 4h 的 850hPa，这表明有些 BLJ 是暴雨产生的。SLLJ 主要位于 700~825hPa，高发时刻是暴雨发生时刻，DLLJ 主要发生层次是 775~850hPa，高发时刻出现在 825hPa 暴雨发生后 4h(图 5.11 上)，这也说明部分 DLLJ 是在暴雨发生后形成的，暴雨与急流的关系非常复杂。湘西地区低空急流个例较少，BLJ 和 SLLJ 发生频次也较少，DLLJ 主要发生在 800~850hPa，暴雨发生后 1h DLLJ 发生频率最高(图 5.11 中)。西南山地南部 BLJ 主要发生在 800~825hPa，在暴雨发生时刻频率最高，SLLJ 主要发生在 800~825hPa，暴雨发生后 3h 出现频率最高，DLLJ 主要出现在 800~850hPa，且最大值存在于暴雨发生时刻(图 5.11 下)。四川盆地地区的 BLJ 型突发性暴雨基本发生在盆地内，且重庆西部降雨量较大，与之对应的 BLJ 主要发生在云贵高原，突发性暴雨位于其左前侧，当然，也有个别个例的 BLJ 发生在四川盆地东北部，其对暴雨发生的作用需要进一步探讨；SLLJ 型突发性暴雨发生在整个四川盆地，总降雨量在 550mm 以上，SLLJ 主要发生在盆地内，位于暴雨的东侧；DLLJ 型突发性暴雨总降雨量中心值也达到 550mm 以上，DLLJ 有 2 个中心区，一个位于盆地内，另外一个中心位于云贵高原(图 5.12)，结合 BLJ 和 SLLJ 的分布，盆地内为 SLLJ，云贵高原为 BLJ，双急流过程中两种急流的不同作用需要进一步开展研究。湘西地区的急流型突发暴雨主要为 DLLJ 型，武陵山东侧降雨量最大，中心在 400mm 以上，DLLJ 位于云贵高原南部和雪峰山北部；BLJ 型突发性暴雨位于湖南西部，BLJ 位于其东侧；SLLJ 型突发性暴雨位于武陵山东侧，SLLJ 出现频率低，分别位于武陵山东侧和西南侧(图 5.13)。西南山地南部的急流型突发暴雨也是以 DLLJ 型为主，由于降雨范围大，发生在整个西南山地南部地区，低空急流的范围也较广，总体来说，位于雨区的南部；BLJ 型突发性暴雨发生在

贵州南部，BLJ 位于其东侧，同时在其东南部也有一个发生弱的频发区；SLLJ 型突发性暴雨主要位于广西北部，SLLJ 发生在暴雨南部(图 5.14)。

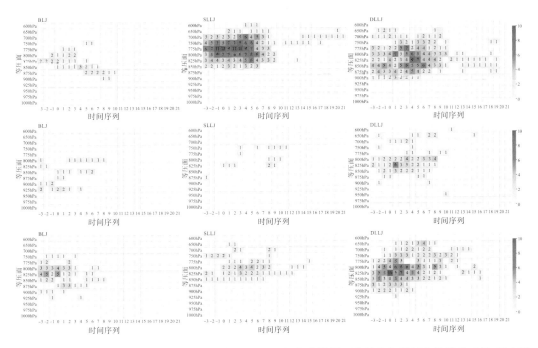

图 5.11　四川盆地(上)、湘西地区(中)和黔桂地区(下)与突发性暴雨有关的各类低空急流的时间-垂直层次分布图

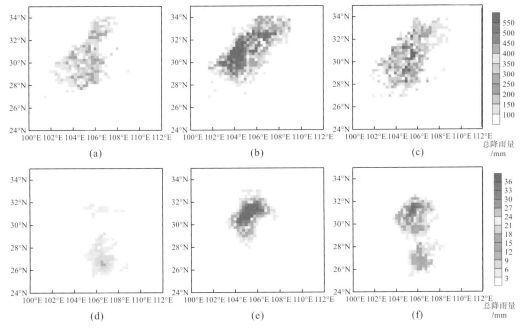

图 5.12　四川盆地突发性暴雨的总降雨量分布[(a)～(c)]与对应的低空急流频次分布[(d)～(f)]

注：(a)和(d)是 BLJ 型，(b)和(e)是 SLLJ 型，(c)和(f)是 DLLJ 型。

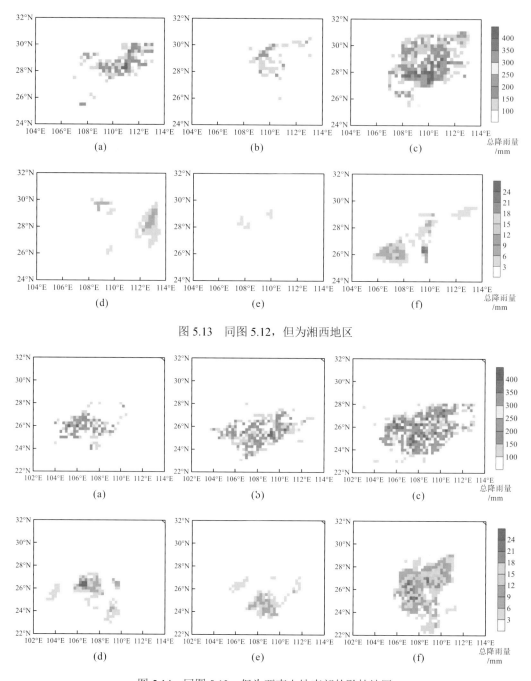

图 5.13   同图 5.12,但为湘西地区

图 5.14   同图 5.12,但为西南山地南部的黔桂地区

5.4   与低空急流有关的山地突发性暴雨的水汽来源与输送

5.4.1   基于欧拉方法的两次典型个例的水汽输送特征

暴雨的发生必须满足三个条件即充分的水汽供应、强烈并持续的上升运动和不稳定层

结，其中充分的水汽供应是发生暴雨的必要条件，因此本节通过欧拉方法研究两次暴雨个例的水汽输送过程。

1. 四川盆地东北型突发性暴雨

首先分析从地面到 200hPa 的情况以了解对流层整层的水汽通量情况，如图 5.15 所示。在四川盆地东北型第一阶段突发性暴雨爆发的前　时刻[图 5.15(a)]，四川盆地东北部存在明显的水汽通量大值区，约为 $250\sim450\mathrm{kg\cdot m^{-1}\cdot s^{-1}}$，第一阶段主要有西风带输送而来的水汽经由青藏高原南支路径进入四川盆地东北部的暴雨区，另一路水汽输送向南可追踪至孟加拉湾和中国南海，来自孟加拉湾和南海的西南暖湿气流与西风带南支气流于云南合并，向四川盆地东北部暴雨区输送。第二阶段[图 5.15(b)]与第一阶段相比在原有的两支输送路径的基础上增加了一支北方路径且第二阶段的水汽输送明显强于第一阶段，两支暖湿气流与西风带冷空气交汇于四川盆地东北部，这也是第二阶段暴雨的强度高于第一阶段的原因。两个阶段中，水汽输送均表现为南北(经向)输送为主，低纬度的热带洋面和中高纬度的欧亚大陆是主要的水汽源地。

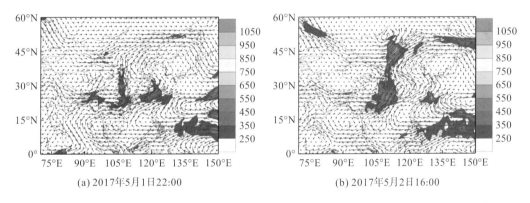

(a) 2017年5月1日22:00　　　　　　　　　　(b) 2017年5月2日16:00

图 5.15　四川盆地东北型突发性暴雨发生前一时刻整层水汽输送通量(单位：$\mathrm{kg\cdot m^{-1}\cdot s^{-1}}$)

为了进一步了解对流层中低层的水汽输送情况，通过暴雨发生前一时刻水汽通量和水汽通量散度分析水汽辐合以及输送大值区与暴雨的对应关系(图略)。在降水的第一阶段，700hPa 最大的水汽汇聚中心位于四川盆地东北部的广安地区，其值为 $-7.81\times10^{-5}\mathrm{g\cdot s^{-1}\cdot hPa^{-1}\cdot cm^{-2}}$，850hPa 水汽通量散度的最小值位于四川盆地东北的东缘，其值低于 $-20\times10^{-5}\mathrm{g\cdot s^{-1}\cdot hPa^{-1}\cdot cm^{-2}}$。第二阶段的强降水初期，700hPa 最大水汽汇聚中心位于广元东部与西南低空急流(SWLJ)相对应的是一条从伊朗高原经过孟加拉湾到云南—贵州—重庆地区的水汽输送带。850hPa 最强水汽汇聚区位于四川盆地东北部的暴雨区。此时 850hPa 有一条来自中南半岛—中国南海—广西—贵州—重庆—四川盆地东北部的水汽输送带。综上分析可知，暴雨区在 850hPa 处的水汽通量散度的最大值几乎是 700hPa 的三倍，850hPa 的水汽辐合强度均高于 700hPa 且第二阶段高于第一阶段。700hPa 在高原以南形成一条水汽输送带，850hPa 在孟加拉湾，南海均有水汽输送，且 850hPa 水汽通量的大值区以及水汽通量散度的小值区均与雨区有较好的对应关系。

为了评估各方向的水汽输送对局地水汽辐合辐散的贡献，我们分析了暴雨区四个边界不同高度的水汽收支的时间演变(图 5.16),南边界[图 5.16(a)]对流层底层在第一阶段以及第二阶段的前期水分一直为流入状态,对流层的中高层在整个暴雨期亦为流入状态,南边界的水汽流入主要集中在对流层中底层。北边界[图 5.16(b)],在突发性暴雨的第一阶段整层水汽均为流出状态,在突发性暴雨的第二阶段,底层转变为水汽流入,这可能与底层切变线的侵入有关,中层在前期依然为流出后期转为流入,高层在整个第二阶段暴雨期仍为流出状态。西边界[图 5.16(c)]在整个暴雨阶段底层均为水汽流出状态,中高层均为水汽流入状态。东边界[图 5.16(d)]在暴雨的两个阶段,底层均为水汽流入,中高层均为水汽流出。总的来说,四个边界水汽的流入集中在南、东与西三个边界,除西边界水汽流入集中在对流层中高层,其余主要集中在对流层的底层,而对流层中高层的水汽流出集中在北边界和东边界。在暴雨的第一阶段对流层底层从南边界进入的水汽占主导地位,其次是东边界。在暴雨的第二阶段,对流层底层从北边界和东边界流入的水汽占主导地位。

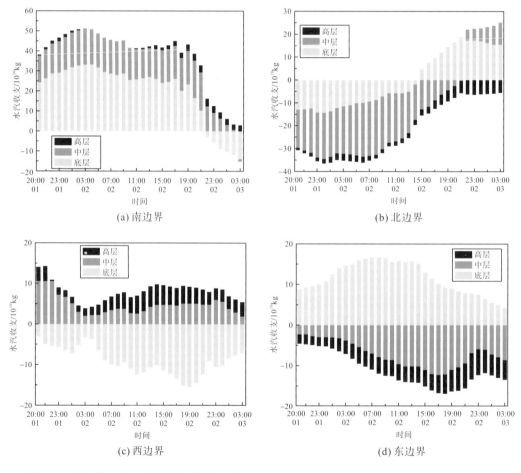

图 5.16　四川盆地东北型突发性暴雨的水汽收支图。(a)南边界(b)北边界(c)西边界(d)东边界

2. 四川盆地西南型突发性暴雨

图 5.17 同图 5.15,但为盆地西南型突发性暴雨不同时刻整层水汽输送通量图,分析

暴雨发生前一时刻的整层水汽输送通量[图 5.17(a)]可知，5 月 21 日 11:00，暴雨区的水汽输送主要以经向输送为主，暴雨区的水汽主要来源于低纬度热带洋面和高纬度。本次暴雨过程中共有四个水汽通道为暴雨区输送水汽，阿拉伯海的水汽先向西输送之后向北进入四川盆地西南部，西太平洋的水汽经过副热带高压输送到暴雨区，西风带里存在一支水汽输送，从欧亚大陆来的水汽经由北风输送到暴雨区。其中，西风带南支气流与来自阿拉伯海和西太平洋的两股气流在云贵地区汇合进入四川盆地西南部。在暴雨的雨强达到最强时刻时[图 5.17(b)]，水汽输送结构继续保持经向输送为主，四个水汽输送高值区与暴雨发生前一时刻相同，依然是阿拉伯海、西太平洋、青藏高原以西和欧亚大陆，此时的水汽输送比暴雨发生前一时刻强，尤其西太平洋副热带高压外围沿西太平洋—中国南海—广西—贵州的水汽输送带与暴雨发生前一时刻相比增强明显，强度可达 $250\sim550\text{kg}\cdot\text{m}^{-1}\cdot\text{s}^{-1}$。

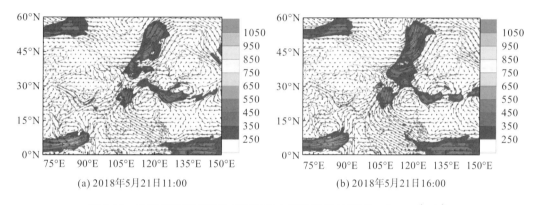

(a) 2018年5月21日11:00　　　　　　　　(b) 2018年5月21日16:00

图 5.17　盆地西南型突发性暴雨整层水汽输送通量(单位：$\text{kg}\cdot\text{m}^{-1}\cdot\text{s}^{-1}$)

分析盆地西南型突发性暴雨的水汽通量及其散度图(图略)可知，暴雨发生前一时刻，700hPa 四川盆地西南部的暴雨区为水汽辐合的高值区，在青藏高原以南存在一条水汽输送通道。850hPa 暴雨区水汽通量散度为负值，为水汽净获得区域，南海为一个水汽源地，从南海来的水汽经过广西—贵州进入四川盆地，而北方蒙古的水汽经山西输送至暴雨区。在暴雨雨强的最大时刻，700hPa 暴雨区的水汽辐合比暴雨发生前一时刻小，水汽输送通道依然为青藏高原以南的通道。850hPa 暴雨雨强最强时刻，水汽输送路径和暴雨发生前一时刻相同，最大的水汽汇聚中心依然发生在暴雨区。比较分析发现 850hPa 的水汽输送量高于 700hPa，700hPa 更多为西风带输送，850hPa 则为南方热带海洋的水汽输送。

对盆地西南型四个边界的水汽收支情况分析可知，对于南边界[图 5.18(a)]来说，盆地西南型暴雨过程中，水汽的输入主要来自中高层，对流层底层在本次暴雨过程的前期为微量流入，在暴雨的中后期为水汽流出。北边界[图 5.18(b)]，贡献最大的主要是对流层底层的水汽流入，其中对流层中高层在暴雨初期为流出水汽，暴雨后期为流入水汽，这可能与切变线的侵入有关。对于西边界[图 5.18(c)]，对流层底层在暴雨期一直为水汽流出的状态，对流层中层在暴雨发生的前 4h(12:00～15:00)为水汽流入，在暴雨发生之后其为水汽流出，对流层高层的水汽贡献比较微弱。对于东边界来说[图 5.18(d)]，对流层底层的水汽流入贡献较大，对流层中高层一直处于水汽流出状态。总的来说，本次暴雨过程中对水汽流入起主导作用的是对流层低层和对流层中层,其中对流层低层主要是北边界和东边界,对流层中层主要是南边界。

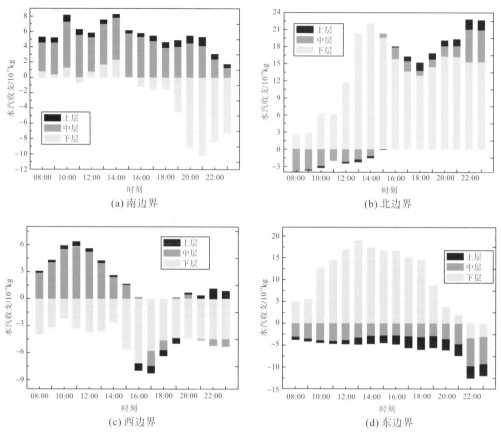

图 5.18 四川盆地西南型突发性暴雨的水汽收支图

对比两次过程分析,两次暴雨过程的水汽输送结构的相同点首先均为南北(经向)输送,均在南边界和东边界有水汽流入,这可能与两次过程均发生在 5 月,大尺度环流背景相似有关,两次过程均发生在高空槽后,西太平洋副热带高压西伸的大尺度环流背景下,此时高空槽引导的冷空气南下,副热带高压外沿的偏南风暖湿气流北上,其次二者在 850hPa 的水汽输送均强于 700hPa,这一方面与低层比湿高于高层有关,另一方面也与 850hPa 低空急流的强度高于 700hPa 有关。不同点为,二者的低层水汽输送通道不一样,盆地东北型突发性暴雨除了和盆地西南型具有相同的路径外,还有一条东方路径;此外二者南北边界的水汽收支情况略有不同,盆地东北的南边界整层均为水汽流入,盆地西南的南边界水汽流入仅在中高层,至于北边界,由于两次过程的水汽流入均与北方冷空气的侵入有关,因此北边界水汽流入的时间节点不同,盆地西南在暴雨开始时就有冷空气侵入,而盆地东北在第二阶段才表现出冷空气侵入。

5.4.2　基于拉格朗日方法的三次典型个例水汽输送特征

为了从更广阔的区域研究四川盆地东北和盆地西南突发性暴雨期间的水汽源地，我们引入了基于 HYSPLIT 模式的拉格朗日方法。前人使用 HYSPLIT 模式追踪四川盆地水分来源的研究主要是针对区域性暴雨和持续性暴雨，他们的研究发现，持续暴雨期间的对流层高层水汽主要源自青藏高原西部，而源自孟加拉湾和南海的水汽对对流层中低层的贡献更大。目前，关于局部突发性暴雨研究很少，此外山地地形对暴雨的影响也很重要，因此，本节旨在探讨四川盆地东北和盆地西南突发性暴雨的主要输送路径和水分来源以及周围山地对空气块携带水汽的影响。

由于 HYSPLIT 模式初始场资料需要格式特定的气象数据，研究当时该模式尚未支持 ERA5 数据的转换，因此我们将初始场资料用 ERA-Interim 再分析资料代替。为了证明 ERA-Interim 数据和 ERA5 数据能够再现同一事件，我们首先比较两套资料在 700hPa 时的高度场和风场，通过比较 700hPa 的流场图(图略)，可以发现 ERA5 和 ERA-Interim 能够很好地反映同一事件。

1. 轨迹模拟方案

根据每次山地突发性暴雨的时期和分布，对于盆地东北型突发性暴雨，选择的模拟时间为 1 日 23:00～3 日 01:00，积分时间步长为 1h，目标区域为四川盆地东北部暴雨区 (30.25°N～31.55°N，106.05°E～108.05°E)，每隔 0.75°选取一个起点，图 5.19 右边矩形框中的圆形点代表盆地东北型突发性暴雨的空间起始点，其空间起始点共有 9 个。对于盆地西南型突发性暴雨，选择的模拟时间为 2018 年 5 月 21 日 8:00～23:00，积分时间步长为 1h，目标区域为四川盆地西南部暴雨区(28.55°N～29.75°N，103.05°E～105.05°E)，每隔 0.75°选取一个起点，图 5.19 左边矩形框中的黑色圆点代表盆地西南型突发性暴雨的空

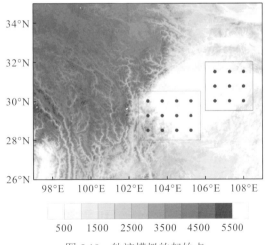

图 5.19　轨迹模拟的起始点

注：黑色圆点代表初始点，其中右边矩形框代表四川盆地东北型突发性暴雨的初始点，
左边矩形框代表盆地西南型突发性暴雨的初始点。

间起始点，共有 12 个。因为水汽多集中在对流层中低层，结合两次突发性暴雨的相对湿度及水汽通量散度垂直剖面图(图 5.20)可知，在 850hPa、700hPa 和 600hPa 均有相对湿度大值区和水汽辐合中心，所以，垂直方向上选取 850hPa、700hPa 和 600hPa 三个层次作为模拟的初始高度。盆地东北型，整个模拟空间三层共有 27 个初始点；盆地西南型，整个模拟空间三层共有 36 个初始点。后向追踪时间为 7d，每隔 6h 输出一次轨迹点的位置，并插值得到相应位置上空气块的物理属性(温度、相对湿度、高度)，每隔 1h 所有轨迹初始点重新后向追踪模拟 7d，最终盆地东北型共得到 729 条轨迹，盆地西南型共得到 576 条轨迹。

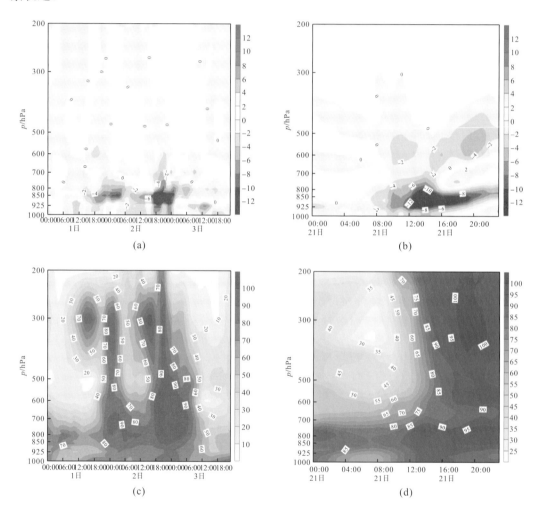

图 5.20　区域平均水汽通量散度(a)(b)(10^{-5}g·s^{-1}·hPa^{-1}·cm^{-2})和相对湿度(c)(d)(%)的高度-时间剖面图

注：(a)(c)为盆地东北型突发性暴雨，(b)(d)为盆地西南型突发性暴雨。

2. 盆地东北型突发性暴雨的水汽输送轨迹模拟

1) 暴雨期水汽来源后向轨迹分析

盆地东北型突发性暴雨空气块到达目标区域之前的第 3 天(-3d)，第 5 天(-5d)，第 7 天(-7d)，第 9 天(-9d) 的空间分布如下。在-3d，大多数气块都可以追踪到中国南海地区(即南部路径)、中国东部沿海地区(即东部路径)、缅甸地区(即西南路径)和印度地区(即西部路径)。-5d，西部路径保持其向西运行状态，与此同时路径 2 可以追溯到伊朗地区，西南路径(路径 3)向南延伸到孟加拉湾，南方路径和东方路径合并为东南路径(路径 4)可追溯至中国东部沿海地区。-7d，西部路径保持其向西趋势，路径 1 可以追溯到靠近阿拉伯海的伊朗南部，而路径 2 可以追溯到接近地中海的埃及，西南路径(路径 3)仍位于孟加拉湾，但位置更南，东南路径可追溯到中国东海。-9d，除了路径 1 和路径 2 的空气块稍微向西延伸之外，路径 3 和路径 4 中的空气块的位置几乎与-7d 相同。比较气块-7d 和-9d 的位置和高度，可以发现气块在-7d 已经达到稳定状态。因此，我们认为盆地东北型暴雨的空气块在-7d 左右已追踪到其源地附近区域，并且根据-7d 空气块的位置、输送贡献率及其比湿确定水汽源地并计算源地水汽贡献率。

850hPa 的空气块水汽通道有 4 条，主要来自三个地方，分别是孟加拉湾、黄海和中南半岛，其中黄海(两条东方路径)输送的空气块贡献率最高，占 850hPa 总空气块输送的 82%，其次是孟加拉湾，贡献率为 11%，中南半岛(西方路径)的空气块贡献率最低，仅为 5%。700hPa 的空气块可以追溯到四个地方，其中两条为西方路径，一条为西南方路径，一条为东南方路径。贡献率最高的是阿拉伯海(西方路径)的空气块，约占 44%，孟加拉湾(西南路径)气块输送贡献率第二，为 32%，第三是另一条西方路径(沙特阿拉伯)，其贡献率为 20%，贡献率最少的源地是中国东部沿海城市(东南方路径)，仅为 4%。600hPa 中层的空气块-7d 总体均来自西方，其中两条是青藏高原以南西风带路径，其源地可以追踪到伊朗地区和地中海附近的埃及，二者的气块输送贡献率分别为 57% 和 39%，另有一条西南路径，其源地可以追踪到孟加拉湾，气块输送贡献率仅占 600hPa 总输送的 4%。分析可知，本次暴雨过程中对流层低层的空气块主要来自黄海—南海、孟加拉湾和阿拉伯海，其中黄海—南海是最大的贡献地，对流层中层的空气块则主要来自西亚，只有很小的一部分来自孟加拉湾。

2) 不同水汽源地输送贡献率的定量分析

轨迹贡献率的高低并不代表水汽输送的多寡，这还与空气块对应位置的比湿有关，因此本节结合空气块及其携带的水汽分析不同源地的水汽输送贡献率。分析盆地东北型 850hPa、700hPa、600hPa 和整层水汽后向追踪 7d 的水汽输送贡献率空间分布，可知 850hPa 的水汽输送超过 90% 来自中国黄海及东部沿海城市，剩下的部分来自孟加拉湾，但是占比极小。700hPa 的水汽输送源地大致分为三个部分，分别是孟加拉湾、阿拉伯海和沙特阿拉伯，贡献率较高的地方位于阿拉伯海和孟加拉湾。600hPa 主要位于中国西部，可以划分为两个源地，分别是阿拉伯海和中东。总的来说，本次暴雨过程中水汽源地可以分为四个，分别是孟加拉湾、东海—南海、阿拉伯海以及中东。其中，贡献较大的源地为东方源地和西南方源地，贡献了超过 60%的水汽。

为了进一步区分来自不同源地的水分输送的贡献率，将盆地东北型突发暴雨期间的水分来源分为四个部分：阿拉伯海—印度半岛(源地 1)，中东(源地 2)，孟加拉湾(源地 3)和中国南海—中国东海(源地 4)。图 5.21 显示了来自不同源地空气块的水汽贡献率，在突发性暴雨过程中，南海—东海的贡献最大，空气块携带的水分约占水分输送总量的42.6%，阿拉伯海—印度半岛水分运输的贡献第二大，其中 25.9%的水汽输送来自阿拉伯海附近地区，紧随其后的是中东的西方路径，该路径占水分运输的 17.1%，尽管来自孟加拉湾西南路径的空气块的最终位置的比湿较高，但由于其空气块的输送量较低，它们仅占水汽运输量的 14.4%。

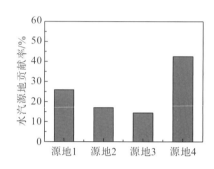

图 5.21　四川盆地东北型突发性暴雨水汽源地贡献率

3. 盆地西南型突发性暴雨的水汽输送轨迹模拟

1) 暴雨期水汽来源后向轨迹分析

盆地西南型突发性暴雨空气块到达目标区域之前的第 3 天(-3d)，第 5 天(-5d)，第 7天(-7d)，第 9 天(-9d)的空间分布如下。-3d，大多数气块可以追踪到四川盆地周围，我国中部地区以及缅甸地区。-5d，空气块的路径增多至五条，分别为渤海(东方路径)、我国北方(北方路径)、南海(南方路径)、孟加拉湾(西南方路径)和巴基斯坦(西方路径)。-7d，各条路径沿其各自方向继续延伸，西方路径可以追溯到靠近阿拉伯海的沙特阿拉伯，北方路径可以追溯到蒙古，东方路径可追溯到黄海，西南路径和南方路径仍位于孟加拉湾和南海，位置较-5d 更南。-9d，除了西方路径和北方路经的空气块稍微向西向北延伸之外，其余路径空气块的初始位置几乎与-7d 相同。比较气块在-7d 和-9d 的位置和高度，发现与盆地东北型突发性暴雨相同即气块在-7d 已经达到稳定状态。因此，我们认为盆地西南型突发性暴雨的空包块在-7d 亦追踪到其附近的源地区域。

850hPa 的空气块的输送路径有四条，分别是孟加拉湾路径、南海路径、黄海路径和欧亚大陆路径，其中欧亚大陆输送的空气块贡献率最高，占总空气块输送的 30%，其次是南海，贡献率为 25%，孟加拉湾和黄海的空气块贡献率相同，都为 22%。700hPa 的空气块输送通道同样是四条，贡献率最高的是东北路径，约占 35%，孟加拉湾的贡献率第二，为 31%，第三是南海，其贡献率为 20%，贡献率最少的是西方路径，仅为 15%。600hPa中层的空气块-7d 的位置与 700hPa 很相似，依然是四条输送通道，不同的是，贡献率最高的是孟加拉湾路径，为 46%，其次是东北方路径，占 20%，南海和西方路径的贡献率分别是 16% 和 18%。

2) 不同水汽源地输送贡献率的定量分析

对盆地西南型突发性暴雨 850hPa、700hPa、600hPa 和整层水汽后向追踪 7 天的水汽输送贡献率空间分布进行分析，可知 850hPa 的水汽输送大值区主要有五个，分别是孟加拉湾、南海、黄海、本地及蒙古，其中三个海域的水汽输送贡献量较大，约为 70%～80%。700hPa 的水汽向南可以追踪到南海和孟加拉湾，向西可以追踪到地中海附近，向东可以追踪到黄海和东海，向北可以追踪到蒙古，贡献率较高的地方位于孟加拉湾。600hPa 向西可以追踪到两个源地，分别是印度半岛和地中海，向南可以追踪到孟加拉湾和中南半岛，向东可以追踪到黄海。总的来说，本次暴雨过程中水汽源地可以大致分为 6 个，分别是孟加拉湾、南海、地中海、黄海、本地以及蒙古，其中贡献较大为两个南方源地。

通过对源地进行进一步划分，发现盆地西南型突发性暴雨期间的水汽来源分为五个部分：中东(源地 1)、阿拉伯海—孟加拉湾(源地 2)、中国南海(源地 3)、欧亚大陆(源地 4)和中国东海(源地 5)。图 5.22 显示了来自不同源地空气块的水汽贡献率，在本次突发性暴雨过程中，阿拉伯海—孟加拉湾的贡献最大，空气块携带的水分约占总水分输送总量的 40.6%。中国南海水分运输的贡献为次最大，其中 20.3% 的水汽输送来自南海附近地区，紧随其后的是欧亚大陆的空气块携带的水分，该路径占水分运输的 14.1%。来自中东和中国东海的空气块所携带的水分贡献率较少，分别为 11.8% 和 13.2%。

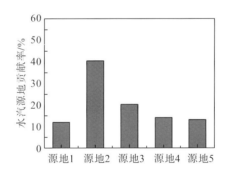

图 5.22 四川盆地西南型突发性暴雨水汽源地的贡献率

对比两个过程的空气块平均输送轨迹及水汽源地分布，2017 年个例影响四川盆地的气流主要有四条，两条来自西方路径，其中一支来自伊朗的西部高层干冷空气，另一条来自埃及，其余两条分别来自孟加拉湾的西南气流和东海的东方气流与南海来自西太平洋副高东风转向的东南气流的一支汇合气流。2018 年个例中影响四川盆地的气流主要有五条，其中与 2017 年个例相同的路径有两条，分别为来自伊朗的干冷空气块和源自孟加拉湾的西南路径的暖湿气流，此外，另外三条路径分别是来自南海的南方暖湿气流、来自东海的东方较湿气流以及来自蒙古的北方气流。进一步划分水汽源地后可以发现，盆地东北的水汽源地主要来自阿拉伯海、孟加拉湾、南海—东海以及中东，其中南海—东海的水汽输送较多。盆地西南的水汽主要来自阿拉伯海—孟加拉湾、南海、东海、欧亚大陆和西亚，其中阿拉伯海—孟加拉湾的贡献较高。综合比较可以发现，两次暴雨过程中均有的源地是孟加拉湾、阿拉伯海、南海、东海，其中盆地东北型中，东海的贡献较大，盆地西南型中，阿拉伯海—孟加拉湾的贡献较大。

4. 气块输送过程中物理量的变化特征

实际上，由于地表蒸发和凝结/沉淀，气块携带的水分在输送过程中不会是一成不变的，因此本节结合后向轨迹追踪法分析了空气块-7d 直至到达目标区域该段时间内的平均物理属性(高度、温度和比湿)的变化。从不同来源和路径的气块传输过程中高度、温度和比湿的变化可以看出[图 5.23(a)～图 5.23(c)]，来自中东地区路径 2 的气块，主要由对流层上方 500hPa 的干冷空气组成(温度为 261K，比湿为 1.5g/kg)。这些轨迹从-168h 到-60h 吸收水分，从-60h 到-20h 失去水分，从-20h 到大约-5h 水分增加明显。当空气块到达四川盆地时，由于一直处在高层因此携带的水分有限。来自阿拉伯海—印度半岛地区的路径 1 的气块主要位于 700hPa 的对流层中层，路径 1 的轨迹与路径 2 的趋势相同，气块的初始比湿较低，在向东运输过程中，温度略有升高，湿度明显升高。来自孟加拉湾地区的路径 3 的空气块主要位于低纬度 900hPa 以下的高度，由于热带洋面蒸发，这些气块携带较多的水分。当气块在海洋上时其温度和比湿没有明显变化，而在-60h 左右气块的高度急剧增加，由于整个着陆过程中下垫面的地貌变化，气块的湿度和温度显著降低。此后，路径 3 气块的温度和湿度持续下降到-30h。由于初始温度和湿度较高，当气块进入四川盆地时依然是暖湿空气。来自南海和东海地区路径 4 的气块主要位于中纬度 950hPa 以下的高度，中纬度海洋的洋面蒸发强度不如热带海洋强，因此路径 4 空气块所携带的水分要少于路径 3 气块所携带的水分。虽然空气块的湿度在-7d 不是最高，但是气块从-168h 到-40h 一直处于吸收水分状态，比湿从 6.8g/kg 增加到大约 11.5g/kg，这可以归因于东部沿海城市的高湿度，因此路径 4 的空气块进入四川盆地的温度和湿度最高。

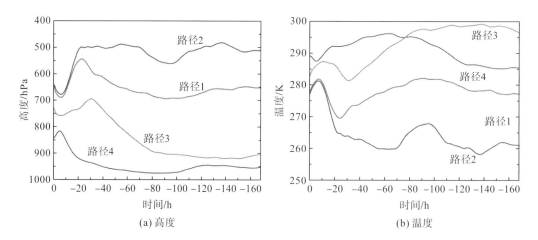

(a) 高度　　　　　　　　　　(b) 温度

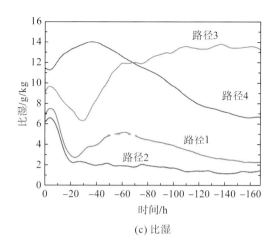

图 5.23　四川盆地东北型突发性暴雨水汽输送路径的平均物理量属性变化

　　路径 1、路径 2 和路径 3 的轨迹在大约-60h 流失水分不足为奇,这很可能是由地形抬升所致,在-60h 时,路径 1 和路径 2 的轨迹到达印度半岛附近的区域,路径 3 到达中南半岛的北部,由于陆地的摩擦和抬升,这 3 条路径中的空气块会迅速失去水分。它们进入目标区域前比湿从-20h 到-5h 显著增加。路径 4 的空气块,当它们从其南部边界进入四川盆地时,在穿越山脉时失去水分。综上分析可知地形对运输轨迹中的水分变化影响很大,影响路径 1 和路径 2 的主要地形是印度半岛和云贵高原,对于路径 3,中南半岛和云贵高原是主要影响地形。

　　图 5.24 为盆地西南型突发性暴雨水汽输送路径的平均高度、温度和比湿的时间变化图,由图可知,路径 2 和路径 5 的空气块初始高度相近,均低于 950hPa,但二者的初始温度和比湿相差较大,路径 2 来自南海的空气块初始的温度和比湿均最高,比湿为 18g/kg,温度为 300K,路径 5 来自东海的空气块由于位于中纬度的洋面,气块的初始比湿 12g/kg,路径 2 和路径 5 的空气块在向目标区域输送的过程中,高度逐渐升高,比湿和温度降低,其中路径 2 的空气块在-20h 左右,比湿下降尤为明显,这可能与从东部进入目标区域时气流爬山失去水分有关。路径 3 的空气块,来自地中海附近的埃及,气块的初始高度最高,初始比湿和温度最低,在向目标区域输送的过程中,温度降低,高一直升高,由于气块初始湿度较低,虽然在输送过程中一直处于获得水分的状态,进入目标区域时比湿依然最低。路径 1 的空气块,来自孟加拉湾,气块的初始高度高于路径 5 和路径 2,约为 900hPa。在向目标区域输送的过程中,在-168h～-100h 时,气块位于海上高度,温度以及比湿没有明显变化,-100h 之后气块开始登陆,高度明显升高,温度和比湿显著降低,直到-30h 左右,气块翻越云贵高原进入四川盆地西南部,气流下山比湿和温度开始增加。路径 4 的空气块为北方路径,在向四川盆地西南部运输的过程中,比湿增加,高度降低,温度呈波浪线性变化,没有明显的增减变化。综上分析可知盆地西南暴雨过程中,对空气块携带的水分影响最大的地形是云贵高原、大巴山以及四川盆地西南部的大凉山。

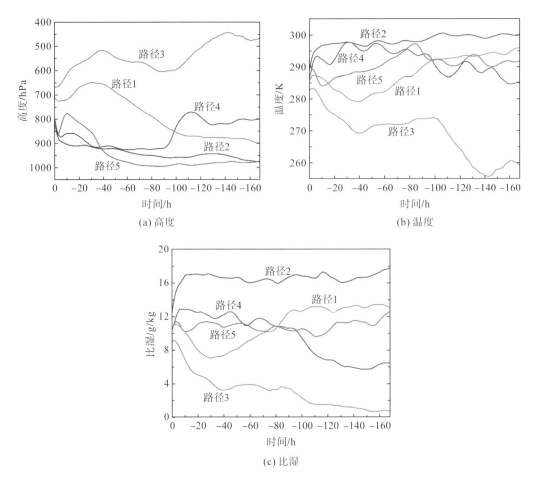

图 5.24 四川盆地西南型突发性暴雨水汽输送路径的平均物理量属性变化

5.4.3 两种分析方法揭示的水汽输送特征比较

由于大气风场的瞬时变化性，故基于欧拉方法分析的水汽通量随时间变化也具有瞬时特征，因此基于欧拉方法得到的水汽输送特征只能给出简单的水汽输送路径，就本章而言，在用欧拉方法诊断得到暴雨区主要的水汽输送方式，对于整层大气而言，水汽的大致源区即输送路径，却无法定量确定水汽输送的源汇关系和水汽源地对降水的贡献多寡。但是在一次暴雨过程中，尤其是突发性暴雨水汽输送通道不尽相同，因此引入拉格朗日方法可以更细致地看出不同暴雨过程的水汽输送通道的不同。基于拉格朗日方法的 HYSPLIT 模式显然弥补了这一不足，其模拟出的气团轨迹在追踪气流运动状况和气流源地时相比欧拉方法更具优势，它不仅可以追踪到水汽源地的具体位置，还能够提供水汽输送轨迹及其物理量沿轨迹的具体变化细节，同时可以定量计算不同源地对目标区域的水汽输送贡献。但是其本身也有局限性，分类时会忽略掉一些细节问题，由于模拟时间出现一些误差，对气流运动进行分析时需要计算大量的气流轨迹，比较耗费时间。鉴于水汽的辐合辐散通常是由空气的辐合辐散引起的，因此通过欧拉方法得到的水汽输送特征可以将水汽输送过程与影响系统联系起来，从而对暴雨的产生机理进行深入研究，在此基础上基于拉格朗日方法对水汽的源汇结构进行定量诊断得出其源地及其贡献率，二者相辅相成，通过对比分析可以使得结果更加全面深入。

5.5　低空急流对暴雨的触发作用

5.5.1　低空急流与暴雨的对应关系

结合前述对低空急流的分析，可知低空急流与暴雨存在同步关系，因此本节着重分析风分量与暴雨的对应关系。v 分量图 [图 5.25(a)] 上，2 日 02:00 由于高空动量下传，降水大值区对应偏南风为主的大风区，07:00～11:00 四川盆地东北部出现第一阶段暴雨。700hPa 强风带维持了 24h，直至 3 日 01:00 北方冷空气由低层侵入四川盆地东北部，偏南风强风速带才消失。u 分量图上，影响低层的主要是偏东风，强风速带也在 02:00 开始形成，u 分量的影响范围较低，主要位于 850～925hPa。在第二阶段降水过程中 (3 日 01:00～09:00)，对流层低层出现两支低空急流，一支位于云南、贵州和重庆地区的 700hPa 西南风低空急流，其属于大尺度低空急流；另一支位于四川盆地东北部到重庆西部的 850hPa 东南风低空急流，该急流属于山区边界层中尺度低空急流，可见两次低空急流的发展与暴雨有很好的对应关系。

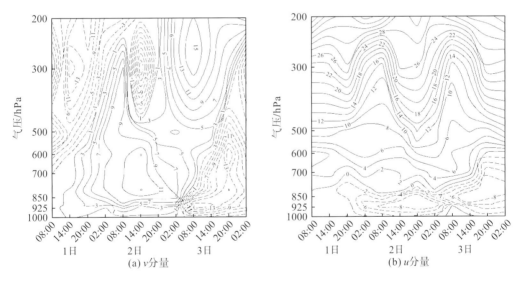

图 5.25　5 月 1 日 08:00～4 日 02:00 (31°N，107°E) 格点风速的高度-时间演变图

5.5.2　有利的动力结构和稳定的垂直上升运动

由暴雨区 (30.5°N～31.5°N，106.05°E～108.05°E) 垂直速度高度-时间剖面图 [图 5.26(a)] 可以看到，低空急流发展时，垂直速度发生了明显的变化，1 日白天在低空急流建立前整层均为下沉运动，在强降水的两个时段 2 日 07:00～11:00，3 日 01:00～09:00 始终存在着触发对流的强烈的上升运动，其中第一阶段上升运动伸展至 300hPa 以上，第

二阶段垂直运动更强，从地面至 200hPa 均为上升运动，在两个阶段之间的降水中断期，低层为弱上升运动，高层为下沉运动。可见，低空急流出口区辐合使得暴雨区在两个阶段都维持持续的辐合上升运动。从暴雨区散度和涡度高度-时间剖面图[图 5.26(b) 和图 5.26(c)]可以看到，低空急流发展时，对流层低层散度场存在明显的变化，1 日白天均为正值，在 1 日 23:00，低层（850hPa 附近）的散度全部为负值，且散度存在明显的日变化，白天减弱夜晚加强，这也与降水主要发生在夜间是一致的。当 2 日 02:00 短波槽东移时，正涡度层比较深厚，主要分布在 300hPa 附近，之后正涡度中心下传，3 日 02:00 正涡度中心移至 850hPa，最为强盛，中心值大于 $18 \times 10^{-5} \mathrm{s}^{-1}$。两个阶段暴雨过程中，对流层中低层，正涡度区域与辐合区范围相对应，量级与散度相同。可见，低空急流每次发展，都在暴雨区相伴形成正涡度柱与强散度柱，对暴雨的产生和维持十分有利。

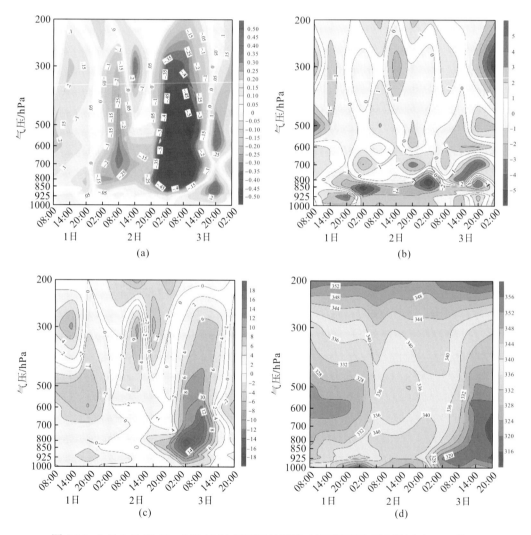

图5.26　5 月 1 日 08:00～4 日 02:00 暴雨区的高度-时间剖面垂直速度(a)(Pa·s⁻¹)、
散度(b)($10^{-5}\mathrm{s}^{-1}$)、涡度(c)($10^{-5}\mathrm{s}^{-1}$)和假相当位温(d)(K)

5.5.3 有利的位势不稳定层结

1 日白天，对流中低层为位势不稳定层结 $(\partial\theta_{\mathrm{se}}/\partial P>0)$，1 日 23:00 之后，随着低空急流的建立，位势不稳定增强，等值线突然向上扩展，表明暴雨区气团的暖湿属性明显增加，中低层的 θ_{se} 比白天增加 4～8K，近地层 θ_{se} 达 340K，700hPa 以下均为位势不稳定层结，500～700hPa 近似中性层结。3 日 01:00 在 850hPa 低空急流达到最强时，该时刻是等 θ_{se} 线的密集区，θ_{se} 迅速减小，这与干冷空气的侵入有关。虽然 θ_{se} 在 3 日 02:00 后减小，但 700hPa 以下仍为位势不稳定层结，这种不稳定层结一直维持到 3 日 20:00 突发性暴雨结束。

综上所述，我们认为这次暴雨过程的动力触发机制是 850hPa 低空急流，在两次强降水阶段由于低空急流的发展，暴雨区由辐散气流变成辐合气流，由下沉运动变成上升运动，由位势弱不稳定层结变成位势强不稳定层结，构成了暴雨发生必须具备的两个条件：层结不稳定和一定的抬升条件。暴雨区低层始终维持位势不稳定层结、强垂直上升运动、正涡度柱和强散度柱相伴的特性，这种结构的建立和维持是暴雨发生的正反馈机制之一。可见低空急流对本次暴雨有重要作用，不仅将暖湿空气输送到四川盆地，促使对流层低层的不稳定性增加，为暴雨的发生提供了必要的水汽、热力条件，而且对暴雨产生动力触发作用。

5.6 结论与讨论

西南山地低空急流在 7 月份频次最高。低空急流的高频区随着海拔的增加向西增加，这主要与中国地区西高东低的地形分布有关。四川盆地的突发性暴雨事件中与低空急流有关的个例数占了该地区总数的 22.46%，湘西地区占了 15.86%，西南山地南部的黔桂地区占了 21.03%。四川盆地、湘西地区和西南山地南部的黔桂地区有低空急流存在的突发性暴雨小时平均降雨量和范围远大于无低空急流时的情况。四川盆地、湘西地区和西南山地南部的黔桂地区 BLJ、SLLJ 和 DLLJ 型突发性暴雨的发生位置是不同的，四川盆地 BLJ 型的突发性暴雨小时平均降雨量最大，但 SLLJ 型的总降雨量最多，对所有突发性暴雨个例的贡献率最高。湘西地区 BLJ 和 SLLJ 型降雨量较少，DLLJ 型突发性暴雨的总降雨量最多。西南山地南部 DLLJ 型突发性暴雨的降雨量最多。BLJ、SLLJ 和 DLLJ 发生层次不同，且低空急流位于其对应的突发性暴雨右侧或者右后方。

此外本章利用欧拉方法分析了四川盆地东北型和盆地西南型突发性暴雨过程中暴雨区的水汽输送特征及其收支情况。基于 HYSPLIT 后向轨迹模式，对两次四川盆地突发性暴雨事件的空气块的三维运动轨迹进行模拟计算，并结合聚类分析对源地进行划分，定量分析了各个源地对研究区域的水汽输送贡献，得到的主要结论有四点：①盆地东北型暴雨区水汽的输送主要以经向输送为主，水汽主要来自低纬度的洋面。水汽的流入主要集中在南边界、西边界与东边界，在暴雨的第二阶段北边界也是水汽流入。水汽输送通道主要有青藏高原南支路径、孟加拉湾和南海路径以及从欧亚大陆来的北方路径。盆地西南型暴雨区的水汽输送主要以南北输送为主，水汽也是主要来自低纬度的洋面。水汽输送通道主要有四条，分别是青藏高原南支路径、源自蒙古的北方路径、孟加拉湾的西南路径和来自西太平洋途经南海输送至暴雨区的南方路径。该过程水汽的流入主要集中在南边界、东边界和北边界，且主要集中在对流层低层和中层。对比分析两次暴雨过程，得出相同点为均经向输送，且在南边界和东边界均有水汽流入，其次二者在 850hPa 的水汽输送均强于700hPa；不同点为二者南北边界的水汽收支情况不同，盆地东北型暴雨的南边界整层均为水汽流入，盆地西南型暴雨的南边界水汽流入仅出现在中高层。②盆地东北型突发性暴雨的水汽源地主要有四个，其中南海—东海的贡献最大，占突发性暴雨水汽输送的 42.6%，其次是阿拉伯海—印度半岛地区（25.9%），紧随其后的是中东地区，为 17.1%，孟加拉湾地区贡献最小（14.4%）。盆地西南型突发性暴雨的主要水汽来源：a. 阿拉伯海—孟加拉湾；b.中东；c.南海；d.东海；e.欧亚大陆。其对暴雨区的水汽输送贡献率分别为：40.6%、11.8%、20.3%、13.2%、14.1%，其中阿拉伯海—孟加拉湾的水汽来源最多。对比两次突发性暴雨过程的轨迹分析，孟加拉湾、阿拉伯海、东海均为主要源地，且以上源地的水汽输送主要发生在对流层低层。两次过程中对流层中层主要来自青藏高原以西的西亚地区的冷空气。盆地东北型突发性暴雨中，东海的贡献最大，盆地西南型突发性暴雨中，阿拉伯海—孟加拉湾的贡献最大。③水汽从源地输送至目标区域时，会不断地经历失水和吸水过程，总的来说，空气质点均在洋面水分增加，在陆地水分减少，空气块携带水分的变化受到地形的影响很大，特别是四川盆地周围的高大山地，且不同天气形势下对水汽输送的影响因地形而不同。欧拉方法侧重在固定点上研究水汽输送的整体特征、瞬时特征，仅能简单给出水汽输送路径，而拉格朗日方法则能研究气块随气流的运动以捕捉到水汽输送特征的三维时空特征，对水汽的源汇关系进行量化。④低空急流是本次山地突发性暴雨的主要触发因子，其在暴雨前一直维持增强趋势大尺度西南低空急流与中小尺度山区边界层低空急流叠加，在四川盆地东北部形成正涡度柱和低层强辐合柱的动力耦合，低空急流出口区和地形的辐合抬升共同造成强烈的垂直上升运动，构成了山地暴雨突发的动力条件。

本章对西南山地低空急流与突发性暴雨的关系进行了初步的讨论，可以看到，急流型突发暴雨的降雨强度虽然大于非急流型暴雨，但是急流型突发暴雨在所有同类型事件中所占比例并不高，这表明大部分突发暴雨事件中并无急流发生，这些事件中究竟是什么机制影响暴雨的发生和发展，也需要后期开展研究。此外，本章给出的是统计或若干个例结果，而具体个例中 BLJ 和 SLLJ 在暴雨过程的不同阶段的作用应该是不同的，有些急流可能是暴雨发生后才产生的，且对暴雨过程的后期发展和维持起到了重要作用，这些问题都需要进一步开展研究。

第6章　地形强降水研究的总结与展望

6.1　研究成果的总结与应用

山地地形对大气的影响主要表现在以下几个方面。①热力作用。同纬度地区，地势越高，气温越低。②动力作用(机械阻挡或屏障作用)。地形是气流运行的主要障碍，可形成阻挡、爬坡、绕流和狭管等四种地形效应，也可以改变季风或寒潮的强度和方向。地形能够显著改变边界层的气流，如强风通过山脉时，在下风方向可形成一系列如背风槽、背风波、背风涡等背风天气系统。③对降水的影响。山脉可使湿润气团的水分在迎风坡由于地形抬升形成大量降水(地形雨)，背风坡则由于气流下沉导致少雨而变得干燥，则山脉两侧的气候可以出现极大差异而成为气候分界线，如秦岭。④山地气候的形成。受海拔和山脉地形的影响，在山地地区形成的一种地方性气候(李国平，2016)。

我国西部多山地，其中西南地区尤以地形复杂而闻名于世。山地突发性暴雨是我国重大自然灾害之一，山地突发性暴雨及其引发的次生灾害(如山洪、泥石流、滑坡、崩塌等)会造成严重的生命财产损失，其预警与防范是国家防灾减灾重大而迫切的战略需求，也是汛期重点防范的自然灾害。山地突发性暴雨预报预警的难点是提升暴雨发生时间、区域和强度预报预警的准确性和时效性。当前我国西南山地突发性暴雨预报水平不高、能力不足的一个重要原因就是未能有效考虑山地对暴雨及其突发性的影响，缺乏山地突发性暴雨形成与发展的理论指导，亟待在综合观测的基础上，重点研究西南山地突发性暴雨的多尺度特征和动力学机理这一关键科学问题。本书希冀通过对山地突发性暴雨触发机理、发展条件、中尺度对流系统的结构特征的研究，提出可指导建立山地突发性暴雨的定量诊断技术与预报物理模型，发展西南山地突发性暴雨的预报理论和数值模式降水产品的地形订正方法，丰富山地突发性暴雨的科学认识，为提高西南山地突发性暴雨预报准确率和山洪地质灾害防御能力提供科技支撑。

欧洲和美国已经开展山脉的动力、热力过程对局地环流形成的观测和理论研究，揭示了地形作用形成的上坡风、下坡风和山谷风的形成机制及其对局地天气的影响(Whiteman，1990)，以及中尺度地形的动力作用等(Zhang and Koch，2000)。相较于长江下游江淮平原上以大别山等为代表的第三级阶梯地形，国内针对中国西部山地和对流发生环境的复杂性，开展了以青藏高原为代表的第一级阶梯地形和以四川盆地周边、云贵高原、秦岭—大巴山、巫山—三峡、武陵山—雪峰山等为代表的第2级阶梯地形背景下对流系统发生的环境条件、触发机制、结构特征等的分析(崔春光 等，2002；毕宝贵 等，2005；王婧羽 等，2019；Mai et al.，2021)，并利用新的观测手段得到的高分辨率资料，开展理论分析和数值模拟试验，揭示了局地地形、山地边界层、地形重力波等过程对山地对流、降水系统发生发展的作用(肖庆农和伍荣生，1995；翟国庆 等，1995；李唐棣和谈哲敏，2012)。当前，在山地突发性暴雨的特征与机理研究方面， 急需基于综合观测数据集获取多尺度信息，揭示山地突发性暴雨发生发展的条件、中尺度对流系统的结构与分布，阐明突发性暴雨发生发展的多尺度特征与动力学机制。下面将以中国西南山区为例，对山地突发性暴雨事件的识别标准、影响系统与有利环境条件、高原中尺度对流系统的影响、地形绕流和爬流的作用、地形重力波的触发机理、双（两类）低空急流的综合效应、地形影响的数值研究等方面近年来的研究进展与成果进行梳理、总结及展望。

需要强调的是，按照国家重点研发计划项目既重视基础理论研究也要关注研究成果的转化应用的原则，本书坚持"边研究边应用"的原则，代表性成果已在国家科技部 2020 年汛期防灾减灾服务、中国气象局 2021 年"4·23"陕南—秦巴山区暴雨（详见 6.1.9 节）、"5·22"甘肃白银景泰山地高影响天气（详见 6.3.1 节）、"2·17"河南极端暴雨尤其是"7·20"郑州特大暴雨的预报技术"复盘"研讨总结中起到了关键理论指导作用，并且课题研究成果已经在 4 个省级、2 个地市级业务单位得到示范推广作用。

6.1.1　西南山地突发性暴雨事件的识别标准

中国西南山地是暴雨及其次生灾害的多发区（高频区），本书所说的西南地区主要涉及四川、重庆、贵州、湖北、湖南、陕西、甘肃、云南、广西，其中四川、重庆、贵州所代表的西南山地是本书关注的重点。

本书的山地界定为：海拔为 500～1500m 或 500～3000m 且起伏大、多呈脉状分布的高地，所指的西部山地突发性暴雨事件定义为：发生在西部山地的（海拔为 500～1500m 或 500～3000m）、降水区域直径小于 200km、1h 累计雨量≥20mm 且 3h 累计雨量≥50mm 的强降水。

6.1.2　近 10 年四川山地暴雨的演变特征

黄楚惠等（2020）利用近 10 年（2010～2019 年）国家气象基本站与加密气象自动站降水资料，从气候态探究了四川省山地暴雨事件的空间分型与时间变化特征。在将四川山地暴雨事件划分为川西暴雨（SC-A）、川东北暴雨（SC-B）和川西、川东北两地并发型暴雨（SC-C）这三种类型的基础上，统计分析得到以下结果。①近 10 年四川山地暴雨的频次略有减少，但累计降雨量和地质灾害却有所增加。SC-A 近 10 年发生的频次和强度呈增加趋势，而 SC-B 表现出不规则的振荡趋势。在三类暴雨事件中，SC-A 在发生频次和强度上均为四川山地暴雨中最高的一类。②暴雨峰值逐年变化中，SC-A 暴雨峰值雨量总体大于另两类暴雨，近 10 年中，峰值雨量除在 8 月呈上升趋势外，其余月份山地暴雨强度无明显的线性增减趋势。③三种类型的山地暴雨事件累计雨量和频次变化趋势比较一致，5～7 月逐渐增加，7 月达到最高，8～9 月逐渐下降。5 月和 9 月发生的暴雨事件主要为 SC-B 山地暴雨，6～8 月则以 SC-A 山地暴雨为主。④四川山地暴雨事件夜间出现暴雨峰值的频次远高于白天，主要集中在后半夜（北京时 00:00～06:00），在研究的三种类型山地暴雨事件中，SC-A 的夜间暴雨峰值出现次数最多。

6.1.3 山地突发性暴雨的影响系统

根据现有研究成果，可以概括出西南山地突发性暴雨的影响系统(图 6.1)主要有以下几类：①高层系统(200hPa)，如高空急流、(惯性)重力波、南亚高压；②中层系统(500hPa)，如高空槽、高原低涡(简称高原涡)、高原切变线(简称切变线)、西北太平洋副热带高压(简称西太副高)；③中低层系统(700hPa)，如低空急流、低层切变线、西南低涡(简称西南涡)、冷侵入(冷空气)；④低层系统(850hPa)：边界层地形辐合线、西南 β 中尺度低涡、山区(边界层)低空急流、暖湿输送(暖湿气流)；⑤(近)地面系统，如地面辐合线、地形准静止锋、东南沿海台风、MCS，其中 MCS 包括局地(如四川盆地的丘陵地带)生成的或上游地区(如青藏高原)东移而来的。

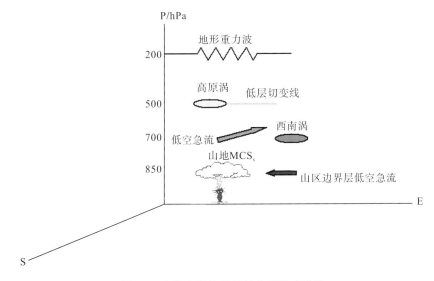

图 6.1 山地突发性暴雨的主要影响系统

张芳丽等(2020)利用最新 ERA5 再分析资料、新一代雷达拼图资料，对 2017 年 5 月初四川盆地东北部一次突发性暴雨事件的影响系统、动力和热力影响因子以及地形作用的分析表明：此次暴雨事件的主要影响系统有中纬 500hPa 东移低槽、西伸的西太副高、对流层中低层的西南低空急流以及低层切变线。

利用高时空分辨率的 TBB 数据，基于模式匹配的自动识别追踪方法，对 2000~2016 年暖季(5~8 月)长江中游的第 2 级阶梯地形附近(106°E~113°E，28°N~35°N)的 MCS进行识别、追踪和分类，发现东移个例主要集中生成在研究区域的东部地区，而准静止个例则主要生成在研究区域的西部。东移个例比准静止个例生命史更长，移动距离更远，成熟时刻云团面积更大，对流发展更为旺盛，对长江中下游地区的降水系统影响更大。本书研究得出有利于 MCS 东移的大尺度环流背景条件：青藏高原以东对流层中层浅槽和西太副高的配合为第 2 级阶梯地形东部对流的生成和东移提供了有利的环境条件；低层正相对涡度和较强的垂直风切变为对流的组织和发展提供了动力条件；强盛的低空急流不断向第

2 级阶梯地形东部和以东地区输送暖湿气流,五大水汽源地(图略)大量水汽输送的辐合有利于对流的发展和长时间维持(Yang et al., 2020)。

6.1.4 高原中尺度对流系统的影响

青藏高原高耸入云端,平均海拔在 4000m 以上,是山地的极大值情形。这使得它在暖季(5~9 月)比同纬度地区能够接收更多的太阳短波辐射,在太阳的炙烤下,青藏高原成为一个巨大的热源。在暖季充沛的水汽供应下,青藏高原上对流活动异常旺盛,平均每一万平方公里的面积上有 20~50 个成熟的对流云生成。对流云在西风带短波槽、切变线、高原涡等系统的影响下,趋于组织化从而形成更大尺度的高原 MCS。

基于逐小时的卫星 TBB 资料对近 16 个暖季的高原 MCS 进行了统计,共得到了 9754 个高原 MCS 个例,平均每天 4 个。分片位涡收支的结果表明,在高原 MCS 未移出高原以前,它就开始了对下游地区的影响,它的影响主要通过降压与增加气旋式风场扰动来实现(这有利于青藏高原东侧西南低涡的形成);当高原 MCS 移出高原后,这两种影响达到最强。敏感性试验表明,对流凝结潜热释放是高原 MCS 形成的必要条件,高原 MCS 除了通过产生降水直接影响高原东部与高原下游地区外,还可以通过调整高原及其周边地区的大尺度环流形势,以及与下游天气系统的相互作用从而对更广阔范围的降水包括山地突发性暴雨产生一定的间接影响(Mai et al., 2021)。

6.1.5 地形引起的绕流和爬流对山地性突发暴雨的不同作用

通过绕流和爬流方程,将低层流场分解为绕流和爬流分量,探讨地形对于过山气流的影响及其对四川盆地西南部山区强降水的影响,揭示地形引起的爬流和绕流对于山地突发性暴雨的不同作用。由于地形的阻挡作用,来自东北方向的气流发生旋转,产生绕流运动,在盆地内形成局地涡旋。同时盆地和盆周山地之间的地形高度差强迫过山气流产生爬流运动,导致系统性垂直上升运动加强。在绕流与爬流的共同作用下,为山地突发性暴雨的发生发展提供了有利的流场条件。

将绕流和爬流矢量模的大小进行比较,得到爬流运动要强于绕流运动,爬流作用占主导地位。由此可见,2018 年 5 月 21~22 日发生在我国四川盆地西南部的山地突发性暴雨天气过程中,过山气流由于地形海拔的变化而产生的地形适应运动,主要是以爬流运动为主,绕流运动次之,并且爬流产生的地形垂直上升运动与雨带分布的相关性比系统性垂直上升运动更为密切(金妍和李国平,2021)。

6.1.6 地形重力波与对流耦合作用触发山地突发性暴雨的一种可能机理

谢家旭和李国平(2021)以四川盆地西南部 2018 年 5 月 21 日山地突发性暴雨事件为例,通过天气动力学诊断与小波交叉谱能量分析,得出该山地突发性暴雨过程中存在波长为 150km、周期为 5h 的中尺度惯性重力内波(简称重力波)。山地重力波是在地形、切变不稳定以及非地转平衡(地转适应过程)三者的共同作用下形成,其中切变不稳定是主导机制；切变不稳定先于重力波的传播出现在下游降水区域，可表征切变不稳定的理查森数对重力波传播方向及降水落区有很好的指示作用。

就整个物理过程而言，由于重力波的波动结构建立了低层辐合-高层辐散的流型，使得低层水汽辐合上升，输送到高空形成有组织的对流云。与此同时，波动的下沉支气流促使低层不稳定能量累积；低空急流产生的临界层效应导致波动扰动能量下传，触发不稳定能量释放，进一步加强对流，最终引起突发性暴雨。因此可认为以地形重力波与局地对流耦合形成的正反馈过程为主线，配合天气尺度低空急流、边界层低空急流、地形的动热力强迫、局地环流等因子的协同作用，是山地对流不断发展并最终引发暴雨的一种可能机制（图 6.2）。

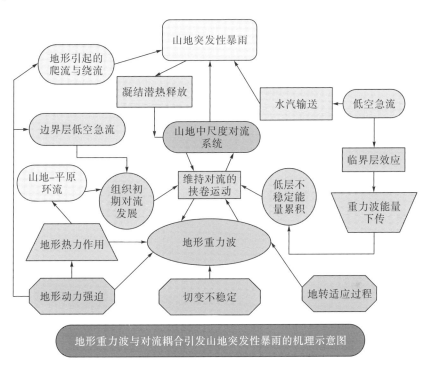

图 6.2　山地突发性暴雨形成机理示意图

6.1.7　双低空急流对山地突发性暴雨的协同效应

对 2017 年 5 月初四川盆地东北部一次突发性暴雨事件的诊断分析发现：大尺度的西南低空急流和中尺度的山区低空急流在暴雨前 8h 建立，低空急流的增强（减弱）超前于暴雨发生（结束）。大尺度的低空急流与中尺度的山区低空急流的叠加使四川盆地东北部形成正涡度柱和低层强辐合柱的动力耦合，低空急流最大风速出口辐合上升区与地形的辐合抬升作用叠加形成盆地东北部强烈的垂直上升运动，成为山地暴雨突发的动力触发条件，因低空急流建立的位势不稳定层结构成了暴雨的热力条件（Zhang et al., 2019）。

进一步通过天气动力学诊断分析与欧拉-拉格朗日方法相结合的水汽计算技术，阐明了双（两类）低空急流对山地突发性暴雨的综合作用。山地突发性暴雨爆发时，850 hPa 的山区中尺度低空急流强度首先达最强，即山区低空急流与暴雨的发生同步；而 700 hPa 的大尺度、偏南风低空急流随后达最强。因此双低空急流对暴雨有重要的综合效应，不仅将暖湿空气输送到四川盆地，促使对流层低层大气的不稳定性增加，还为暴雨的发生创造必要的热力、动力触发条件(Zhang et al., 2019)。

此外，大尺度低空急流为暴雨必需的水汽供应提供了载体，并且在有利地形配合下形成水汽辐合汇聚。Zhang 等(2019)明确了四川山地突发性暴雨的水汽源地和水汽输送路径，定量化确定出不同水汽源对暴雨的贡献。研究认为四川盆地东北部突发性暴雨事件的水汽主要来自孟加拉湾—中国南海和印度半岛—孟加拉湾，对暴雨的水汽输送贡献率分别为 66% 和 31%，其中孟加拉湾—中国南海的水汽输送主要位于 850hPa 以下的对流层低层，印度半岛—孟加拉湾的输送主要来自 600hPa 以下对流层的中低层，850hPa 山区低空急流与 700hPa 西南低空急流并发时其对水汽的汇聚作用更为显著。与西北暴雨不同的是，由于青藏高原和秦巴山脉的地形阻挡，源自中东经西风气流输送的水汽不仅量少而且主要位于中高层，并非四川山地暴雨的主要来源。

6.1.8　地形对西南涡大暴雨影响的数值试验

在中尺度数值模式 WRF 成功模拟的基础上，通过敏感性试验研究了西南涡移出盆地的东北路径上的秦巴山区地形对一次西南涡大暴雨过程的影响，得到以下几点认识：①地形通过对低涡本身的摩擦阻挡以及对山脉两侧南北气流的阻挡从而影响西南涡移动，地形高度降低有利于低涡向东、向北移动；②地形对西南涡降水的增幅作用明显，并且随着地形高度的升高，降水强度增大，雨带位置向西偏移；③地形主要通过影响水汽输送、辐合汇聚和垂直上升运动来影响降水强度和分布。雨带位置和强度与迎风坡水汽通量辐合区一致。地形强迫作用包括地形抬升与边界层摩擦辐合，其中地形抬升起主要作用，但在迎风坡边界层摩擦辐合也有重要贡献。地形强迫出的垂直上升速度以及 6h 累计雨量在迎风坡随地形升高而增大，降水大值位于垂直上升运动大值的南侧。降水区外围的弱下沉运动和其北部的强上升运动在迎风坡形成一个局地垂直环流圈(次级环流)，从而影响西南涡与地形辐合线的相互作用以及山地暴雨的演变(王沛东和李国平，2016)。

地形高度的变化对山地突发性暴雨的强度与落区有重要影响。山脉高度上升能增强其对于气流的阻挡作用从而加强气流的低空辐合、高空辐散，叠加迎风坡的地形抬升作用形成强烈的垂直上升运动，加强大气层结不稳定性，触发不稳定能量释放，配合充足的水汽最终促成暴雨发生，即地形通过改变山地动力、水汽等物理量场从而影响暴雨的落区和强度。地形的抬升作用造成水汽与不稳定能量在迎风坡堆积，层结不稳定性增强，在强烈的上升运动作用下触发对流不稳定发展(高珩洲和李国平，2020)。

6.1.9　秦巴山脉"4·23"区域性暴雨的若干异常特征

2021 年 4 月 23 日，陕西南部的关中—秦巴山脉出现了一次区域大范围的暴雨过程，该次强降水引发陕西省内共有 9 条河流 10 站出现洪峰 11 次。岚皋县境内 G541 国道县乡道路发生多处塌方，交通中断。石门镇老鸦村出现小面积泥石流，提前撤离 2 户 9 人，避免了人员伤亡。该过程是 2021 年全国有影响的首场暴雨，受到中国气象局领导的高度关注。

在中国气象局科技与气候变化司的组织下，中国气象局武汉暴雨研究所、陕西省气象台、湖北省气象台、南京大学、成都信息工程大学等单位的相关专家对此次暴雨过程进行了复盘。作为国家重点研发计划项目"山地突发性暴雨的特征与机理研究"(2018YFC1507200)的拓展应用，我们利用国家和区域站逐小时降水、雷达拼图、FY-4A 卫星等观测资料，以及水平分辨率为 0.25°×0.25°，垂直 25 层的 ERA5 逐时再分析资料，对 2021 年 4 月 23 日秦巴山脉大范围区域性暴雨过程进行降水特征、多尺度影响系统、水汽异常输送、地形可能影响展开初步分析。

2021 年 4 月 21~26 日，秦巴山脉特别是陕西省南部出现了持续性降水天气，其中 4 月 23 日 08:00(北京时，下同)~24 日 08:00 陕西关中及其南部的秦岭、大巴山发生了 2021 年首场区域性大范围暴雨[图 6.3(a)]，陕西省的关中地区为零散站点暴雨，暴雨成片区主要分布在汉中东部、商洛和安康地区，其中商洛市山阳县十里铺街道站雨量最大，为 116.9mm，23 日 09:00~10:00 最大小时雨量为 20mm[图 6.3(d)]，陕西省内降水持续时间长，雨强较小，是系统性较强的稳定性降水。与陕西相邻的四川东北部、湖北西北部、河南西部等地也均有成片的暴雨区，大巴山南坡有多站降水强度强，3h 超过 50mm，具有突发性，如四川省富顺县五间房村站 24h 雨量超过 90mm，其中 23 日 06:00~09:00 这 3h 超过 57mm，07:00~08:00 小时雨量为 24mm[图 6.3(c)]，达到山地突发性暴雨事件标准(Chen et al.，2021)，对流性降水明显，可见此次大范围长时间持续的山地暴雨过程中含有山地突发性暴雨事件。尽管陕西境内 23 日强降水对流弱，但这是关中—陕南 4 月历史上最强区域性暴雨过程，共有 18 个国家站 24h 降雨量突破 4 月历史极值[图 6.3(b)]，陕西东南部破历史极值站点降水均超过 50mm，关中地区则为 40~51mm。强降水造成山地塌方、泥石流等次生灾害。

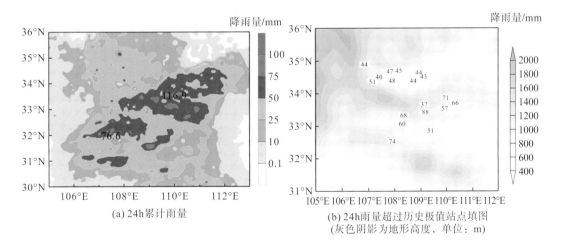

(a) 24h 累计雨量

(b) 24h 雨量超过历史极值站点填图
(灰色阴影为地形高度，单位：m)

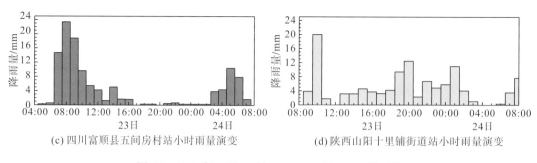

(c) 四川富顺县五间房村站小时雨量演变   (d) 陕西山阳十里铺街道站小时雨量演变

图 6.3   2021 年 4 月 23 日 08:00～24 日 08:00 降雨量

通过秦巴山脉强降水分布特征、暴雨过程多尺度天气系统的叠加作用、秦巴山脉南北降水差异和降水过程的中尺度特征以及气候变化背景下的水汽异常输送等方面的研究得出：该次暴雨过程范围大，多站降雨量突破历史同期极值，且大巴山区出现了山地突发性暴雨事件。500hPa 秦巴山脉异常的"东高西低"环流形势维持使得青藏高原至陕西间的气压梯度力增大，中层西风气流增强。中低层多尺度天气系统的叠加作用是造成该次暴雨的背景动力条件，西南低涡前方的东南气流一方面与北侧偏东风形成的切变线为暴雨发生提供了环境场的辐合上升运动，另一方面将西南气流和偏南气流带来的水汽输送到秦巴山脉汇聚。同期近海台风和东北冷涡活动相关联的环流导致东北路径的水汽输送异常强(贡献达到 30%)，成为本次暴雨过程水汽来源的独特之处。与历史同期比，偏南通道和东北通道的水汽路径上比湿都是异常的正距平，说明暴雨期水汽来源丰沛。暴雨过程主要由西南低涡前方的一个 MCS 活动造成，大巴山区迎风坡对气流的地形抬升与环境场偏南气流的辐合上升叠加，对流活动强，降水强度大且突发性强；而秦岭山区近地面是偏东风在山前辐合抬升，中层为西南引导气流的环境场上升运动，比大巴山区降水期的上升运动弱，以层云降水为主，但持续时间长，累计降雨量大。异常环流条件下多尺度系统相互作用、异常水汽输送结合地形影响是秦巴山脉暴雨发生的主要原因。此次暴雨过程的主要特点有：多尺度天气系统的叠加，水汽输送异常强劲，地形对强降水的增幅作用明显(王晓芳等，2022)。

6.2   存在的问题与未来研究展望

6.2.1   四川盆周山地夜间暴雨的问题

虽然西南山地暴雨的研究在近年来取得了明显进展，对其特征与机理获得了一些新的认识，但由于这一问题的复杂性以及系统性研究的薄弱，在科学探究与实际应用上都存在不少有待研究的问题，下面仅以四川盆周山地夜间暴雨为例展开分析、讨论。

四川盆地位于青藏高原与长江中下游平原的过渡地带(即第二阶梯地形区)，是世界上地形最复杂的区域之一，山地、丘陵、平原、盆地、高原五大地形应有尽有，是多尺度、复合地形的代表性区域。特殊的地理位置决定了四川盆地具有独特的天气特征，以及受到东亚季风、南亚季风和高原季风协同影响的气候特点。四川盆地夜间降水的发生频次和降雨量相较白天明显偏高,自春秋战国时期就有"巴山夜雨"之说,并在 20 世纪 40 年代开启了研究(吕炯,1942)。四川盆地是公认的中国夜雨频次和面积最大的区域,夜雨率全年平均为 69%,春季更高达 81%(张家诚和林之光,1985;段春锋 等,2013)。这种独特的降水现象和地形特点使得四川盆地成为研究地形影响天气气候、检验数值模式的典型区域。

在降水日变化这一研究领域,国内外学者在不同地域开展了大量多视角的研究(Takagi et al.,2000;Lin et al.,2000;Wu et al.,2003;Dai et al.,2007;Li et al.,2008;Zhou et al.,2008;Li J et al.,2008;Monaghan et al.,2010;Huang et al.,2010;Sun and Zhang,2012;Chen et al.,2013;Zhang et al.,2014;罗亚丽 等,2020)。林必元和张维恒(2001)系统性总结了地形对降水(包括日变化)的影响。Sato 和 Kimura(2003)利用数值模拟研究了地形背风区降水的日变化,Rickenbach(2004) 关注夜间云系的作用,毛江玉和吴国雄(2012)基于 TRMM 卫星资料研究了亚洲季风区夏季降水的日变化,王成鑫等(2013)强调地形的动力影响,Pan 和 Chen(2019)揭示了山谷风环流和边界层惯性振荡对华北平原降水日变化的贡献,马婷 等(2020)侧重研究了如青藏高原低涡这样的天气系统影响下游强降水的位涡演变机制,Mai 等(2021)统计研究了高原中尺度对流系统与西南低涡(西南涡)及其降水的关系。

对于四川盆地降雨及其日变化的研究已有不少。李国平等(2006)应用地基 GPS 遥感的可降雨量(GPS-PWV)合成分析了成都平原夏季水汽日变化。沈沛丰和张耀存(2011)对四川盆地夏季降水日变化进行了数值模拟。Huang 等(2015)揭示了四川暴雨水汽源地的统计特征。这些研究表明,四川盆地降水的日变化极具特色,具有显著的单峰结构,峰值多出现在午夜至清晨,这与中国大多数地区在下午出现降水峰值的特点截然不同(Yin et al.,2009;Yu et al.,2009;Luo et al.,2016)。

全球各地的夜雨现象也是气象学者们极有研究兴趣的课题。Balling(1985)研究了美国大平原的夜雨,Ueno 等(2009)研究了由天气尺度辐合造成的青藏高原中部的夜雨,Chen 等(2010)研究了中国江淮平原的夜雨,Du 和 Rotunno(2014)、Shapiro 等(2016)、He 等(2016)研究了夜间低空急流的作用,Li 等(2014)探讨了高原低涡(高原涡)与夜雨的关系。就四川盆地夜雨(巴山夜雨)而言,其研究历史虽已有 80 年,但影响因素的多样性使其形成机制众说纷纭,争论不休。其产生曾经被归因于独特的地形环境下,潮湿多云、地面热力差异产生的夜间山风环流促使水汽辐合上升、对流活动的日变化、夜间云顶辐射冷却产生的层结不稳定、稳定性层状云等多种原因,即传统观点多认为与围绕盆地的高原与盆地的下垫面热力差异造成的局地环流日变化(Bao et al.,2011;Jin et al.,2013),以及青藏高原东部和云贵高原的对流系统分别向东和东北传播在夜间进入四川盆地有关(Wang et al.,2004)。最新研究(Zhang et al.,2019)则认为对于四川盆地西部的夜雨(夏季降水出现夜间峰值),来自四川盆地东南侧云贵高原的偏南低空急流的日变化是控制四川盆地降水日变化的关键因子,热力驱动的局地环流对水汽输送只有小部分贡献,而低空急流的日变化可应用 Blackadar(1957)提出的边界层急流惯性振荡理论给予较好解释,这种新观点的要意是夜间青藏高原东侧下沉气流与云贵高原东部输送水汽的强东南低空急流(准地转平均气流+非地转扰动气流),促成了相较白天更为强盛的盆地夜间低空水平辐合及垂直上升运动。可见，传统观点侧重热力影响，强调局地效应；而新观点强调动力影响，关注外界与局地因素的共同作用。此外，在揭示四川盆地西部夜雨的时空变化特征以及全球变暖背景下"巴山夜雨"的气候变化倾向方面也取得了一些初步研究成果(胡迪和李跃清，2015；张博和李国平，2015)。

由以上研究综述可清楚看出，虽然对四川盆地夜雨的研究成果颇丰，但对于地形降水日变化研究中的难点且极具应用价值的山地暴雨日变化的研究尚不多见。夜雨(夜间降水)只是一种降水的日变化现象，常给人以"却话巴山夜雨时"般的诗情画意，而山地暴雨是我国重大自然灾害之一，以突发性、局地性、短历时、雨强大等为主要特征，因此山地暴雨及其引发的次生灾害(如山洪、泥石流、滑坡、崩塌等)会造成严重的生命财产损失。山地暴雨也是巴山蜀水高发的一种严重自然灾害，如 2020 年 6 月 26 日 18:00～27 日 01:00发生在四川凉山冕宁山区的特大暴雨，引发山洪泥石流，造成严重灾害，导致 22 人死亡。根据四川省气象局 2018 年颁布的"四川省短期灾害性天气预报质量评定办法"，四川的暴雨分为三级：暴雨、大暴雨和特大暴雨，其中川西高原的甘孜、阿坝两州 24h 降雨量达到 25.0～49.9mm 即为暴雨；四川其余市、州(即四川盆地、凉山州和攀枝花市)的暴雨则要求 24h 降雨量为 50.0～99.9mm。我国西部多山地，其中西南地区的四川盆地(四川省、重庆市)尤以地形多样、复杂而闻名于世。在各类暴雨中，山地暴雨无疑是一种特殊且更为复杂的形态，其预报预警是防灾减灾重大而迫切的需求，也是汛期防灾减灾的重点。这里的山地指海拔 500m 以上且起伏大、多呈脉状分布的高地。鉴于山地暴雨的复杂性并考虑到研究成果的应用价值，有必要聚焦于山地暴雨中的山地突发性暴雨(即山地短时强降水，以下统一简称山地暴雨)，则可把山地暴雨事件定义为：发生在山地区域，1h 累计雨量≥20mm 且 3h 累计雨量≥50mm 的强降水。对于四川盆周的山地暴雨，盆周西部的甘孜、阿坝两州，雨量标准减半(即 1h 累计雨量≥10mm 且 3h 累计雨量≥25mm)。

基于对四川盆地周边山地汛期(5～9 月)突发性暴雨的初步研究(Zhang et al.，2019；黄楚惠 等，2020；金妍和李国平，2021)，山地暴雨的高夜发性是四川盆周山地暴雨的一个重要特征，包括高夜发频次、夜间增强、夜间出现峰值等诸多形式，在此统称其为四川盆周山地夜间暴雨。目前，对此现象鲜有专门的系统性研究，对其认知(特别是形成机理)极度匮乏，照搬现有四川盆地夜雨的成因认知并不能全面、合理解释四川盆周山地夜间暴雨这一区域差异大、可能机理多样的更为复杂的降水日变化问题。例如，山谷风环流有利于盆地(平原)的夜雨形成，但似乎并不利于盆周山地的夜雨，说明山谷风环流并非山地夜间暴雨的决定性因子，即山地夜间暴雨具有非局地性或存在外来系统的影响，且低空急流很可能并非唯一的域外影响系统。由此猜想：山地突发性夜间暴雨是否与山地 MCS 和重力波的夜发性、山区低空急流的夜间增强、低层位涡的夜间制造这些问题的联系更为密切？另外，由于山地夜间暴雨的时空尺度小、观测资料少、地形影响大等特点，增加了理论研究与业务预报的难度，加之山地暴雨的高夜发性又加剧了山区暴雨及其次生灾害的防御救援难度，使得山地夜间暴雨预报成为防灾减灾工作中各级政府和民众的紧迫需求，以及气象部门开展专业服务的技术痛点。

综上所述，站在前人研究"四川盆地夜雨"的"肩膀"上，新时代要求我们深化认识包括西南山地夜间暴雨在内的夜雨现象，积极探索山地暴雨发生发展的规律，借助地、空、天综合观测资料和现代研究手段,有针对性地去研究四川盆周山地夜间暴雨的结构特征和形成机理这一关键科学问题。本书希冀通过对于四川盆周山地夜间暴雨触发机理、发展条件、中尺度系统作用等方面的创新研究,查明四川盆周山地暴雨高夜发性的影响因子,建立山地夜间暴雨的物理模型及数值预报降水产品的地形订正方案, 提供山地暴雨多夜发或夜间增强的机理性新认识,为提高我国山地暴雨精准预报和山洪地质灾害防范精细服务能力提供有力的科技支撑。

6.2.2　其他有待研究的问题

深入认识中国不同气候区和地理位置极端强降水的演变特征及其发生机理、天气尺度强迫、中小尺度过程、云微物理过程、气溶胶影响、城市和地形等复杂下垫面的独立影响和相互作用等,应是暴雨科学和预报未来需要进一步加强研究的重要方面(罗亚丽 等,2020)。我国是一个多山地国家,西南地区的山地尤其复杂。因而针对西南山地突发性暴雨特征与机理的研究有助于从机理上深化对西南山地突发性暴雨的科学认识,对山地突发性暴雨的准确预报具有重要意义,在山地突发性暴雨的形成发展机理这一核心科学问题的基础理论创新、关键技术方法突破及未来的成果推广应用等方面均具有重要价值。

展望地形暴雨特别是山地突发性暴雨特征与机理方面的未来研究,以下几个方向值得重点关注。

(1)西南山地突发性暴雨事件长序列的时空统计特征、发生发展的环境条件以及变化趋势的合成研究。

(2)与西南山地突发性暴雨密切相关的中尺度对流系统大样本的统计特征、三维结构特征和影响机制的深入研究。

(3)西南山地突发性暴雨过程中的地形与降水系统相互作用机理的细化研究,地形影响的高分辨率模式数值模拟与降水产品的地形订正方法研究。与非山地突发性暴雨的对比研究,分类的山地突发性暴雨物理概念模型的研究,以及山地突发性暴雨夜发性的成因分析与数值模拟。

(4)地形激发的重力波对西南山地突发性暴雨影响机理的系统性研究,重力波提取方法与诊断量的业务化应用研究。

(5)山区低空急流的时空分布特征及其与西南山地突发性暴雨关系的气候统计研究,与山地突发性暴雨有关的低空急流分型、判据与前兆信号的研究,以及低空急流对山地突发性暴雨作用机制的研究。

(6)以整个西部地形强降水的视角,对中国西南暴雨与西北(新、青、甘、宁、陕及内蒙古西部)暴雨的对比与综合研究。

6.3　从山地降水研究到山地气象学

世界上有一半的土地面积为山地,全球约一半的人口依靠山地资源而生存。山地是地球生命支撑体系的一个重要组成部分,是关系地球系统生存与发展的基础。中国是一个山地大国，山地自然资源和人文资源十分丰富，在国家社会经济发展中具有重要作用。

山地可定义为海拔在 500m 以上的高地，其地形特征为起伏大、坡度险峻并且沟谷幽深，多呈脉状分布。山地有别于单一的山或山脉，是一个众多山所在的地域。在这个地域内，具有能量、坡面物质的梯度效应，表现为气候、生物、土壤等自然要素的垂直变化，是地球陆地表层系统中的一种特殊类型。山地最基本的特征是拥有较大的相对高度和较陡的坡度并有岭谷的组合，垂直分布差异是山地科学研究的最基本问题。因此有学者把山地定义为"有一定海拔、相对高度及坡度的自然−人文综合体"(丁锡址和郑远昌，1996)，把山地科学研究对象确定为"作为自然−人文综合体而存在的山地地域系统"(中国科学院水利部成都山地灾害与环境研究所，2000)。当前，国际上把山地视为全球变化的前哨。

根据山地的定义，高原是山地的一种突出形态，属于高大地形。青藏高原作为中国和世界上最重要的高原山地，拥有全球最为复杂的垂直自然带结构。经过 20 世纪 70~80 年代全面的综合科学考察和全国性协作研究以及 90 年代以来的系统性研究，青藏高原学在理论及应用方面取得了许多重大突破，代表着中国山地科学研究的最高水平(钟祥浩，2002)。山地气象学是山地科学的一个重要分支学科，主要研究山地地形与大气及其运动、自然环境和人类活动之间相互作用的学科。在山地气象科学考察与试验的研究中，大气科学工作者除了专注于山地的地−气物理量交换、大气冷热源、大气环境、屏障作用与山谷通道作用等研究外，还与地理学、地球物理学、生物学、生态学、资源和环境科学等学科合作，探讨上述山地作用与自然环境和人类活动之间的关系(高登义 等，2003)。虽然在中国"山地气象"常称为"高原气象"，但从学科属性及研究内容来看，"高原气象学"应该是"山地气象学"的重要组成部分。 由于青藏高原气象学在中国已发展成为大气科学中相对成熟并具有中国特色和世界影响的分支学科(叶笃正和高由禧，1979；钱正安和焦彦军，1997；李国平，2007)，加之篇幅所限，本书所述内容以涉及一般性地形的山地气象问题为主，而不包括与大地形相关的青藏高原气象问题。

6.3.1　山地气象的研究范畴

地形对大气的影响主要表现在四个方面。

(1)热力作用。同纬度地区，地势越高，气温越低。冷湖和暖带是垂直气候带中两个因地形作用而形成的局地现象。由山麓向上，随着高度的升高，通常在山坡存在一个温度相对较高的地带，称之为暖带；而冷湖(也称冷池，cold air pool，CAP)是指冷空气从山地较高处向下流泄，在地势低洼的山谷汇集而成的冷空气湖。因为地表可以直接影响局地温度分布，从而造成局地垂直环流的变化。在晴朗、平静的夜晚，靠近地表的冷空气层会逐渐变冷，如若地势较高，冷空气便会受重力作用从山地较高处向下流泄，聚集在山谷或盆地底部，这种冷空气的汇集被称为冷湖。

(2)动力作用(机械阻挡作用)。地形是气流运行的主要障碍，可形成阻挡、爬坡、绕流和狭管等四种效应，也可以改变季风的强度和方向。地形能够显著改变边界层的气流，如强风通过山脉时，气流在迎风坡由于地形抬升产生垂直扰动，在稳定层结下常可在山脉上空形成地形重力波(数值模式中多称山脉波或山地波)，在山脉下游形成一系列如背风槽、背风波、背风涡等背风天气系统。地形的动力作用与山脉的特征关系密切，特别是地形的空间尺度对地形的动力作用影响很大。气象中的大地形指地球上水平尺度达数百到数千千米的山脉，如青藏高原、落基山、安第斯山、阿尔卑斯山、格陵兰冰雪高原等，其动力和热力作用可影响大范围地区的天气和环流。而中小尺度地形往往只影响局地的天气和环流，如山谷风、焚风、峡谷风和地形云（积状云、波状云或层状云）。

（3）对降水的影响。山脉可使湿润气团的水分在迎风坡由于地形抬升形成大量降水（地形雨），背风坡则由于气流下沉少雨变得异常干燥。所以山脉两侧的气候可以出现极大的差异，往往成为气候区域的分界线。例如在冬半年，当冷暖气团势均力敌，或由于地形阻滞作用，锋面很少运动或在原地来回摆动，从而在山脉两侧形成准静止锋（如天山准静止锋、昆明准静止锋、江淮准静止锋、华南准静止锋）或切变线（如高原切变线、西南切变线、川滇切变线），对这些地区及其附近的天气产生很大影响。地形对暴雨形成和雨量大小有重要影响，山地地形对暴雨的影响可通过山地迎风坡、背风坡、喇叭口这些特殊地形以及山地特殊的气候条件对暴雨的触发机制以及雨强、落区产生影响。山脉迎风坡迫使气流上升，导致垂直运动加强，暴雨增大。而在背风坡，气流下沉致使雨量明显减小；山谷的狭管效应同样可以增强暴雨，因为喇叭口地形使气流上升速度增大，致使雨量骤增；地形分布有利于产生中尺度对流天气系统，使暴雨中心位置和强度发生变化。

（4）对局地天气、气候的影响。受海拔和山脉地形的影响，在山地地区容易发生局地突发性恶劣（灾害、高影响）天气：大风、低温、大雾（团雾）、冻雨、雨雪、冰雹、雷电、焚风等。例如2021年5月22日在甘肃省白银市景泰县黄河石林大景区（平均海拔2000m左右）第四届黄河石林山地马拉松百公里越野赛，在强度和难度最高赛段遭遇大风、降水、降温等高影响天气，造成21名参赛选手死亡，8人受伤。2021年6月25日甘肃省人民政府公布的《白银景泰"5·22"黄河石林百公里越野赛公共安全责任事件调查报告》认定这是一起由极限运动项目百公里越野赛在强度和难度最高赛段遭遇大风、降水、降温的高影响天气，赛事组织管理不规范、安全监管措施不落实、救援力量准备不到位、安全保障条件不充分，导致重大人员伤亡的公共安全责任事件。该次天气过程的机理可认为是大尺度冷锋天气系统过境背景下局地地形对灾害天气的增幅效应所致，凸显出地形对天气、气候的影响以及山地（地形）气象研究的重要性。有学者专家回顾了2021年5月22日影响甘肃省白银市山地马拉松赛场的天气过程，指出灾难发生的直接原因是缺失灾害和影响预报，并从大气科学专业角度提出一些科学建议：未来应大力发展灾害和影响预报，以提高天气预报的价值；天气概率预报也应得到政府各级防灾减灾部门以及公众的广泛重视；同时也应该向公众普及各种天气所伴随的可能灾害影响的知识，以帮助他们当高影响天气来临时可以及时做出正确决定（Zhang et al.，2021）。

山地地区也容易形成具有山地特征的地方性气候，称为山地气候。随着高度的升高，大气成分中的二氧化碳、水汽、微尘和污染物质等逐渐减少，气压降低，风力增大，日照增强，气温降低，干燥度减小，气候垂直变化显著。在一定高度内，湿度大、多云雾、降水多。迎风坡降水多，背风坡降水少。在一定坡向和一定高度范围内，降雨量随高度而加大，过了最大降水带之后，降水量又随高度而减小。山地气候还因坡向、坡度及地形起伏、凹凸、显隐等局地条件不同，而具有"一山有四季，十里不同天"的显著差异性。

山地气象学是研究山地与大气之间相互作用的一门交叉学科,是山地科学的一个重要组成部分。近年来中国山地气象研究取得了不少重要进展,除继续重视青藏高原的大气科学试验及深入研究之外,还对天山、华山、秦岭、祁连山、贺兰山、六盘山、横断山、峨眉山、哀牢山、娄山、巴山、大别山、太行山、长白山、黄山、九华山、南岭等主要山脉开展了地形与气象关系的研究。针对与山地气象相关的观测试验、大气边界层、动力学理论、数值模拟、降水科学、气候与气候变化、气候资源、环境气象及气象灾害等研究领域,本书根据山地气象的研究对象、方法,重点对 1990 年以来中国山地气象研究的进展及成果按不同领域进行梳理、总结。

6.3.2　山地降水学

千差万别的山区地形造成了山区降水等具有明显地域差别。 地形对降水的增幅作用是其中备受关注的问题,如燕山、秦岭、巴山等山区的降水具有"夜雨"特点,与山地对流场的作用密切相关。夏季山区局地对流性暴雨过程在凌晨及午夜多发,这刚好对应山地环流辐合的时间点(陈明 等,1995)。强降水发生前,山区风场变化明显,且风场发生改变与强降水的开始和增强有一定的时间对应关系,风垂直切变的维持与强降水时段也有较好的相关性。

山地对暖湿气流的强迫抬升和辐合引发的暴雨过程,是最早被人们所认识的地形作用。当山地走向与背景风向交角较大时,暖湿气流沿坡爬升,使对流旺盛,雨量加大,在迎风坡形成降雨中心。同时,地形阻挡使降水系统移速减慢,降水过程延长。山区复杂下垫面的热力和动力作用可影响暴雨的触发、加强或削弱、消亡,地形性强迫抬升和辐合是触发暴雨并使之加强的重要机制,背风波暴雨过程在西北、华北的冷锋天气过程中较为多见,祁连山大气水汽、降水和降水转化率与海拔和坡向以及环流影响区密切相关(张强 等,2007)。山区降雨量分布受地形影响很大,迎风坡及喇叭口雨量偏多,不同高度上雨量分布也有差异。地形作用形成的风场辐合影响强降水和强对流天气的发生发展,气流过山造成的气流加强效应有利于低空急流的加强和维持。对于华北太行山东侧低空东风气流背景下不同垂直分布气流对降水落区的影响,研究表明当垂直于山体的气流随高度减小时,地形的作用表现为迎风坡上水平辐合,造成气旋式涡度增加,产生风场切变,因此对迎风坡降水产生明显的增幅作用(孙继松,2005)。黄山的日雨量和短时雨量极值分布也与地形关系密切。降水系统经过黄山时,扰动加强是降雨增幅的主要原因。扰动风场辐合与地形高度配合形成的地形抬升速度是降雨增幅的主要动力因子,地形抬升导致的水汽垂直通量和水平通量辐合是降雨增幅的直接原因(刘裕禄和黄勇,2013)。九华山山区降雨量明显多于周边丘陵地区,其雨量分布具有明显的山区地形雨特征(丁仁海和王龙学,2009)。皖南山区和大别山中尺度地形对暴雨强度和分布也有明显影响,其构成的中尺度组合地形效应是皖南特大暴雨形成的重要原因(赵玉春 等,2012)。同样,大别山地形对热带气旋降水的增幅影响明显,并可改变降水增幅的中心位置(董美莹 等,2011)。此外,横断山脉的中西部降水具有独特的季节变化特征,这与该地区独特地形下风场的季节演变密不可分(肖潺 等,2013)。

6.3.3　山地大气观测试验

外场观测试验是山地气象研究的重要手段。为进一步揭示和理解山地气象现象，观测试验是仍在广泛使用的一种基本方法。

牛生杰等(2001)利用激光空气动力学粒子谱仪对贺兰山的大气气溶胶和质量开展了观测研究。胡隐樵等(1989)在初冬期对兰州皋兰山进行了近地面层风速和温度梯度的综合观测，分析得出山顶、山腰和河谷不同的小气候特征，发现由于山峰的辐射加热效应，山顶在白天会出现强绝热不稳定层结。2006~2007 年夏季在祁连山开展了地形云、水汽、风场、雨滴谱和雨强的综合探测试验(郑国光 等,2011)，利用该试验资料，陈添宇等(2010)分析了夏季西南气流背景下地形云的演化过程，给出了地形云发展演变的概念模型，他们认为每个山峰南北侧昼间的谷风会在山峰辐合抬升，众多山峰形成的群谷风抬升作用下容易形成沿山脊排列的 β 中尺度对流云带，在高空西南气流的推动下移到北侧，是造成北侧降水比南侧大的原因之一。 马学谦和孙安平(2011)引入客观反映高空大气云和降水的表示方法，分析了祁连山区降水的云系特征，认为高层冷云和低层暖云是祁连山区形成降水的主要云系，高层冷云由天气尺度系统决定，而低层暖云则由地形阻挡和加热作用形成。不同的天气系统下，地形对降水的作用不同。在西南气流影响下易形成谷风环流，增强降水。在偏西风影响下易形成山风环流，将水汽从谷底向中高空输送，受主导气流抑制易形成浅薄的降水云层。

近年来，新一代卫星资料在观测稀少的西南山地气象的研究中开始发挥日益重要的作用。大气红外探测器(atmospheric infrared sounder，AIRS)获取的温度、高度和水汽资料与西南涡加密观测试验获取的 L 波段秒级探空资料的比较分析表明，AIRS 卫星的位势高度、温度和混合比资料与 L 波段探空数据有很好的吻合度。其中，温度资料在高原地区的低层尚有较小偏差，在中高层一致性较高；AIRS 卫星的位势高度数据与探空资料相当一致；AIRS 获取的混合比资料在低层略小于探空资料，在高层基本吻合。因此，AIRS 资料在中国西南山地具有较好的适用性，能有效弥补探空资料在该地区的覆盖不足(倪成诚 等,2013)。对地处中国南方高山的峨眉山自动气象站运行以来遇到的因雷暴、雨雾凇冻结、连续高湿等高山气象问题，气象业务工作者提出了保证高山自动气象站正常运行的一些方法和技术措施(王会兵 等,2011)。导线覆冰在西南山区是常见的气象灾害，导线覆冰增长率与气象因子密切相关。对贵州覆冰区的外场观测资料的分析表明：山区南北向导线覆冰比东西向的覆冰多，导线覆冰增长率与空气水汽含量成正比；风速超过 3m/s 时，覆冰增长率与风速呈明显的正比关系(罗宁 等，2008)。

李力等(2014)用云凝结核计数器在黄山对云凝结核进行了梯度观测，得出不同高度的云凝结核浓度随时间的变化趋势基本一致，而浓度随高度的升高而减小，山底受周边污染源的影响较山顶和山腰大。山顶和山底的日变化均呈双峰型(分别出现在午前和午后)，与边界层高度和山谷风变化有关。

邓雪娇等(2007)根据南岭山地雾的观测及数值试验，分析出南岭浓雾和能见度的季节分布、雾滴谱微观特征与浓雾形成的物理概念图像，认为冬春季南岭山地出现的雾是微物理过程、局地地形、水汽输送与天气影响系统等宏微观相互作用的结果，属于平流雾、爬坡雾。局地山地抬升冷却凝结对雾的形成有重要作用，迎风坡有利于成雾，海拔较低的迎风坡易出现浓雾。雾体随环境风的平移过程中，不规则的爬越流动是造成雾体微结构不均匀、振荡变化的重要原因。另外，迎风坡出现雾的频率比背风坡高(吴兑 等，2007)。

6.3.4 山地大气边界层

边界层与自由大气间的相互作用具有明显的非线性特征，这是经典 Ekman(埃克曼)理论不能描述的。因此，发展介于完全模式与经典 Ekman 理论之间的边界层动力学模式，对人们从理论上深入认识大气边界层动力学过程具有重要意义。伍荣生和顾伟(1990)研究了西风急流通过一个椭圆形时，边界层顶垂直速度的分布特征。进一步利用地转动量近似理论分析出在地形与湍流交换系数的共同作用下，地形的影响是边界层顶垂直速度分布的主导性因素(郑启康 等，2007)。因此，近年来发展的几类具有代表性的边界层改进模型可以较好揭示大气边界层动力学特征(谈哲敏 等，2005)，依据边界层动力学及其与自由大气相互作用的以及兰州皋兰山地面湍流特征观测资料，分析了能量闭合度的日变化及各观测点的地表能量收支(郝为锋 等，2001)。对浙江丘陵山区边界层风、温实测资料进行分析表明该地边界层急流具有频发性。丘陵山区地形热力差异导致的气层斜压性，起因于湍流强度日变化的惯性振荡以及湍流交换引起的动量下传，也是该地边界层急流形成与变化的重要机制(杨胜朋 等，2008)。利用贵州西南部复杂山地获取的近地层梯度风和三维超声测风仪观测资料，计算分析局地低层强风的平均和脉动特征后发现平均风场主要受当地深切峡谷地形影响，全年主导风向和最大风速出现的方向几乎完全沿峡谷走向(宋丽莉 等，2009)。

6.3.5 山地气象理论

当气流翻越山脊后常在背风区低层产生背风坡风暴，而在高层出现重力波破碎和晴空湍流(CAT)，气流过山形成的背风系统(包括背风波、背风槽、背风涡及背风气旋)的研究一直占居重要地位。

通过建立反映大别山地形作用的简化数学模型并通过数值计算分析出，当有移动性的暴雨区移至大别山定常背风波的适当位置时，江淮梅雨期间暴雨会出现增幅(朱民 等，1999)。当地转风速较小时，气流往往被山峰阻塞在迎风坡造成地形强迫和辐合抬升，从而易在迎风坡触发深对流活动；在背风坡则由于迎风坡的绕流重新辐合也可以出现垂直运动。当地转风速较大时，气流容易越过山脊，地形重力波易于在山地下游被激发(黄倩，2008)。通过分析三维多层流经过孤立山地产生的三维山地重力波和大气船舶波的物理机制及其表现特征，可揭示多层流过孤立地形产生背风波的若干气象条件(李子良，2006)。对具有底面地形坡度缓变的沿岸山地，用摄动法分析出沿岸山地俘获波可近似看作是非频散的经典 Kelvin(开尔文)波。沿岸底面地形高度越高，地形坡度越大，扰动位势高度廓线的变化就越剧烈(卢姁 等，2008)。

6.3.6　山地大气数值模拟

地形高度变化对水平和垂直流场有较大影响。地形高度增加有利于迎风坡水平风场辐合和垂直上升运动发展，这对云的垂直和水平发展影响很大，尤其是对中高层云的发展影响最明显，并且能明显扩大降水的范围，降雨量也有所增多(廖菲 等，2009)。

在中国西北一个复杂山区进行的理想数值模拟揭示了在不同天气条件下，山区上空的垂直速度场分布和对流特征，地形对热力对流活动的影响以及与地形有关的对流触发机制(黄倩 等，2007)。另一个地形敏感性试验的数值分析得出秦岭使大巴山和汉江河谷、陕北降水增加，使秦岭本身降水减少，秦岭山脉对降水的影响主要是通过地形产生的次级环流实现的(毕宝贵等，2005)。母灵和李国平(2013)利用 WRF 模式对发生在四川盆地的一次西南低涡暴雨过程的模拟以及地形高度的敏感性试验表明：秦岭、大巴山山脉对西南低涡的形成并不具决定性影响，但对西南低涡的维持和发展具有非常重要的作用；而横断山脉、云贵高原对西南低涡的生成、强度以及移动路径均十分重要。模式中引入更真实地形可使降水强度增大、 强降水中心位置和发生时间的模拟有所改善，对流层中低层上升运动和气旋切变显著增加，低涡位置的模拟有所改善，由此使强降水和落区的模拟效果也改善(何光碧 等，2013)。

大别山地形对低涡路径的南北绕行、低涡强度的山前减弱和山后加强以及水汽辐合的强弱有直接影响。山脉南部迎风坡的强辐合抬升以及山脉北部弧形背风处对气流的拉伸辐合汇聚，使大别山地形有利于水汽辐合上升(苗春生 等，2014)。地形敏感性试验可分析地形对鞍型场和低空急流的影响，概括出鄂东地区 β 中尺度低涡及特大暴雨形成的概念模型(姜勇强和王元，2010)，以及局地中尺度地形(如大别山)对暴雨过程的影响及其机理(崔春光 等，2002)。中尺度地形通过动力场和水汽场的扰动对降水落区和强度产生重要影响，地形和切变线的相对位置是造成这一影响的关键所在(臧增亮 等，2004)，强降水中心一般位于地形附近(高坤 等，1994)。在一定的系统配置条件下，大别山地区的地形可以影响淮河流域梅雨锋在暴雨中的发生发展(尹宜舟 等，2009)。台风登陆期间，地形对台风降雨量有明显的增幅作用。由地形强迫产生的降雨量和地形走向一致，迎风坡降雨量增加，背风坡降雨量减少，地形的强迫作用有利于在低层台风眼的西北侧形成明显的辐合带，高层为明显的辐散区；地形的影响有利于台风中心西北侧低层中尺度气旋性涡旋系统的发生发展，从而激发中尺度对流云团，形成中尺度雨团，造成台风中心南北雨区和雨量的不对称分布(冀春晓 等，2007)。阿尔泰—萨彦岭山地通过对低层冷空气的阻滞使山地上空等熵面更为陡立，加强对流层低层的斜压强迫，从而使涡度增长向低层聚集，加强蒙古气旋的发展(姜学恭 等，2004)。华南地区数百米的低矮山地仍可使对流层中上层环流发生变化，该山区常见的喇叭口、迎风坡地形可对暴雨产生影响(李博 等，2013)。

祁连山地形对大范围降雪落区无明显影响，但对祁连山北坡降雪中心的形成有直接影响(孙晶 等，2009)。地形敏感性试验表明，横断山脉和南岭山脉及邻近山区对冻雨的形成和维持具有重要影响，这种影响是通过改变锋区特征来实现的(曾明剑 等，2009)。而湖南独特的地形对冰冻天气过程也有明显影响，敏感性试验表明随着南岭山脉地形高度的降低会导致南岭北部上空的大气垂直温度层结发生变化,进而抑制湖南南部冻雨的发生(徐辉和金荣花,2010)。另外,南岭山地浓雾的数值研究结果显示大范围层状云系在山头接地形成了地面的浓雾(史月琴 等,2006)。

根据气候系统模式(CCSM3)的模拟输出结果,刘晓东等(2008)认为随着大气 CO_2 含量的增加,中低纬高原山地气候会显著变暖。地面温度的增幅以最低气温最大,其次是平均气温,而最高气温最小;寒冷季节的增温幅度大于温暖季节。气候变暖对海拔具有明显的依赖性,即增温幅度通常随海拔的增加而增大。

相比于气候模式和中尺度气象模式,计算流体力学软件 Fluent 可以更为精确地描述复杂的局地地形特征,因而能够在小尺度范围内得到分辨率更高、且更为准确的复杂地形上近地层风场模拟结果(李磊 等,2010)。

6.3.7　山地气候和气候变化

由于山的高度、大小、坡度、坡向等因素影响而具有独特的气候状态,称为山地气候,它是最为复杂的气候类型之一。山地气候的主要特点有五点。①气压随海拔增加而降低。白天的直接辐射和夜间的有效辐射都随海拔升高而增大,散射辐射随高度增加而减少;不同坡面(包括不同坡向和坡度)接受到的日照和辐射强度不同。②气温随海拔的增加而降低。气温直减率在一年中以夏季最大,冬季最小。山顶和山坡的年变化和日变化都较小,秋温高于春温;山谷和山间盆地的年变化和日变化比较剧烈,且春温高于秋温。③降水随高度的分布,先是随高度升高而增加,到达一定高度,降水又随高度的升高而减少,即存在一个最大降水高度,并且最大降水高度随地区和季节不同。气候越潮湿,大气越不稳定,最大降水高度越低。降水还随山的坡向、坡度不同,迎风坡上的降雨量和降水强度远大于背风坡,坡度越大,这种差别也越大。山地地形也影响降雨量的日变化,山顶以日雨为多,而山谷盆地则以夜雨为主。④风速随山地海拔升高而增大。山顶、山脊以及峡谷风口处的风速大,盆地、谷底和背风处的风速小。山顶、山脊的风速一般夜间大,白天小,午后最小,而山麓、山谷则相反。山地还能产生一些局地环流,如山谷风、布拉风、焚风、坡风、冰川风等。⑤水汽压随海拔增加而降低。一般山地上部因气温低、云雾多,相对湿度高于下部;而冬季高山区有相反情况,山顶冬季云雾较少而相对湿度小。山谷和盆地相对湿度日变化大,夜高而昼低,午后最低;而山顶相对湿度的日变化不明显。

采用模型模拟方法可对山地气候开展气象学和生态学的交叉研究,该方法得到广泛重视并已用于温度、降水、湿度、太阳辐射和风场等方面的研究。温度场的模拟是以多元回归法为主,降水模拟的方法主要有地形因子相关法和趋势面法,湿度一般用湿度–辐射循环法来模拟,太阳辐射主要以直接辐射、散射辐射、反射辐射和总辐射分别加以模拟,风场主要模拟方法有诊断方法和预报方法(苏宏新和桑卫国,2002)。以地理信息系统(geographic information system, GIS)为支撑,在常规统计模型的基础上,利用地形的坡度、坡向因子进行山区气温小尺度模拟的地形调节统计模型,可为山区任一地域的气温空间分布提供快速计算(张洪亮 等,2002)。山区水库库面气象要素受周围地形的影响很大,由经度、纬度、海拔和大地形影响等因子建立的多元方程拟合效果显著,可有效揭示山区月平均温度和太阳辐射的时空变化(脱友才 等, 2009)。

　　有学者分析了中国天山区域气候效应及其基本变化过程(魏文寿和胡汝骥, 1990), 以及祁连山北坡中部气候特征和森林生态系统的主要气象要素垂直分布(张虎和温娅丽, 2001)。受全球变暖的影响, 近 50 年甘肃疏勒河山区气候持续向暖湿转化, 且各季气温均呈持续的上升趋势, 山区降雨量总体亦呈增加趋势, 但年际波动较为剧烈(蓝永超 等, 2012)。利用 NOAA 气象卫星资料, 提取植被、积雪等信息, 可分析祁连山植被和积雪的空间分布及其变化特征(郭铌 等, 2003)。对秦岭南北坡半个世纪气温与降水的分析显示, 1993 年后秦岭地区气候变暖趋势明显并且秦岭北坡气候有暖湿化趋势(高翔 等, 2012)。中国东南部的地形对降水分布具有气候影响, 表现在浙闽山区的东西两侧山坡各有一条多雨带, 南岭南北两侧山坡附近各有一个多雨区(庞茂鑫和斯公望, 1993)。

6.3.8　山地气候资源与山地环境气象

　　山地具备的有利于发展农业生产的气候潜力, 称为山地农业气候资源。我国开展了大量山地气候资源的研究与评价工作, 凡有山地分布的地域都开展了调查、评价与开发规划的研究。其中, 既有典型山体气候垂直变化规律及气候潜力的观测与研究, 又有典型山地区域农业气候资源的水平分异与垂直变化及区划方法的研究(张养才, 1990)。研究方法也从过去野外考察、设站观测, 到现在大量采用遥感技术对山地气候特点进行解析, 如利用遥感数据分析了黄土高原山地城市延安的热岛效应(马润年 等, 2011)。以气象资料为基础, 结合 GPS 定位资料和高程模型对气温的空间推算, 可分析山地旅游区气候舒适度的时空特征(孔邦杰 等, 2007)。

　　山地使得气候要素重新分配, 其特点主要是水、热、风、光要素随海拔的增加而发生显著变化, 造成与山地生态气候环境相适应的农林业结构也具有显著的高度地带性。马友鑫等(1994)对哀牢山地农业气候带层进行了划分, 并且探讨其与中国东部水平气候带之间的农林特征差异。统一订正高度可消除山区地形海拔的影响, 更清楚地揭示巴山南北气候的差异(李兆元等, 1990)。高大山体及其造成的大气对流与高山冰川和高山植被共同作用可产生高山增水效应, 并形成良性增水系统。山体越高大, 增水效应越明显, 这对内陆干旱山区科学开发利用高山水资源具有指导意义(丁贤荣, 2003)。

6.3.9　山地气象灾害

　　山地自然灾害是山区常见的自然现象, 广义的山地灾害指发生于山地的各种自然灾害, 包括水土流失、泥石流、滑坡、崩塌、冰雪害、冻土以及发生在山区的地震、冰雹等灾害。它包含山地气象灾害、山地水文灾害、山地地质灾害、山地水土灾害、山地生物灾害和山地人为自然灾害等, 其中山地气象灾害包括干旱、洪涝、冰雪、低温和风沙灾害等, 特别是山地地区容易突发灾害性天气(如强降水、大风、低温、大雾等), 从而对生命财产安全造成严重危害。2021 年 6 月 25 日, 甘肃白银景泰 "5·22" 黄河石林百公里越野赛就遭遇大风、降水、降温天气, 导致人体失温造成 21 名参赛选手死亡。2021 年 11 月 14 日, 中国地质调查局昆明自然资源综合调查中心的 4 名地质调查人员在云南哀牢山腹地进行森林资源调查时，由于事发区域湿度极大，温度变化快，小气候特征明显，极易出现局部暴雨、瞬时大风、气温骤降等恶劣天气，导致原始森林中长时间大雾弥漫，能见度极低，给方向判别造成巨大困难，最后迷路造成人体失温而全部遇难。

当前对山区洪水、暴风雪等山地气象灾害的研究及业务预报取得了一定进展。例如，提出山地等价雨量概念和计算方法，以使滑坡泥石流预警指标可借用国家暴雨预警标准（何险峰和薛勤，2013）。张之贤等（2013）利用常规气象资料以及 TBB 资料、多普勒天气雷达资料，对"8·8"舟曲特大山洪泥石流灾害开展了研究（张之贤 等，2013）。薛根元等（2006）在分析浙江山地地质灾害发生规律的基础上，探讨了地质灾害气象等级预报（预警）模型的应用。冯鹤和李小龙（2013）通过分析山地旅游景区的气象、环境、地理特征及山地旅游景区雷电灾害特点，归纳出山地旅游景区雷电灾损类型，提出了景区雷电灾害风险评估的基本方法。

6.3.10　山地气象未来研究应关注的科学问题与展望

如上综述，中国山地气象研究虽已取得了不少成果，但也折射出山地气象的基础理论尚未取得突破性进展，山地气象中尚有不少未来研究应关注的科学问题，如山地与对流发生及强度（浅对流、深对流、强深对流）的关系，山地天气系统的中尺度结构及发生发展过程，山地波动形成及其对强天气的具体影响，山地造就的地形云、地形环流和降水日变化（夜雨）的精细结构，山地对水汽、能量循环的作用，山区强降水的触发机理与演变规律，基于多源资料分析的山地气候学特征，山地对雾霾天气及大气污染物输送的影响机理，气候变化对山地气象灾害的影响，全球变化与山地系统的响应及反馈，山地边界层气象过程与影响机制，多系统耦合的山地大气动力学，山地天气气候演变的动力学机理，基于山地灾害形成机理的气象预报方法等。

对于山地气象今后的研究工作与发展动向，可以做出如下三大方面展望。

（1）在现有高原高山气象观测台站的基础上，应进一步补充和完善观测内容和加密必要的观测站点，开展复杂地形边界层与自由大气热量和水份交换的场地定量观测试验，尤其应关注如湍流、地形强迫流、山区风的日变化、热力风系、地形云系、地形降水（包括山地暴雨）、空气污染扩散、大气局地循环等现象和过程的观测研究，积累资料，揭示事实。尤其是注重加强高山地区对全球变化响应快速而强烈的山地特征"线"的连续监测，为全球变化的研究提供重要依据。

（2）在山地气象研究方法和技术手段方面，要重视山地气象基础理论研究（如复杂地形边界层大气结构、山地对气流的动力影响、山地大气动力过程及参数化方案等），应用高性能和云计算等技术手段动态仿真地模拟山地天气气候系统，充分吸收利用现代理论、新型探测资料和先进技术，如适合山地复杂地形的高分辨率数值模式、3S 技术、数据挖掘、大数据分析、图像识别、数据可视化、客观识别（包括人工智能技术）、降尺度、新一代卫星观测资料（TRMM、AIRS、CloudSat、IASI 等）、全球降水测量（GPM）卫星资料及其全球近实时降水图产品（GSMaP）等，深化山地天气、气候研究，丰富山地天气气候的分析预报方法。特别应注意用现代气候系统和地球系统科学的观点来研究山地气象过程及其对全球气候变化和生态环境的影响。

（3）应加强研究山地区域的气象资源、气象致灾因子及其时空分布特征（特别是降温、降水、强对流、大风、雷电、冰雹、低能见度等山地高影响天气），气象条件和成灾环境要素耦合分析的山地灾害气象预报方法，山地气象资源的评估、利用技术，山地气象灾害及次生灾害的发生发展规律与灾害风险评价技术，山区气象灾害预警指标与气象灾害风险等级的预警技术，研发山地气象防灾减灾适用技术及应急管理系统，积极有效推进山地气象监测预报、预警服务。

参 考 文 献

白志宣，卞建春，陈洪滨，等，2016. 中国地区下平流层惯性重力波参数分布特征的资料分析[J]. 中国科学:地球科学，
　　46(12):1645-1657.

毕宝贵，刘月巍，李泽椿，2005. 地表热通量对陕南强降水的影响[J]. 地理研究，24(5):681-691.

卞建春，陈洪滨，吕达仁，2004. 用垂直高分辨率探空资料分析北京上空下平流层重力波的统计特性[J]. 中国科学:地球科学，
　　34(8):748-756.

陈贝，高文良，周学云，2016. 四川盆地西南部短时强降水天气特征分析[J]. 高原山地气象研究，36(3):14-20.

陈丹，周长艳，熊光明，等，2018. 近53年四川盆地夏季暴雨变化特征分析[J]. 高原气象，37(1):197-206.

陈栋，李跃清，黄荣辉，2007. 在"鞍"型大尺度环流背景下西南低涡发展的物理过程分析及其对川东暴雨发生的作用[J]. 大
　　气科学，31(2):185-201.

陈栋，顾雷，蒋兴文，2010. 1981—2000年四川夏季暴雨大尺度环流背景特征[J]. 大气科学学报，33(4):443-450.

陈金中，黄荣辉，1995. 中层大气重力波的一种激发机制及其数值模拟Ⅰ. 非地转不稳定和波结构[J]. 大气科学，
　　19(5):554-562.

陈静，李川，谌贵珣，2002. 低空急流在四川"9·18"大暴雨中的触发作用[J]. 气象，28(8):24-29.

陈炯，郑永光，张小玲，等，2013. 中国暖季短时强降水分布和日变化特征及其与中尺度对流系统日变化关系分析［J］. 气
　　象学报，71(3):367-382.

陈明，傅抱璞，于强，1995. 山区地形对暴雨的影响[J]. 地理学报，50(3):256-263.

陈宁生，刘丽红，邓明枫，等，2013. "4·20"芦山地震后的四川地质灾害形势预测与防治对策[J]. 成都理工大学学报(自然
　　科学版)，40(4):371-378.

陈鹏，刘德，李强，等，2014. 2009年夏季四川盆地两次暴雨过程对比分析[J]. 暴雨灾害，33(2):112-120.

陈添宇，郑国光，陈跃，等，2010. 祁连山夏季西南气流背景下地形云形成和演化的观测研究[J]. 高原气象，29(1):152-163.

陈炜，李跃清，2018. 对流层重力波的主要研究进展[J]. 干旱气象，36(5):717-724.

陈炜，李跃清，2019. 青藏高原东部重力波过程与西南涡活动的统计关系[J]. 大气科学，43(4):773-782.

陈晓宏，钟睿达，王兆礼，等，2017. 新一代GPMIMERG卫星遥感降水数据在中国南方地区的精度及水文效用评估[J]. 水利
　　学报，48(10):1147-1156.

谌芸，李泽椿，2005. 青藏高原东北部区域性大到暴雨的诊断分析及数值模拟[J]. 气象学报，63(3): 289-300.

谌芸，陈涛，汪玲瑶，等，2019. 中国暖区暴雨的研究进展[J]. 暴雨灾害，38(5):483-493.

程胡华，2017. 不同扰动场对大气重力波参数结果影响的初步探讨[J]. 大气科学学报，40(3):401-411.

池再香，白慧，黄红，2008. 夏季黔东南州局地暴雨与西太副高环流的关系[J]. 高原气象，27(1):176-183.

崔春光，闵爱荣，胡伯威，2002. 中尺度地形对"98·7"鄂东特大暴雨的动力作用[J]. 气象学报，60(5):602-612.

邓承之，何跃，庞玥，等，2016. 2014年一次渝东北大暴雨天气成因诊断分析[J]. 气象科技，44(2):290-296.

邓少格，钟中，程胡华，2012. 一次暴雨过程中重力波参数演变特征的模拟结果[J]. 地球物理学报，55(6):1831-1843.

邓雪娇，吴兑，史月琴，等，2007. 南岭山地浓雾的宏微观物理特征综合分析[J]. 热带气象学报，23(5):424-434.

丁仁海，王龙学，2009. 九华山暴雨地形增幅作用的观测分析[J]. 暴雨灾害，28(4):377-381.

丁锡址，郑远昌，1996. 再论山地学[J]. 山地研究，14(2):83-88.

丁霞，张绍东，易帆，2011. 热源激发重力波特征以及波流作用的数值模拟研究[J]. 地球物理学报，54(7):1701-1710.

丁贤荣，2003. 高山增水效应及其水资源意义[J]. 山地学报，21(6):681-685.

丁一汇，蔡则怡，李吉顺，1978. 1975年8月上旬河南特大暴雨的研究[J]. 大气科学，2(4):276-289.

董加斌，斯公望，1998. 梅雨锋低空急流发展过程中非地转风特征的合成分析[J]. 科技通报，14:413-418.

董美莹，陈联寿，程正泉，等，2011. 地形影响热带气旋"泰利"降水增幅的数值研究[J]. 高原气象，30(3):700-710.

杜继稳，李明娟，张弘，等，2004. 青藏高原东北侧突发性暴雨地面能量场特征分析[J]. 高原气象，23(4):453-457.

杜娟，文莉娟，苏东生，2019. 三套再分析资料在青藏高原湖泊模拟研究中的适用性分析[J]. 高原气象，38(1):101-113.

杜亮亮，杨德保，王式功，等，2011. 玛曲地区5-10月水汽通量及强降水水汽来源分析[J]. 兰州大学学报(自然科学版)，47(5):55-61.

杜爽，王东海，李国平，等，2020. 基于双频星载降水雷达GPM数据的华南地区降水垂直结构特征分析[J]. 热带气象学报，36(1):115-130.

段安民，吴国雄，2005. 非绝热条件下的波流相互作用与大气能量循环[J]. 中国科学:D辑，35(4):352-360.

段春锋，曹雯，缪启龙，等，2013. 中国夏季夜雨的空间分布特征[J]. 自然资源学报，28(11):1935-1944.

范建容，张子瑜，李立华，2015. 四川省山地类型界定与山区类型划分[J]. 地理研究，34(1):65-73.

冯鹤，李小龙，2013. 山地旅游景区雷电灾害风险评估研究[J]. 防灾科技学院学报，15(4):75-80.

付超，谌芸，单九生，2017. 地形因子对降水的影响研究综述[J]. 气象与减灾研究，40(4):318-324.

傅云飞，2019. 卫星主被动仪器遥感中国暴雨的研究进展[J]. 暴雨灾害，38(5):554-563.

高登义，邹捍，周立波，等，2003. 中国山地环境气象研究进展[J]. 大气科学，27(4):567-590.

高珩洲，李国平，2020. 黔东南地形影响局地突发性暴雨的中尺度天气分析与数值试验[J]. 高原气象，39(2):301-310.

高坤，翟国庆，俞樟孝，等，1994. 华东中尺度地形对浙北暴雨影响的模拟研究[J]. 气象学报，52(2):157-164.

高守亭，2007. 大气中尺度运动的动力学基础及预报方法[M]. 北京:气象出版社.

高守亭，孙淑清，1986. 应用里查逊数判别中尺度波动的不稳定[J]. 大气科学，10(2):171-182.

高守亭，周玉淑，冉令坤，2018. 我国暴雨形成机理及预报方法研究进展[J]. 大气科学，42(4):833-846.

高翔，白红英，张善红，等，2012. 1959—2009年秦岭山地气候变化趋势研究[J]. 水土保持通报，32(1):207-211.

高玄彧，2004. 地貌基本形态的主客分类法[J]. 山地学报，22(3):261-266.

葛晶晶，钟玮，杜楠，等，2008. 地形影响下四川暴雨的数值模拟分析[J]. 气象科学，28(2):176-183.

龚佃利，吴增茂，傅刚，2005. 一次华北强对流风暴的中尺度特征分析[J]. 大气科学，29(3):453-464.

辜旭赞，方慈安，吴宝俊，1996. 暴雨过程低空急流区域的动能平衡分析[J]. 气象，22(1):3-9.

顾清源，肖递祥，黄楚惠，等，2009. 低空急流在副高西北侧连续性暴雨中的触发作用[J]. 气象，35(4):59-67.

顾欣，田楠，潘平珍，2006. 黔东南暴雨气候特征及其地形影响[J]. 气象科技，34(4):441-445.

郭虎，季崇萍，张琳娜，等，2006. 北京地区2004年7月10日局地暴雨过程中的波动分析[J]. 大气科学，30(4):703-711.

郭铌，杨兰芳，李民轩，2003. 利用气象卫星资料研究祁连山区植被和积雪变化[J]. 应用气象学报，14(6):700-707.

郭欣，郭学良，付丹红，等，2013. 钟形地形动力抬升和重力波传播与地形云和降水形成关系研究[J]. 大气科学，37(4):786-800.

郝为锋，苏晓冰，王庆安，等，2001. 山地边界层急流的观测特性及其成因分析[J]. 气象学报，59(1):120-128.

何光碧，2006. 高原东侧陡峭地形对一次盆地中尺度涡旋及暴雨的数值试验[J]. 高原气象，25(3):430-441.

何光碧，屠妮妮，张利红，等，2013. 青藏高原东侧一次低涡暴雨过程地形影响的数值试验[J]. 高原气象，32(6):1546-1556.

何立富，陈涛，孔期，2016. 华南暖区暴雨研究进展[J]. 应用气象学报，27(5):559-569.

何立富, 陈涛, 周庆亮, 等, 2007. 北京 "7·10" 暴雨 β-中尺度对流系统分析[J]. 应用气象学报, 18(5):655-665.

何险峰, 薛勤, 2013. 山地等价雨量[J]. 气象科技, 41(4):771-776.

贺冰蕊, 翟盘茂, 2018. 中国 1961—2016 年夏季持续和非持续性极端降水的变化特征[J]. 气候变化研究进展, 14(5):437-444.

贺海晏, 1989. 非均匀层结大气中的重力惯性波及其激发对流的物理机制[J]. 热带气象学报, 5(1):8-17.

胡迪, 李跃清, 2015. 青藏高原东侧四川地区夜雨时空变化特征[J]. 大气科学, 39(1):161-179.

胡豪然, 梁玲, 2015. 近 50 年西南地区降水的气候特征及区划[J]. 西南大学学报(自然科学版), 37(7):146-154.

胡隐樵, 葛正谟, 刘俊义, 等, 1989. 兰州山地初冬的一次近地面层观测试验[J]. 大气科学, 13(4):452-459.

黄楚惠, 李国平, 牛金龙, 等, 2015. 近 30 年夏季移出型高原低涡的气候特征及其对我国降雨的影响[J]. 热带气象学报, 31(6):827-838.

黄楚惠, 李国平, 张芳丽, 等, 2020. 近 10 年气候变化影响下四川山地暴雨事件的演变特征[J]. 暴雨灾害, 39(4):335-343.

黄楚惠, 李国平, 牛金龙, 等. 2022. 2020 年 "8·10" 四川芦山夜发特大暴雨的动热力结构及地形影响[J]. 大气科学, 46(4):989-1001.

黄大川, 刘式适, 1999. 正压模式中的非绝热波动[J]. 热带气象学报, 15(1):26-37.

黄刚, 周连童, 2004. 青藏高原西侧绕流风系的变化及其与东亚夏季风和我国华北地区夏季降水的关系[J]. 气候与环境研究, 9(2):93-107.

黄嘉佑, 1982. 谱分析在气象中的应用[J]. 气象科技, 3(1):13-17.

黄嘉佑, 李黄, 1984. 气象中的谱分析[M]. 北京:气象出版社.

黄倩, 2008. 不同下垫面上行星边界层对流的数值模拟研究[D]. 兰州:兰州大学.

黄倩, 田文寿, 王文, 等, 2007. 复杂山区上空垂直速度场和热力对流活动的理想数值模拟[J]. 气象学报, 65(3):341-352.

黄士松, 1986. 华南前汛期暴雨[M]. 广州:广东科技出版社.

冀春晓, 薛根元, 赵放, 等, 2007. 台风 Rananim 登陆期间地形对其降水和结构影响的数值模拟试验, 大气科学, 31(2):233-244.

江志红, 梁卓然, 刘征宇, 等, 2011. 2007 年淮河流域强降水过程的水汽输送特征分析[J]. 大气科学, 34(2):171-182.

江志红, 任伟, 刘征宇, 等, 2013. 基于拉格朗日方法的江淮梅雨水汽输送特征分析[J]. 气象学报, 71(2):295-304.

姜学恭, 沈建国, 刘景涛, 等, 2004. 地形影响蒙古气旋发展的观测和模拟研究[J]. 应用气象学报, 15(5):601-611.

姜勇强, 王元, 2010. 地形对 1998 年 7 月鄂东特大暴雨鞍型场的影响[J]. 高原气象, 29(2):297-308.

蒋兴文, 李跃清, 李春, 等, 2007. 四川盆地夏季水汽输送特征及其对旱涝的影响[J]. 高原气象, 26(3):44-52.

蒋兴文, 王鑫, 李跃清, 等, 2008. 近 20 年四川盆地大暴雨发生的大尺度环流背景[J]. 长江流域资源与环境, 17(z1):132-137.

蒋艳蓉, 何金海, 祁莉, 2008. 春季青藏高原绕流作用变化特征及其影响[J]. 气象与减灾研究, 31(2):14-18.

金晓龙, 邵华, 张弛, 等, 2016. GPM 卫星降水数据在天山山区的适用性分析[J]. 自然资源学报, 31(12):2074-2085.

金妍, 李国平, 2021. 爬流和绕流对山地突发性暴雨的影响[J]. 高原气象, 40(2):314-323.

康岚, 牛俊丽, 徐琳娜, 等, 2013. 台风对四川暴雨影响的环境场对比分析[J]. 气象, 39(4):427-435.

康延臻, 靳双龙, 彭新东, 等, 2018. 单双参云微物理方案对华北 "7·20" 特大暴雨数值模拟对比分析[J]. 高原气象, 37(2):481-494.

孔邦杰, 李军, 黄敬峰, 2007. 山地旅游区气候舒适度的时空特征分析[J]. 气象科学, 27(3):342-348.

蓝永超, 胡兴林, 肖生春, 等, 2012. 近 50 年疏勒河流域山区的气候变化及其对出山径流的影响[J]. 高原气象, 31(6):1636-1644.

李博, 刘黎平, 赵思雄, 等, 2013. 局地低矮地形对华南暴雨影响的数值试验[J]. 高原气象, 32(6):1638-1650.

李超, 李跃清, 蒋兴文, 2015. 四川盆地低涡的月际变化及其日降水分布统计特征[J]. 大气科学, 39(6):1191-1203.

李驰钦, 左群杰, 高守亭, 等, 2018. 青藏高原上空一次重力波过程的识别与天气影响分析[J]. 气象学报, 76(6):904-919.

李川, 陈静, 何光碧, 2006. 青藏高原东侧陡峭地形对一次强降水天气过程的影响[J]. 高原气象, 25(3):442-450.

李斐, 李建平, 李艳杰, 等, 2012. 青藏高原绕流和爬流的气候学特征[J]. 大气科学, 36(6):1236-1252.

李广, 章新平, 吴华武, 等, 2014. 云南大气降水中δ18O与气象要素及水汽来源之间的关系[J]. 自然资源学报, 29(6):1043-1052.

李国平, 2014. 新编动力气象学（第二版）[M]. 北京:气象出版社.

李国平, 2016. 近25年来中国山地气象研究进展[J]. 气象科技进展, 6(3):115-122.

李国平, 2021. 青藏高原动力气象学（第三版）[M]. 北京:气象出版社

李国平, 陈佳, 2018. 西南涡及其暴雨研究新进展[J]. 暴雨灾害, 37(4):293-302.

李国平, 赵邦杰, 卢敬华, 2002. 青藏高原总体输送系数的特征[J]. 气象学报, 60(1):60-67.

李国平, 黄丁发, 刘碧全, 2006. 地基GPS遥感的成都地区夏季可降水量的日循环合成分析[J]. 水科学进展, 17(2):160-163.

李国平, 孙建华, 王晓芳.2021.中国西南山地突发性暴雨特征与机理研究的新进展[J].气象科技进展, 10(4): 57-63.

李佳颖, 沈新勇, 王东海, 等, 2015. 2008年春夏华南地区MCS时空分布和活动特征分析[J]. 热带气象学报, 31:475-485.

李江萍, 2012. 高原低涡的特征、环流形势及水汽轨迹研究[D]. 兰州:兰州大学.

李江萍, 杜亮亮, 张宇, 等, 2012. 玛曲地区夏季强降水的环流分型及水汽轨迹分析[J]. 高原气象, 2012, 31(6):1582-1590.

李江萍, 李俭峰, 杜亮亮, 等, 2013. 近50年夏季西北暴雨特征和水汽轨迹分析[J]. 兰州大学学报(自然科学版), 49(4):474-482.

李娟, 孙建华, 张元春, 等, 2016. 四川盆地西部与东部持续性暴雨过程的对比分析[J]. 高原气象, 35(1):64-76.

李俊, 王东海, 王斌, 2012. 中尺度对流系统中的湿中性层结结构特征[J]. 气候与环境研究, 17:617-627.

李磊, 张立杰, 张宁, 等, 2010. FLUENT在复杂地形风场精细模拟中的应用研究[J]. 高原气象, 29(3):621-628.

李力, 银燕, 顾雪松, 等, 2014. 黄山地区不同高度云凝结核的观测分析[J]. 大气科学, 38(3):410-420.

李麦村, 1978. 重力波对特大暴雨的触发作用[J]. 大气科学, 2(3):201-209.

李琴, 杨帅, 崔晓鹏, 等, 2016. 四川暴雨过程动力因子指示意义与预报意义研究[J]. 大气科学, 41(2):341-356.

李锐, 傅云飞, 2005. GPCP和TRMMPR热带月平均降水的差异分析[J]. 气象学报, 63(2):146-160.

李山山, 李国平, 2017. 一次鞍型场流环背景下高原东部切变线降水的湿Q矢量诊断分析[J]. 高原气象, 36(2):317-329.

李唐棣, 谈哲敏, 2012. 条件不稳定大气中二维小尺度双脊地形上空对流及降水特征[J]. 气象学报, 70(3):536-548.

李艺苑, 王东海, 王斌, 2009. 中小尺度过山气流的动力问题研究[J]. 自然科学进展, 19(3):310-324.

李永华, 徐海明, 高阳华, 等, 2010. 西南地区东部夏季旱涝的水汽输送特征[J]. 气象学报, 68(6):932-943.

李兆元, 董亚非, 吴素良, 等, 1990. 巴山山地的气候特点[J]. 地理学报, 45(3):311-320.

李子良, 2006. 三维多层流动过孤立山脉产生的山脉重力波的数值试验[J]. 北京大学学报(自然科学版), 42(3):351-356.

李子良, 2006. 三维多层流过山产生的山地重力波研究[J]. 高原气象, 25(4):593-600.

励申申, 姚秀萍, 2003. 中尺度气象学[M]. 北京:气象出版社.

廖菲, 洪延超, 郑国光, 2007. 地形对降水的影响研究概述[J]. 气象科技, 35(3):309-316.

廖菲, 胡娅敏, 洪延超, 2009. 地形动力作用对华北暴雨和云系影响的数值研究[J]. 高原气象, 28(1):115-126.

廖捷, 徐宾, 张洪政, 2013. 地面站点观测降水资料与CMORPH卫星反演降水产品融合的试验效果评估[J]. 热带气象学报, 5(5):865-873.

林必元, 张维恒, 2001. 地形对降水影响的研究[M]. 北京:气象出版社.

林晓霞, 冯业荣, 张诚忠, 等, 2017. 华南一次暴雨过程热力和动力特征的诊断分析[J]. 热带气象学报, 33(6):975-984.

刘还珠, 王维国, 邵明轩, 等, 2007. 西太平洋副热带高压影响下北京区域性暴雨的个例分析[J]. 大气科学, 31(4):727-734.

刘鸿波, 何明洋, 王斌, 等, 2014. 低空急流的研究进展与展望[J]. 气象学报, 72(2):191-206.

刘佳, 王文, 2010. 一次暴雨过程的重力波特征分析[J]. 干旱气象, 28(1):65-70.

刘晶，周玉淑，杨莲梅，等，2019. 伊犁河谷一次极端强降水事件水汽特征分析[J]. 大气科学，43(5):959-974.

刘晓东，晏利斌，程志刚，等，2008. 中低纬度高原山地气候变暖对海拔高度的依赖性[J]. 高原山地气象研究，28(1):19-23.

刘裕禄，黄勇，2013. 黄山山脉地形对暴雨降水增幅条件研究[J]. 高原气象，32(2):608-615.

卢美圻，2017. GPM/DPR 星载双频雷达探测降水的敏感性与差异性分析[D]. 南京:南京信息工程大学.

卢萍，宇如聪，2008. 地表潜热通量对四川地区降水影响的数值分析[J]. 高原山地气象研究，28(3):1-7.

卢姁，黄伟健，张铭，等，2008. 有关沿岸山地俘获波的研究[J]. 高原气象，27(6):1211-1217.

陆汉城，杨国祥，2015. 中尺度天气原理和预报[M]. 北京:气象出版社.

陆心如，马军，吴成柯，1987. 二维目标的形状分析方法[J]. 通信学报，8(1):63-69.

罗辉，肖递祥，匡秋明，等，2020. 四川盆地暖区暴雨的雷达回波特征及分类识别[J]. 应用气象学报，31(4):460-470.

罗宁，文继芬，赵彩，等，2008. 导线积冰的云雾特征观测研究[J]. 应用气象学报，19(1):91-95.

罗亚丽，孙继松，李英，等，2020. 中国暴雨的科学与预报:改革开放 40 年研究成果[J]. 气象学报，78(3):419-450.

吕炯，1942. 巴山夜雨[J]. 气象学报，16(S1):36-53.

马润年，孙智辉，曹雪梅，等，2011. 黄土高原山地城市延安的热岛效应[J]. 气象科学，31(1):87-92.

马婷，刘屹岷，吴国雄，等，2020. 青藏高原低涡形成、发展和东移影响下游暴雨天气个例的位涡分析[J]. 大气科学，44(3):472-486.

马学谦，孙安平，2011. 祁连山区降水的大气特征分析[J]. 高原气象，30(5):1392-1398.

马友鑫，张克映，刘玉洪，1994. 哀牢山地农业气候资源利用及其与中国东部的分异[J]. 自然资源学报，9(3):231-238.

马月枝，张霞，胡燕平，2017. 2016 年 7 月 9 日新乡暖区特大暴雨成因分析[J]. 暴雨灾害，36(6):557-565.

马振锋，1994. 大气中低频重力波指数与西南低涡发展及其暴雨的关系[J]. 高原气象，13(1):51-57.

马振锋，彭骏，高文良，等，2006. 近 40 年西南地区的气候变化事实[J]. 高原气象，25(4):633-642.

麦子，傅慎明，孙建华，2019. 近 16 年暖季青藏高原东部两类中尺度对流系统(MCS)的统计特征[J]. 气候与环境研究，25:385-398.

毛江玉，吴国雄，2012. 基于 TRMM 卫星资料揭示的亚洲季风区夏季降水日变化[J]. 中国科学:地球科学，42(4):564-576.

孟宪贵，郭俊建，韩永清，2018. ERA5 再分析数据适用性初步评估[J]. 海洋气象学报，38(1):91-99.

苗春生，刘维鑫，王坚红，2014. 梅雨期经大别山两侧暴雨中尺度低涡对比分析[J]. 高原气象，33(2):394-406.

闵文彬，陈忠明，高文良，等，2003. "2001.9.18"华西突发性强暴雨的中尺度分析[J]. 高原气象，22(s1):110-118.

母灵，李国平，2013. 复杂地形对西南低涡生成和移动影响的数值试验分析[J]. 成都信息工程学院学报，28(6):241-248.

慕建利，李泽椿，李耀辉，2009. 高原东侧特大暴雨过程中秦岭山脉的作用[J]. 高原气象，28(6):1282-1290.

倪成诚，李国平，熊效振，2013. AIRS 资料在中国川藏地区适用性的验证研究[J]. 山地学报，31(6):656-663.

聂云，周继先，顾欣，等，2018. "6·18"梅雨锋西段黔东南大暴雨个例诊断分析[J]. 暴雨灾害，37(5):445-454.

牛生杰，章澄昌，孙继明，2001. 贺兰山地区沙尘气溶胶粒子谱分布的观测研究[J]. 大气科学，25(2):243-252.

潘旸，沈艳，宇婧婧，等，2012. 基于最优插值方法分析的中国区域地面观测与卫星反演逐时降水融合试验[J]. 气象学报，70:1381-1389.

庞茂鑫，斯公望，1993. 中国东南部地形对降水量分布的气候影响[J]. 热带气象学报，9(1):370-374.

覃卫坚，寿绍文，王咏青，2013. 大气对流层重力波研究进展[J]. 气象科技，41(5):864-869.

覃卫坚，寿绍文，李启泰，等，2007. 影响惯性重力波活动规律的动力学因子研究[J]. 高原气象，26(3):519-524.

齐冬梅，李跃清，陈永仁，等，2011. 近 50 年四川地区旱涝时空变化特征研究[J]. 高原气象，30(5):1170-1179.

祁秀香，郑永光，2009. 2007 年夏季川渝与江淮流域 MCS 分布与变化特征[J]. 气象，35(11):17-29.

钱正安，焦彦军，1997. 青藏高原气象学的研究进展和问题[J]. 地球科学进展，12(3):207-216.

卿清涛，陈文秀，詹兆渝，2013. 四川省暴雨洪涝灾害损失时空演变特征分析[J]. 高原山地气象研究，33(1):47-51.

庆涛，沈新勇，黄文彦，等，2015. 2011年梅汛期一次暴雨过程的对流涡度矢量方程诊断分析[J]. 高原气象，34(2):401-412.

冉令坤，楚艳丽，高守亭，2009. Energy-Casimir方法在中尺度扰动稳定性研究中的应用[J]. 气象学报，67(4):530-539.

任福民，2001. 一种识别热带气旋降水的数值方法[J]. 热带气象学报，17(3):308-313.

任英杰，雍斌，鹿德凯，等，2019. 全球降水计划多卫星降水联合反演IMERG卫星降水产品在中国大陆地区的多尺度精度评估[J]. 湖泊科学，31(2):560-572.

任泽君，1986. 几类突发性暴雨成因的初步分析[J]. 气象，12(6):7-11.

赛瀚，苗峻峰，2012. 中国地区低空急流研究进展[J]. 气象科技，40(5):766-771.

桑建国，李启泰，1992. 小尺度地形引起的切变重力波[J]. 气象学报，50(2):227-231.

沈沛丰，张耀存，2011. 四川盆地夏季降水日变化的数值模拟[J]. 高原气象，30(4):860-868.

沈艳，潘旸，宇婧婧，等，2013. 中国区域小时降水量融合产品的质量评估[J]. 大气科学学报，36(1):37-46.

师锐，何光碧，龙柯吉，2015. 一次四川盆地低涡型特大暴雨过程分析[J]. 干旱气象，33(5):845-855.

石定朴，王洪庆，1996. 中尺度对流系统红外云图云顶黑体温度的分析[J]. 气象学报，54(5):600-611.

史月琴，邓雪娇，胡志晋，等，2006. 一次山地浓雾的三维数值研究[J]. 热带气象学报，22(4):351-359.

寿绍文，励申申，寿亦萱，等，2009. 中尺度气象学[M]. 北京:气象出版社.

宋丽莉，吴战平，秦鹏，等，2009. 复杂山地近地层强风特性分析[J]. 气象学报，67(3):452-460.

宋雯雯，李国平，2016. 两类涡度矢量对四川盆地一次暴雨过程的分析应用[J]. 高原气象，35(6):1464-1475.

苏宏新，桑卫国，2002. 山地小气候模拟研究进展[J]. 植物生态学报，26(增刊):107-114.

孙继松，2005. 气流的垂直分布对地形雨落区的影响[J]. 高原气象，24(1):62-69.

孙建华，赵思雄，2002. 华南"94·6"特大暴雨的中尺度对流系统及其环境场研究-I. 物理过程、环境场以及地形对中尺度对流系统的作用[J]. 大气科学，26(5):633-646.

孙建华，汪汇洁，卫捷，等，2016. 江淮区域持续性暴雨过程的水汽源地和输送特征[J]. 气象学报，74(4):542-555.

孙晶，楼小凤，胡志晋，2009. 祁连山冬季降雪个例模拟分析(I):降雪过程和地形影响[J]. 高原气象，28(3):485-495.

孙淑清，翟国庆，1980. 低空急流的不稳定性及其对暴雨的触发作用[J]. 大气科学，4(4):327-337.

孙田文，杜继稳，张弘，等，2004. 突发性暴雨中尺度分离对比分析[J]. 气象科技，32(2):65-70.

孙卫国，程炳岩，2008. 交叉小波变换在区域气候分析中的应用[J]. 应用气象学报，19(4):479-487.

孙艳辉，李泽椿，寿绍文，2015. 一次暴风雪过程中的中尺度重力波特征及其影响[J]. 气象学报，73(4):697-710.

孙颖姝，周玉淑，王咏青，2019. 一次双高空急流背景下南疆强降水事件的动力过程和水汽源分析[J]. 大气科学，43(5):1041-1054.

谈哲敏，方娟，伍荣生，2005. Ekman边界层动力学的理论研究[J]. 气象学报，63(5):543-555.

谭本馗，伍荣生，1992. 临界层理论研究的进展[J]. 气象学报，50(4):492-503.

陶丽，李国平，2012. 对流涡度矢量垂直分量在西南涡暴雨中的应用[J]. 应用气象学报，23(6):702-709.

陶诗言，1980. 中国之暴雨[M]. 北京:科学出版社.

陶诗言，赵煜佳，陈晓敏，1958. 东亚的梅雨期与亚洲上空大气环流季节变化的关系[J]. 气象学报，29(2):119-134.

陶诗言，丁一汇，周晓平，1979. 暴雨和强对流天气的研究[J]. 大气科学，3(3):227-238.

陶诗言，卫捷，张小玲，2008. 2007年梅雨锋降水的大尺度特征分析[J]. 气象，34(4):3-15.

田越，苗峻峰，2019. 中国地区山谷风研究进展[J]. 气象科技，47(1):41-51.

田越, 苗峻峰, 赵天良, 2020. 污染天气下成都东部山地-平原风环流结构的数值模拟[J]. 大气科学, 44(1):53-75.

脱友才, 邓云, 梁瑞峰, 2009. 山区水库水面气温与太阳辐射的修正及应用[J]. 应用气象学报, 20(2):225-231.

万轶婧, 王东海, 梁钊明, 等, 2020. 华南暖区暴雨环境参量的统计分析[J]. 中山大学学报(自然科学版), 59(6):51-63.

王安宇, 吴池胜, 林文实, 等, 1999. 关于我国东部夏季风进退的定义[J]. 高原气象, 18(3):400-408.

王成鑫, 高守亭, 梁莉, 等, 2013. 动力因子对地形影响下的四川暴雨落区的诊断分析[J]. 大气科学, 37(5):1099-1110.

王春学, 马振峰, 王佳津, 等, 2017. 四川盆地区域性暴雨时空变化特征及其前兆信号研究[J]. 气象, 43(12):1517-1526.

王晖, 隆霄, 温晓培, 等, 2017. 2012年宁夏"7·29"大暴雨过程的数值模拟研究[J]. 高原气象, 36(1):268-281.

王会兵, 祁生秀, 王小勇, 等, 2011. 高山气候对自动气象站运行的影响分析[J]. 高原山地气象研究, 31(3):65-68.

王佳津, 肖递祥, 王春学, 2017. 四川盆地极端暴雨水汽输送特征分析[J]. 自然资源学报, 32(10):1768-1783.

王佳津, 陈朝平, 龙柯吉, 等, 2015. 四川区域暴雨过程中短时强降水时空分布特征[J]. 高原山地气象研究, (1):18-22.

王佳津, 王春学, 陈朝平, 等, 2015. 基于HYSPLIT4的一次四川盆地夏季暴雨水汽路径和源地分析[J]. 气象, 41(11):1315-1327.

王佳津, 陈朝平, 刘莹, 等, 2017. 四川省持续性暴雨定义及时空分布特征[J]. 气象科技, 45(2):331-341.

王婧羽, 崔春光, 陈杨瑞雪, 等. 2022. 西南山区5-8月产生突发性暴雨事件的中尺度对流系统的时空分布特征[J]. 气象学报, 80(1): 21-38.

王婧羽, 王晓芳, 汪小康, 等, 2019. 青藏高原云团东传过程及其中MCS统计特征[J]. 大气科学, 43(5):1019-1040.

王培, 沈新勇, 高守亭, 2012. 一次东北冷涡过程的数值模拟与降水分析[J]. 大气科学, 36(1):130-144.

王沛东, 李国平, 2016. 秦巴山区地形对一次西南涡大暴雨过程影响的数值试验[J]. 云南大学学报:自然科学版, 38(3):418-429.

王谦谦, 王安宇, 李学锋, 等, 1984. 青藏高原大地形对夏季东亚大气环流的影响[J]. 高原气象, 3(1):13-20.

王淑莉, 康红文, 谷湘潜, 等, 2015. 北京7·21暴雨暖区中尺度对流系统的数值模拟[J]. 气象, 41:544-553.

王曙东, 惠建忠, 张国平, 等, 2017. 短时临近气象服务降水量等级标准研究[C]. 第34届中国气象学会年会, 中国, 河南, 郑州.

王文, 程攀, 2013. "7·27"陕北暴雨数值模拟与诊断分析[J]. 大气科学学报, 36(2):174-183.

王文, 刘佳, 蔡晓军, 2011. 重力波对青藏高原东侧一次暴雨过程的影响[J]. 大气科学学报, 34(6):737-747.

王晓芳, 崔春光, 胡伯威, 2007. 与水平风切变强度不均匀相联系的CISK惯性重力波[J]. 应用气象学报, 18(6):760-768.

王晓芳, 李山山, 汪小康, 等, 2022. 秦巴山脉"4·23"区域性暴雨的若干异常特征[J]. 气象, 48(3): 345-356.

王兴宝, 1996. 地形对重力惯性波传播与发展的影响[J]. 气象科学, 16(1):1-11.

王宇虹, 徐国强, 2017. 青藏高原地形重力波拖曳的初步分析及数值模拟研究[J]. 气象学报, 75(2):275-287.

王智, 高坤, 翟国庆, 2003. 一次与西南低涡相联系的低空急流的数值研究[J]. 大气科学, 27(1):75-85.

魏家瑞, 刘晓, 徐寄遥, 2019. 地形产生的山地波及其传播过程模拟研究[J]. 空间科学学报, 39(4):449-459.

魏铁鑫, 缪启龙, 段春锋, 等, 2015. 近50a东北冷涡暴雨水汽源地分布及其水汽贡献率分析[J]. 气象科学, 35(1):60-65.

魏文寿, 胡汝骥, 1990. 中国天山的降水与气候效应[J]. 干旱区地理, 13(1):29-36.

吴池胜, 1994. 地形对重力惯性波发展的影响[J]. 大气科学, 18(1):81-88.

吴迪, 王澄海, 何光碧, 2016. 青藏高原地区夏季两次强降水过程中重力波特征分析[J]. 高原气象, 35(4):854-864.

吴兑, 赵博, 邓雪娇, 等, 2007. 南岭山地高速公路雾区恶劣能见度研究[J]. 高原气象, 26(3):649-654.

吴海英, 曾明剑, 尹东屏, 等, 2010. 一次苏皖特大暴雨过程中边界层急流结构演变特征和作用分析[J]. 高原气象, 29(6):1431-1440.

伍荣生, 顾伟, 1990. 山地上空的Ekman抽吸[J]. 气象学报, 48(3):258-264.

项续康, 江吉喜, 1995. 我国南方地区的中尺度对流复合体[J]. 应用气象学报, 6(1):9-17.

肖潺，宇如聪，原韦华，等，2013. 横断山脉中西部降水的季节演变特征[J]. 气象学报，71(4):643-651.

肖递祥，杨康权，祁生秀，2012. 2011年7月四川盆地两次突发性暴雨过程的对比分析[J]. 气象，38(12):1482-1491.

肖递祥，屠妮妮，祁生秀，2015. 龙门山沿线暴雨过程的诊断分析及数值试验[J]. 高原气象，34(1):113-123.

肖递祥，杨康权，俞小鼎，等，2017. 四川盆地极端暴雨过程基本特征分析[J]. 气象，43(10):1165-1175.

肖递祥，王佳津，曹萍萍，等，2020. 四川盆地突发性暖区暴雨特征及环境场条件分析[J]. 自然灾害学报，29(3):110-118.

肖庆农，伍荣生，1995. 地形对于气流运动影响的数值研究[J]. 气象学报，53(1):38-49.

谢安，毛江玉，宋焱云，等，2002. 长江中下游地区水汽输送的气候特征[J]. 应用气象学报，(1):67-77.

谢家旭，李国平，2021. 重力波与对流耦合作用在一次山地突发性暴雨触发中的机理分析[J]. 大气科学，45(3):617-632.

谢义炳，戴武杰，1959. 中国东部地区夏季水汽输送个例计算[J]. 气象学报，30(2):173-185.

谢应齐，1986. 论高原地形的纯动力作用[J]. 云南大学学报(自然科学版)，8(8):329-337.

熊光洁，王式功，尚可政，等，2012. 中国西南地区近50年夏季降水的气候特征[J]. 兰州大学学报(自然科学版)，48(4):45-52.

熊秋芬，张玉婷，姜晓飞，等，2018. 锢囚气旋钩状云区暴雪过程的水汽源地及输送分析[J]. 气象，44(10):1267-1274.

徐红，王文，2015. 一次暴雨过程中重力波和湿位涡分析[J]. 现代农业科技，21:218-222.

徐辉，金荣花，2010. 地形对2008年初湖南雨雪冰冻天气的影响分析[J]. 高原气象，29(4):957-967.

徐珺，毕宝贵，谌芸，等，2018. "5·7"广州局地突发特大暴雨中尺度特征及成因分析[J]. 气象学报，76(4):511-524.

徐祥德，陶诗言，王继志，等，2002. 青藏高原-季风水汽输送"大三角扇型"影响域特征与中国区域旱涝异常的关系[J]. 气象学报，60(2):257-266.

徐晓华，郭金城，罗佳，2016. 利用COSMICRO数据分析青藏高原平流层重力波活动特征[J]. 地球物理学报，59(4):1199-1210.

徐燚，闫敬华，王谦谦，等，2013. 华南暖区暴雨的一种低层重力波触发机制[J]. 高原气象，32(4):1050-1061.

许小峰，孙照渤，2003. 非地转平衡流激发的重力惯性波对梅雨锋暴雨影响的动力学研究[J]. 气象学报，61(6):655-660.

薛根元，诸晓明，王镇铭，2006. 山地地质灾害气象等级预报(预警)模型应用[J]. 山地学报，24(4):416-423.

杨斌，2009. "数字山地"框架下的山地本体及数字化分类研究[D]. 成都:成都理工大学.

杨浩，江志红，刘征宇，等，2014. 基于拉格朗日法的水汽输送气候特征分析-江淮梅雨和淮北雨季的对比[J]. 大气科学，38(5):965-973.

杨康权，卢萍，张琳，2017. 高原低涡影响下的一次暖区强降水特征分析[J]. 热带气象学报，33(3):415-425.

杨康权，肖递祥，罗辉，等，2019. 四川盆地西部两次暖区暴雨过程分析[J]. 气象科技，47(5):795-808.

杨柳，赵俊虎，封国林，2018. 中国东部季风区夏季四类雨型的水汽输送特征及差异[J]. 大气科学，42(1):84-98.

杨胜朋，吕世华，陈玉春，等，2008. 山地复杂下垫面湍流特征观测分析[J]. 高原气象，27(2):272-278.

姚俊强，杨青，毛炜峰，等，2018. 基于HYSPLIT4的一次新疆天山夏季特大暴雨水汽路径分析[J]. 高原气象，37(1):68-77.

叶笃正，1956. 小地形对于气流的影响[J]. 气象学报，27(3):243-262.

叶笃正，高由禧，1979. 青藏高原气象学[M]. 北京:科学出版社.

尹宜舟，沈新勇，李焕连，2009. "07.7"淮河流域梅雨锋暴雨的地形敏感性试验[J]. 高原气象，28(5):1085-1094.

于波，林永辉，2008. 引发川东暴雨的西南低涡演变特征个例分析[J]. 大气科学，32(1):141-154.

于廪良，1986. 低空急流与暴雨[J]. 山东气象，(S1):44-58.

郁淑华，1984. 四川盆地大范围强暴雨过程的合成分析[J]. 高原气象，2(3):62-71.

郁淑华，何光碧，1998. 青藏高原切变线对四川盆地西部突发性暴雨影响的数值试验[J]. 高原气象，16(3):306-311.

郁淑华，何光碧，滕家谟，1997. 青藏高原切变线对四川盆地西部突发性暴雨影响的数值试验[J]. 高原气象，15(3):306-311.

郁淑华，滕家谟，何光碧，1998. 高原地形对四川盆地西部突发性暴雨影响的数值试验[J]. 大气科学，22(3):379-383.

袁有林，杨秀洪，杨必华，等，2017. 不同初始场及其扰动对 WRF 模拟暴雨的影响[J]. 沙漠与绿洲气象，11（1）:67-75.

袁有林，左洪超，董龙翔，等，2015. 地形和水汽对"7·13"陕西暴雨影响的数值试验[J]. 干旱气象，33（2）:291-302.

原文杰，2014. 华南前汛期降水及水汽输送特征研究[D]. 合肥:安徽农业大学.

岳俊，李国平，2016. 应用拉格朗日方法研究四川盆地暴雨的水汽来源[J]. 热带气象学报，32（2）:256-264.

曾波，谌芸，王钦，等，2019. 1961—2016 年四川地区不同量级不同持续时间降水的时空特征分析[J]. 冰川冻土，41（2）:192-204.

曾明剑，陆维松，梁信忠，等，2009. 地形对 2008 年初中国南方持续性冰冻灾害分布影响的数值模拟[J]. 高原气象，28（6）:1376-1387.

曾岁康，雍斌，2019. 全球降水计划 IMERG 和 GSMaP 反演降水在四川地区的精度评估[J]. 地理学报，74（7）:1305-1318.

曾勇，杨莲梅，2018. 新疆西部一次极端暴雨事件的成因分析[J]. 高原气象，37（5）:81-93.

曾勇，杨莲梅，张迎新，2017. 新疆西部一次大暴雨过程水汽输送轨迹模拟[J]. 沙漠与绿洲气象，11（3）:47-54.

曾智琳，谌芸，朱克云，等，2018. 2017 年"5·7"广州特大暴雨的中尺度特征分析与成因初探[J]. 热带气象学报，34（6）:791-805.

臧增亮，张铭，沈洪卫，等，2004. 江淮地区中尺度地形对一次梅雨锋暴雨的敏感性试验[J]. 气象科学，24（1）:26-34.

翟国庆，高坤，俞樟孝，1995. 暴雨过程中中尺度地形作用的数值试验[J]. 大气科学，19（4）:475-480.

翟国庆，丁华君，孙淑清，等，1999. 与低空急流相伴的暴雨天气诊断研究[J]. 大气科学，23（1）:112-118.

张暴祺，2019. 利用星载双频测雨雷达与静止卫星红外信号研究降水结构特征[D]. 合肥:中国科学技术大学.

张博，李国平，2015. 全球气候变暖背景下四川夜雨的变化特征[J]. 中国科技论文，10（9）:1111-1116.

张芳丽，李国平，罗潇，2020. 四川盆地东北部一次突发性暴雨事件的影响系统分析[J]. 高原气象，39（2）:321-332.

张弘，孙伟，2005. 初夏青藏高原东侧一次特大暴雨的综合分析[J]. 高原气象，24（2）:232-239.

张弘，侯建忠，杜继稳，2007. 陕西突发性暴雨监测预警系统研究[J]. 陕西气象，（6）:6-11.

张洪亮，倪绍祥，邓自旺，等，2002. 基于 DEM 的山区气温空间模拟方法[J]. 山地学报，20（3）:360-364.

张虎，温娅丽，2001. 祁连山北坡中部气候特征及垂直气候带的划分[J]. 山地学报，19（6）:497-502.

张家诚，林之光，1985. 中国气候[M]. 上海:上海科学技术出版社.

张灵杰，林永辉，2011. 青藏高原红原站平流层下部重力波观测特征分析[J]. 气象科技，39（6）:768-771.

张蒙蒙，江志红，2013. 我国高分辨率降水融合资料的适用性评估[J]. 气候与环境研究，18（4）:461-471.

张强，张杰，孙国武，等，2007. 祁连山山区空中水汽分布特征研究[J]. 气象学报，65（4）:633-643.

张芹，王清明，张秀珍，等，2018. 2017 年山东雨季首场暖区暴雨的特征分析[J]. 高原气象，37（6）:250-258.

张庆云，陶诗言，彭京备，2008. 我国灾害性天气气候事件成因机理的研究进展[J]. 大气科学，32（4）:815-825.

张瑞，类延河，管长龙，等，2015. 波流信号交叉谱估计方法比较[J]. 海洋与湖沼，46（4）:725-731.

张养才，1990. 中国丘陵山地农业气候研究及其进展[J]. 气象，16（11）:3-10.

张耀存，钱永甫，1999. 青藏高原隆升作用于大气临界高度的数值研究[J]. 气象学报，57（2）:157-167.

张元春，李娟，孙建华，2019. 青藏高原热力对四川盆地西部一次持续性暴雨影响的数值模拟[J]. 气候与环境研究，24（1）:37-49.

张云，熊建刚，万卫星，2011. 中层大气重力波的全球分布特征[J]. 地球物理学报，54（7）:1711-1717.

张之贤，张强，赵庆云，等，2013. "8·8"舟曲特大山洪泥石流灾害天气特征分析[J]. 高原气象，32（1）:290-297.

章淹，1983. 地形对降水的作用[J]. 气象，9（2）:9-13.

赵海英，薄燕青，邱贵强，等，2017. 地形对山西暴雨影响的数值模拟研究[J]. 气象与环境科学，40（2）:84-91.

赵庆云，傅朝，刘新伟，等，2017. 西北东部暖区大暴雨中尺度系统演变特征[J]. 高原气象，36（3）:697-704.

赵庆云，张武，陈晓燕，等，2018. 一次六盘山两侧强对流暴雨中尺度对流系统的传播特征[J]. 高原气象，37（3）:767-776.

赵伟，郝成元，许传阳，2018. 基于 HYSPLIT 的中国夏季风暖湿气流影响区域分界探讨[J]. 地理与地理信息科学，

34(2):106-111.

赵旋，李耀辉，齐冬梅，2013. 1961-2007 年四川夏季降水的时空变化特征[J]. 冰川冻土，35(4):959-967.

赵榆飞，杜继稳，2005. 陕北地区突发性暴雨和系统性暴雨的对比分析[J]. 气象科技，33(5):413-418.

赵宇，高守亭，2008. 对流涡度矢量在暴雨诊断分析中的应用研究[J]. 大气科学，32(3):444-456.

赵宇，崔晓鹏，2009. 对流涡度矢量和湿涡度矢量在暴雨诊断分析中的应用研究[J]. 气象学报，67(4):540-548.

赵玉春，许小峰，崔春光，2012. 川西高原东坡地形对流暴雨的研究[J]. 气候与环境研究，17(5):95-104.

郑国光，陈跃，陈添宇，等，2011. 祁连山夏季地形云综合探测试验[J]. 地球科学进展，26(10):1057-1070.

郑淋淋，孙建华，2013. 干、湿环境下中尺度对流系统发生的环流背景和地面特征分析[J]. 大气科学，37:891-904.

郑启康，王元，伍荣生，2007. 地形和湍流交换非均匀对边界层 Ekman 抽吸的影响[J]. 南京大学学报（自然科学版），43(6):589-596.

郑永光，陈炯，朱佩君，2008. 中国及周边地区夏季中尺度对流系统分布及其日变化特征[J]. 科学通报，53(4):471-481.

中国科学院水利部成都山地灾害与环境研究所，2000. 山地学概论与中国山地研究[M]. 成都:四川科学技术出版社.

钟静，卢涛，2018. 中国西南地区地形起伏度的最佳分析尺度确定[J]. 水土保持通报，38(1):175-181.

钟水新，2020. 地形对降水的影响机理及预报方法研究进展[J]. 高原气象，39(5):1122-1132.

钟水新，陈子通，黄燕燕，等，2014. 地形重力波拖曳参数化方案在华南中尺度模式(GRAPES)中的应用试验[J]. 热带气象学报，30(3):413-422.

钟祥浩，2002. 20 年来中国山地研究回顾与新世纪展望——纪念《山地学报》（原《山地研究》）创刊 20 周年[J]. 山地学报，20(6):646-659.

周璇，罗亚丽，郭学良，2015. CMORPH 卫星-地面自动站融合降水数据在中国南方短时强降水分析中的应用[J]. 热带气象学报，31(3):333-344.

周长艳，李跃清，彭俊，2006. 高原东侧川渝盆地降水与水资源特征及变化[J]. 大气科学，30(6):1217-1226.

周长艳，唐信英，邓彪，2015. 一次四川特大暴雨灾害降水特征及水汽来源分析[J]. 高原气象，34(6):1636-1647.

周长艳，李跃清，房静，等. 2008. 高原东侧川渝盆地东西部夏季降水及其大尺度环流特征[J]. 高原山地气象研究，28(2):1-9.

周长艳，岑思弦，李跃清，等，2011. 四川省近 50 年降水的变化特征及影响[J]. 地理学报，66(5):619-630.

周文，王晓芳，杨浩，等，2021. 造成贵州水城"7·23"山体滑坡的大暴雨成因分析[J]. 气象，47(8):982-994.

朱莉，丁治英，张腾飞，等，2010. 重力波与低纬高原地区 MβCSs 地域特征关系的研究[J]. 大气科学学报，33(5):561-568.

朱民，余志豪，陆汉城，1999. 中尺度地形背风波的作用及其应用[J]. 气象学报，57(6):705-714.

朱平，俞小鼎，2019. 青藏高原东北部一次罕见强对流天气的中小尺度系统特征分析[J]. 高原气象，38(1):1-13.

朱乾根，1985. 大尺度低空急流附近的水汽输送与暴雨[J]. 南京气象学院学报，(2):131-139.

朱乾根，林锦瑞，寿绍文，等，2007. 天气学原理和方法（第四版）[M]. 北京:气象出版社.

竺可桢，1934. 东南季风与中国之雨量[J]. 地理学报，1(1):1-27.

庄晓翠，赵江伟，李健丽，等，2018. 新疆阿勒泰地区短时强降水流型及环境参数特征[J]. 高原气象，37(3):675-685.

邹坚峰，1989. 大地形附近气流爬绕运动的一个动力学分析[J]. 气象科学，9(1):27-36.

Ai Y F, Li W B, Meng Z Y, et al., 2016. Life Cycle characteristics of MCSs in middle east China tracked by geostationary satellite and precipitation estimates[J]. Monthly Weather Review, 144: 2517-2530.

Anderson C J, Arritt R W, 1998. Mesoscale convective complexes and persistent elongated convective systems over the United States during 1992 and 1993[J]. Monthly Weather Review, 126: 578-599.

Arnaud Y, Desbois M, Maizi J, 1992. Automatic tracking and characterization of African convective systems on meteosat pictures[J].

Journal of Applied Meteorology and Climatology, 31 (5): 443-453.

Astling E G, Paegle J, Miller E, et al., 1985. Boundary layer control of nocturnal convection associated with a synoptic scale system[J]. Monthly Weather Review, 113: 540-552.

Balling R C Jr., 1985. Warm season nocturnal precipitation in the Great Plains of the United States[J]. Journal of Applied Meteorology and Climatology, 24: 1383-1387.

Banta R M, Schaaf C B, 1987. Thunderstorm genesis zones in the Colorado Rocky Mountains as determined by traceback of geosynchronous satellite images[J]. Monthly Weather Review, 115: 463-476.

Bao X H, Zhang F Q, 2013. Impacts of the mountain-plains solenoid and cold pool dynamics on the diurnal variation of precipitation over Northern China[J]. Atmospheric Chemistry & Physics, 12: 6965-6982.

Bao X H, Zhang F Q, Sun J H, 2011. Diurnal variations of warm-season precipitation east of the Tibetan Plateau over China[J]. Monthly Weather Review, 139 (9): 2790-2810.

Basist A, Bell G D, Meentemeyer V, 2009. Statistical relationships between topography and precipitation patterns[J]. Journal of Climate, 7 (9): 1305-1315.

Blackadar A K, 1957. Boundary layer wind maxima and their significance for the growth of nocturnal inversions[J]. Bulletin of the American Meteorological Society, 38: 283-290.

Blamey R C, Reason C J C, 2013. The Role of mesoscale convective complexes in southern Africa summer rainfall[J]. Journal of Climate, 26: 1654-1668.

Bolin B, 1950. On the influence of the earth's orography on the general character of the westerlies[J]. Tellus, 2 (3): 184-195.

Bonner W, 1968. Climatology of the low level jet[J]. Monthly Weather Review, 96: 833-850.

Bonner W, Paegle J, 1970. Diurnal variations in boundary layer winds over the south-central United States in summer[J]. Monthly Weather Review, 98: 735-744.

Booker J R, Bretherton F P, 1967. The critical layer for internal gravity waves in a shear flow[J]. Journal of Fluid Mechanics, 27 (3): 513-539.

Boos W R, Kuang Z, 2010. Dominant control of the South Asian monsoon by orographic insulation versus plateau heating[J]. Nature, 463 (7278): 218-222.

Bosilovich M, Schubert S, 2002. Water vapor tracers as diagnostics of the regional hydrologic cycle[J]. Journal of Hydrometeorology, 40: 149-165.

Bosilovich M G, Sud Y C, Schubert S D, et al., 2003. Numerical simulation of the large-scale North American monsoon water sources[J]. Journal of Geophysical Research, 108 (D16): 8614.

Brimelow J C, Reuter G W, 2005. Transport of atmospheric moisture during three extreme rainfall events over the Mackenzie River Basin[J]. Journal of Hydrometeorology, 6 (4): 423-440.

Cao Q, Hong Y, Gourley J J, et al., 2013. Statistical and physical analysis of the vertical structure of precipitation in the mountainous west region of the United States using 11+ years of spaceborne observations from TRMM precipitation radar[J]. Journal of Applied Meteorology and Climatology, 52 (2): 408-424.

Chang W, Lee W, Liou Y, 2015. The kinematic and microphysical characteristics and associated precipitation efficiency of subtropical convection during SoWMEX/TiMREX[J]. Monthly Weather Review, 143 (1): 317-340.

Chen B, Xu X D, Shi X H, 2011. Estimating the water vapor transport pathways and associated sources of water vapor for the extreme rainfall event over east of China in July 2007 using the Lagrangian method[J]. Acta Meteorologica Sinica, 69 (5): 810-818.

Chen G X, Du Y, 2018. Heavy rainfall associated with double low-level jets over southern China. Part I: ensemble-based analysis[J]. Monthly Weather Review, 146: 3827-3844.

Chen G X, Sha W M, Iwasaki T, et al., 2017. Diurnal cycle of a heavy rainfall corridor over east Asia[J]. Monthly Weather Review, 145: 3365-3389.

Chen G, Wang C C, Lin D, 2005. Characteristics of low-level jets over northern Taiwan in MeiYu season and their relationship to heavy rain events[J]. Monthly Weather Review, 133: 20-43.

Chen G, Sha W, Sawada M, et al. ，2013. Influence of summer monsoon diurnal cycle on moisture transport and precipitation over eastern China[J]. Journal of Geophysical Research: Atmospheres, 118：3163-3177.

Chen H M, Yu R C, Li J, et al., 2010. Why nocturnal long-duration rainfall presents an eastward-delayed diurnal phase of rainfall down the Yangtze River valley[J]. Journal of Climate, 23(4): 905-917.

Chen J, Zheng Y, Zhang X, et al., 2013. Distribution and diurnal variation of warm-season short-duration heavy rainfall in relation to the MCSs in China[J]. Acta Meteorologica Sinica, 27(6): 868-888.

Chen S H, Lin Y L, 2005. Orographic effects on a conditionally unstable flow over an idealized three-dimensional mesoscale mountain[J]. Meteorology and Atmospheric Physics, 88(1-2): 1-21.

Chen X, Zhang F, Zhao K, 2017. Influence of monsoonal wind speed and moisture content on intensity and diurnal variations of the Mei-yu season coastal rainfall[J]. Journal of the Atmospheric Sciences, 74: 2835-2856.

Chen Y L, Chen X, Zhang Y X, 1994. A diagnostic study of the low-level jet during TAMEX IOP 5[J]. Monthly Weather Review, 122: 2257-2284.

Chen Y, Luo Y, 2018. Analysis of paths and sources of moisture for the South China rainfall during the presummer rainy season of 1979-2014[J]. Journal of Meteorological Research, 32(5): 744-757.

Chen Y, Wang X, Huang L, et al, 2021. Spatial and temporal characteristics of abrupt heavy rainfall events over Southwest China during 1981-2017[J]. International Journal of Climatology, 41(5)：3286-3299.

Cifelli R, Rutledge S A, 1998. Vertical motion, diabatic heating, and rainfall characteristics in north Australia convective systems[J]. Quarterly Journal of the Royal Meteorological Society, 124(548): 1133-1162.

Clark T E, Hauf T, Kuettner J P, 1986. Convectively forced internal gravity waves: Results from two dimensional numerical experiments[J]. Quarterly Journal of the Royal Meteorological Society, 112(474): 899-925.

Coniglio M C, Hwang J Y, Stensrud D J, 2010. Environmental factors in the upscale growth and longevity of MCSs derived from rapid update cycle analyses[J]. Monthly Weather Review, 139: 3514-3539.

Cook K H, Vizy E K, 2010. Hydrodynamics of the caribbean low-level jet and its relationship to precipitation[J]. Journal of Climate, 23: 1477-1494.

Cotton W R, Lin M S, Mcanelly R L, et al., 1989. A Composite model of mesoscale convective complexes[J]. Monthly Weather Review, 117: 765-783.

Cressman G P, 1959. An operational objective analysis system[J]. Monthly Weather Review, 87: 367-374.

Crook N A, Tucker D F, 2005. Flow over heated terrain. Part I. Linear theory and idealized numerical simulations[J]. Monthly Weather Review, 133: 2552-2564.

Dai A G, Xin L, Hsu K, 2007. The frequency, intensity, and diurnal cycle of precipitation in surface and satellite observations over low- and mid-latitudes[J]. Climate Dynamics, 29(7-8): 727-744.

Danard M, 2009. A Simple model for mesoscale effects of topography on surface winds[J]. Monthly Weather Review, 105(5):

572-581.

Dee D P, Uppala S M, Simmons A J, et al., 2011. The ERA-Interim reanalysis: configuration and performance of the data assimilation system[J]. Quarterly Journal of the Royal Meteorological Society, 137 (656): 553-597.

Ding Y, 2007. The variability of the Asian summer monsoon[J]. Journal of the Meteorological Society of Japan. Ser. II, 85: 21-54.

Ding Y, Chan J C, 2005. The East Asian summer monsoon: an overview[J]. Meteorology and Atmospheric Physics, 89 (1-4): 117-142.

Dong Y, Li G, Jiang X ,et al.2022.The characteristics and formation mechanism of double-band radar echoes formed by a severe rainfall occurred in the Sichuan Basin under the background of two vortices coupling[J].Frontiers in Earth Science,10:915954.DOI: 10.3389/feart.2022.915954.

Draxler R R, Hess G D, 1998. An overview of HYSPLIT_4 modeling system for trajectories dispersion and deposition[J]. Aust. Meteor. Mag, 47: 295-308.

Drumond A, Nieto R, Gimeno L, 2011. On the contribution of the tropical western hemisphere warm pool source of moisture to the Northern Hemisphere precipitation through a Lagrangian approach[J]. Journal of Geophysical Research, 116: D00Q04.

Du Y, Rotunno R, 2014. A simple analytical model of the nocturnal low-level jet over the Great Plains of the United States[J]. Journal of the Atmospheric Sciences, 71 (10): 3674-3683.

Du Y, Chen G X, 2018. Heavy rainfall associated with double low-level Jets over southern China. Part I: Ensemble-based analysis[J]. Monthly Weather Review, 146(11): 3827-3844.

Du Y, Chen G X, 2019. Climatology of low-level jets and their impact on rainfall over southern China during the early summer rainy season[J]. Journal of Climate, 32: 8813-8833.

Du Y, Chen G X, 2019. Heavy rainfall associated with double low-level jets over southern China. Part II: convection initiation[J]. Monthly Weather Review, 147 (2): 543-565.

Du Y, Zhang F, 2019. Banded convective activity associated with mesoscale gravity waves over southern China[J]. Journal of Geophysical Research: Atmospheres, 124 (4): 1912-1930.

Du Y, Chen Y L, Zhang Q H, 2015a. Numerical simulations of the boundary layer jet off the southeastern coast of China[J]. Monthly Weather Review, 143: 1212-1231.

Du Y, Chen Y L , Zhao Y Y , et al., 2014. Numerical simulations of spatial distributions and diurnal variations of low-level jets in China during early summer[J]. Journal of Climate, 27: 5754-5767.

Du Y, Rotunno R, Zhang Q H, 2015b. Analysis of WRF-Simulated diurnal boundary layer winds in eastern China using a simple 1D model[J]. Journal of the Atmospheric Sciences, 72: 714-727.

Du Y, Rotunno R, Zhang F, 2019. Impact of vertical wind shear on gravity wave propagation in the land-sea-breeze circulation at the equator[J]. Journal of the Atmospheric Sciences, 76 (10): 3247-3265.

Du Y, Zhang Q H, Yue Y, et al., 2012. Characteristics of low-level jet in Shanghai during the 2008-2009 warm seasons as inferred from wind profiler radar data[J]. Journal of the Meteorological Society of Japan, 90: 891-903.

Dudhia J, 1989. Numerical study of convection observed during the winter monsoon experiment using a mesoscale two-dimensional model[J]. Journal of the Atmospheric Sciences, 46 (20): 3077-3107.

Durkee J D, Mote T L, 2010. A climatology of warm-season mesoscale convective complexes in subtropical South America[J]. International Journal of Climatology, 30: 418-431.

Ek M B, Mitchell K E, Lin Y, et al., 2003. Implementation of Noah land surface model advances in the National Centers for

Environmental Prediction operational mesoscale Eta model[J]. Journal of Geophysical Research:Atmospheres, 108(D22).

Ensemble-based analysis[J]. Monthly Weather Review, 146(11): 3827-3844.

Feng L, Zhou T, 2012. Water vapor transport for summer precipitation over the Tibetan Plateau: Multidata set analysis[J]. Journal of Geophysical Research, 117: D20014.

Feng Z, Dong X Q, Xi B K, et al., 2012. Life cycle of midlatitude deep convective systems in a Lagrangian framework[J]. Journal of Geophysical Research. Atmospheres, 117: D23201.

Feng Z, Houze R A, Leung L R, et al., 2019. Spatiotemporal characteristics and large-scale environments of mesoscale convective systems east of the Rocky Mountains[J]. Journal of Climate, 32: 7303-7328.

Findlater J, 1969. A major low-level air current near the Indian Ocean during the northern summer[J]. Quarterly Journal of the Royal Meteorological Society, 95(404): 362-380.

Fu P L, Zhu K F, Zhao K, et al., 2019. Role of the nocturnal low-level jet in the formation of the morning precipitation peak over the Dabie Mountains[J]. Advances in Atmospheric Sciences, 36: 15-28.

Fu S M, Sun J H, et al., 2011. The energy budget of a southwest vortex with heavy rainfall over south China[J]. Advances in Atmospheric Sciences, 28(3): 709-724.

Gao S, Ping F, Li X, et al., 2004. A convective vorticity vector associated with tropical convection: A two dimensional cloud resolving modeling study[J]. John Wiley & Sons, Ltd, 109(D14): D14106.

Goyens C, Lauwaet D, Schröder M, et al., 2012. Tracking mesoscale convective systems in the Sahel: Relation between cloud parameters and precipitation[J]. International Journal of Climatology, 32: 1921-1934.

Grell G A, Devenyi D, 2002. A generalized approach to parameterizing convection combining ensemble and data assimilation techniques[J]. Geophysical Research Letteres, 29(14): 1693-1696.

Grinsted A, Moore J C, Jevrejeva S, 2004. Application of the cross wavelet transform and wavelet coherence to geophysical time series[J]. Nonlinear Processes in Geophysics, 11(5/6): 561-566.

Hane C E, Ziegler C L, Bluestein H B, 1993. Investigation of the dryline and convective storms initiated along the dryline: field experiments during COPS-91[J]. Bulletin of the American Meteorological Society, 74: 2133-2145.

He M Y, Liu H B, Wang B, et al., 2016. A modeling study of a low-level jet along the Yun-Gui Plateau in south China[J]. Journal of Applied Meteorology and Climatology, 55(1): 41-60.

He Z W, Zhang Q H, Bai L Q, et al., 2016. Characteristics of mesoscale convective systems in central East China and their reliance on atmospheric circulation patterns[J]. International Journal of Climatology, 37: 3276-3290.

Heale C J, Snively J B, 2015. Gravity wave propagation through a vertically and horizontally inhomogeneous background wind[J]. Journal of Geophysical Research: Atmospheres, 120(12): 5931-5950.

Heikkilä U, Sandvik A, Sorteberg A, 2011. Dynamical downscaling of ERA-40 in complex terrain using the WRF regional climate model[J]. Climate Dynamics, 37(7-8): 1551-1564.

Hersbach H, Bell W, Berrisford P, et al., 2019. Global reanalysis: goodbye ERA-Interim, hello ERA5 [M]. ECMWF Newsletter: 17-24.

Higgins R W, Yao Y, Yarosh E S, et al., 1996. Influence of the Great Plains low-level jet on summertime precipitation and moisture transport over the central United States[J]. Journal of Climate, 10: 481-507.

Hobbs P V, 1989. Research on clouds and precipitation: past, present, and future, Part I[J]. Bulletin of the American Meteorological Society, 70(3): 282-285.

Holman K D, Vavrus S J, 2012. Understanding simulated extreme precipitation events in Madison, Wisconsin, and the role of moisture flux convergence during the late twentieth and twenty-first centuries[J]. Journal of Hydrometeorology, 13: 877-894.

Holton J, 1967. The diurnal boundary layer wind oscillation above sloping terrain[J]. Tellus A, 19A: 199-205.

Hong S Y, Yign N, Jimy D, 2006. A new vertical diffusion package with an explicit treatment of entrainment processes[J]. Monthly Weather Review, 134(9): 2318-2341.

Hou A Y, Kakar R K, Neeck S, et al., 2014. The global precipitation measurement mission[J]. Bulletin of the American Meteorological Society, 95(5): 701-722.

Houze J R A, 1982. Cloud clusters and large-scale vertical motions in the tropics[J]. Journal of the Meteorological Society of Japan. Ser. II, 60(1): 396-410.

Houze J R A, 2004. Mesoscale convective systems[J]. Reviews of Geophysics, 42(4), DOI: 10. 1029/2004RG000150.

Houze Jr. R A, Wilton D C, Smull B F, 2007. Monsoon convection in the Himalayan region as seen by the TRMM Precipitation Radar[J]. Quarterly Journal of the Royal Meteorological Society, 133(627): 1389-1411.

Houze Jr R A, Rutledge S A, Biggerstaff M I, et al., 1989. Interpretation of doppler weather radar displays of midlatitude mesoscale convective systems[J]. Bulletin of the American Meteorological Society, 70(6): 608-619.

Houze R A, 2012. Orographic effects on precipitating clouds[J]. Reviews of Geophysics, 50: RG1001.

Hu K, Cui P, Wang C, et al. , 2010. Characteristic rainfall for warning of debris flows[J]. Journal of Mountain Science, 7(3): 207-214.

Hu L, Deng D F, Gao S T, et al., 2016. The seasonal variation of Tibetan convective systems: Satellite observation[J]. Journal of Geophysical Research: Atmospheres, 121: 5512-5525.

Hu L, Deng D F, Xu X D, et al., 2017. The regional differences of Tibetan convective systems in boreal summer[J]. Journal of Geophysical Research: Atmospheres, 122: 7289-7299.

Hu M K, 1962. Visual Pattern recognition by moment invariants[J]. IRE Trans. Information Theory, 8: 179-187.

Hua S，Xu X，Chen B, 2020. Influence of multiscale orography on the initiation and maintenance of a precipitating convective system in north China: A case study[J]. Journal of Geophysical Research: Atmospheres，125(13), DOI: 10. 1029/2019JD031731.

Huang H L, Wang C C, Chen T J, et al., 2010. The role of diurnal solenoidal circulation on propagating rainfall episodes near the eastern Tibetan Plateau[J]. Monthly Weather Review, 138(7): 2975-2989.

Huang L, Luo Y, 2017. Evaluation of quantitative precipitation forecasts by TIGGE ensembles for south China during the presummer rainy season[J]. Journal of Geophysical Research: Atmospheres, 122: 8494-8516.

Huang Y J, Cui X P, 2015. Moisture sources of an extreme precipitation event in Sichuan, China, based on the Lagrangian method[J]. Atmospheric Science Letters, 16(2): 177-183.

Huang Y J, Cui X P, 2015. Moisture sources of torrential rainfall events in the Sichuan Basin of China during summers of 2009-13[J]. Journal of Hydrometeorology, 16(4): 1906-1917.

IPCC, 2013. Observations: Atmosphere and Surface[M]//Climate Change 2013: The Physical Science Basis. New York: Cambridge University Press.

James P, Stohl A, Spichtinger N, et al., 2004. Climatological aspects of the extreme European rainfall of August 2002 and a trajectory method for estimating the associated evaporative source regions[J]. Nat. Hazard. Ear. Sys. Sci, 4(5/6): 733-746.

Jiang X N, Lau N C, Held I M, et al., 2007. Mechanisms of the Great Plains low-level jet as simulated in an AGCM[J]. Journal of the Atmospheric Sciences, 64: 532-547.

Jiang Y Q, Wang Y, Chen C H, et al., 2019. A numerical study of mesoscale vortex formation in the midlatitudes: The role of moist processes[J]. Advances in Atmospheric Sciences, 36(1): 65-78.

Jin X, Han J W, 2010. K-Means Clustering[C]//: Encyclopedia of Machine Learning, Springer US, 563-564.

Jin X, Wu T W, Li L, 2012. The quasi-stationary feature of nocturnal precipitation in the Sichuan Basin and the role of the Tibetan Plateau[J]. Climate Dynamics, 41(3-4): 977-994.

Jirak I L, Cotton W R, Mcanelly R L, 2003. Satellite and radar survey of mesoscale convective system development[J]. Monthly Weather Review, 131: 2428-2449.

Joyce R J, Janowiak J E, Arkin P A, et al., 2004. CMORPH: A method that produces global precipitation estimates from passive microwave and infrared data at high spatial and temporal resolution[J]. Journal of Hydrometeorology, 5(3): 287-296.

Kain J S, Kain J, 2004. The Kain - Fritsch convective parameterization: An update[J]. Journal of Applied Meteorology, 43(1): 170-181.

Koch S E, Dorian P B, 1988. A mesoscale gravity wave event observed during CCOPE. Part III: Wave environment and probable source mechanisms[J]. Monthly Weather Review, 116(12): 2570-2592.

Koch S E, O'Handley C, 1997. Operational forecasting and detection of mesoscale gravity waves[J]. Weather and Forecasting, 12(2): 253-281.

Kondo Y, Higuchi A, Nakamura K, 2006. Small-Scale cloud activity over the maritime continent and the western Pacific as revealed by satellite data[J]. Monthly Weather Review, 134: 1581-1599.

Koster R, Jouzel J, Souzzo R, et al., 1986. Global sources of local precipitation as determined by the NASA/GISS GCM[J]. Geophysical Research Letters, 13:121-124.

Kuo J T, Orville H D, 1973. A Radar climatology of summertime convective clouds in the Black Hills[J]. Journal of Applied Meteorology, 12: 359-367.

Laing A G, Fritsch J M, 1997. The global population of mesoscale convective complexes[J]. Quarterly Journal of the Royal Meteorological Society, 123: 389-405.

Lane T P, Zhang F, 1992. Coupling between gravity waves and tropical convection at mesoscales[J]. Journal of the Atmospheric Sciences, 68(11): 2582-2598.

Lane T P, Moncrieff M W, 2015. Long-lived mesoscale systems in a low-convective inhibition environment. Part I: Upshear propagation[J]. Journal of the Atmospheric Sciences, 72: 4297-4318.

Lasser M O S, Foelsche U, 2019. Evaluation of GPM-DPR precipitation estimates with WegenerNet gauge data[J]. Atmospheric Measurement Techniques, 12(9): 5055-5070.

Laurent H, 2002. Characteristics of the Amazonian mesoscale convective systems observed from satellite and radar during the WETAMC/LBA experiment[J]. Journal of Geophysical Research: Atmospheres, 107(D20), DOI: 10. 1029/2001JD000337 .

Lee D, 2002. Analysis of phase-locked oscillations in multi-channel single-unit spike activity with wavelet cross-spectrum[J]. Journal of Neuroscience Methods, 115(1): 67-75.

Li D L, Von Storch H, Yin B S, et al., 2018. Low-level jets over the Bohai Sea and Yellow Sea: Climatology, variability, and the relationship with regional atmospheric circulations[J]. Journal of Geophysical Research: Atmospheres, 123: 5240-5260.

Li G P, Kimura F, Sato T, et al., 2008. A composite analysis of diurnal cycle of GPS precipitable water vapor in central Japan during calm summer days[J]. Theoretical and Applied Climatology, 92(1-2): 15-29.

Li J, 2017. Hourly station-based precipitation characteristics over the Tibetan Plateau[J]. International Journal of Climatology, 38(3):

1560-1570.

Li J, Yu R, Zhou T, 2008. Seasonal variation of the diurnal cycle of rainfall in southern contiguous China[J]. Journal of Climate, 21: 6036-6043.

Li J, Wang B, Wang D H, 2012. The Characteristics of mesoscale convective systems（MCSs）over East Asia in warm seasons[J]. Atmospheric and Oceanic Science Letters, 5: 102-107.

Li L, Zhang R, Wen M, 2014. Diurnal variation in the occurrence frequency of the Tibetan Plateau vortices[J]. Meteorology and Atmospheric Physics, 125: 135-144.

Li S S, Li G P, Wang X F, et al., 2020. Precipitation characteristics of an abrupt heavy rainfall event over the complex terrain of southwest China observed by the FY-4A satellite and doppler weather radar[J]. Water, 12（9）: 2502-2521.

Liao L, Meneghini R, 2019. Physical evaluation of GPM DPR single- and dual-wavelength algorithms[J]. Journal of Atmospheric and Oceanic Technology, 36（5）: 883-902.

Lin X, Randall D A, Fowler L D, 2000. Diurnal variability of the hydrologic cycle and radiative fluxes: Comparisons between observations and a GCM[J]. Journal of Climate, 13（23）: 4159-4179.

Lin Y, Colle B A, 2011. A new bulk microphysical scheme that includes riming intensity and temperature-dependent ice characteristics[J]. Monthly Weather Review, 139（3）: 1013-1035.

Liu H B, He M Y, Wang B, et al., 2014. Advances in low-level jet research and future prospects[J]. Journal of Meteorological Research, 28: 57-75.

Liu H, Li L, 2012. Low-level jets over southeast China: The warm season climatology of the summer of 2003[J]. Atmospheric and Oceanic Science Letters, 5: 394-400.

Liu L, Ran L K, Gao S T, 2018. Analysis of the characteristics of inertia-gravity waves during an orographic precipitation event[J]. Advances in Atmospheric Sciences, 35（5）: 604-620.

Lloyd S, 1982. Least squares quantization in PCM[J]. IEEE Transactions on Information Theory, 28: 129-136.

Longinelli A, Selmo E. 2003. Isotopic composition of precipitation on Italy: a first overall map[J]. Journal of Hydrometeorology, 270: 75-88.

Lu C, Koch S, Ning W, 2005. Determination of temporal and spatial characteristics of atmospheric gravity waves combining cross-spectral analysis and wavelet transformation[J]. Journal of Geophysical Research: Atmospheres, 110（D1）: 1-11.

Lu X Q, Yu H, Ying M, et al., 2021. Western north pacific tropical cyclone database created by the China Meteorological Administration[J]. Advances in Atmospheric Sciences, 38: 690-699.

Luo Y L，Wu M W，Ren F M，et al. ，2016. Synoptic situations of extreme hourly precipitation over China[J]. Journal of Climate，29（24）: 8703-8719.

Luo Y, Zhang R, Wan Q，2017. The Southern China monsoon rainfall experiment（SCMREX）[J]. Bulletin of the American Meteorological Society, 98（5）: 999-1013.

Macqueen J, 1967. Some methods for classification and analysis of multivariate observations[C]//: Proc. 5th Berkeley Symp. Math. Stat. Probab, 281-297.

Maddox R A, 1980. Mesoscale convective complexes[J]. Bulletin of the American Meteorological Society, 61: 1374-1387.

Maddox R A. 1983. Large-scale meteorological conditions associated with midlatitude, mesoscale convective complexes[J]. Monthly Weather Review, 111: 1475-1493.

Mai Z, Fu S M, Sun J H, et al., 2021. Key statistical characteristics of the mesoscale convective systems generated over the Tibetan

Plateau and their relationship to precipitation and southwest vortices[J]. International Journal of Climatology, 41 (S1) :875-896.

Malin G, David R, Chen D L, 2010. Extreme rainfall events in southern Sweden: where does the moisture come from[J]. Tellus A, 62 (5) : 605-616.

Marengo J, Soares W, Saulo A, et al., 2004. Climatology of the low-level jet east of the Andes as derived from the NCEP-NCAR Reanalyses: Characteristics and temporal variability[J]. Journal of Climate, 17: 2261-2280.

Mastrantonio G, Einaudi F, Fua D, et al., 1976. Generation of gravity waves by jet streams in the atmosphere[J]. Journal of the Atmospheric Sciences, 33: 1730-1738.

Mathon V, Laurent H, 2001. Life cycle of Sahelian mesoscale convective cloud systems[J]. Quarterly Journal of the Royal Meteorological Society, 127: 377-406.

Mcanelly R L, Cotton W R, 1992. Early growth of mesoscale convective complexes: a meso-scale cycle of convective precipitation?[J]. Monthly Weather Review, 120 (9) : 1851-1877.

Means L L, 1952. On thunderstorm forecasting in the central United States[J]. Monthly Weather Review, 80 (10) : 165-189.

Means L L, 1954. A study of the mean southerly wind-maximum in low levels associated with a period of summer precipitation in the Middle West[J]. Bulletin of the American Meteorological Society, 35: 166-170.

Meisner B N, Arkin P A, 2009. Spatial and annual variations in the diurnal cycle of large-scale tropical convective cloudiness and precipitation[J]. Monthly Weather Review, 115: 2009-2032.

Meng Yanan, Jianhua Sun, Yuanchun Zhang, et al.2021. A 10-yr climatology of mesoscale convective systems and their synoptic circulations in the southwest mountain area of China[J]. Journal of Hydrometeorology. 22 (1) :23-41.

Miao Y C, Guo J P, Liu S H, et al., 2018. The climatology of low-level jet in Beijing and Guangzhou, China[J]. Journal of Geophysical Research, 123: 2816-2830.

Michael D W, Arturo V M, Rafael G C, 1998. Diurnal variation and horizontal extent of the low-level jet over the Northern Gulf of California[J]. Monthly Weather Review, 126: 2017-2025.

Mitchell M, Arritt R, Labas K, 1995. A climatology of the warm season great plains low-level jet using wind profiler observations[J]. Weather and Forecasting, 10: 576-591.

Mlawer E J, Taubman S J, Brown P D, et al., 1997. Radiative transfer for inhomogeneous atmospheres: RRTM, a validated correlated-k model for the longwave[J]. Journal of Geophysical Research: Atmospheres, 102 (D14) : 16663-16682.

Monaghan A J, Rife D L, Pinto J O, et al., 2010. Global precipitation extremes associated with diurnally varying low-level jets[J]. Journal of Climate, 23 (1) : 5065-5084.

Moody J, Galloway J, 1988. Quantifying the relationship between atmospheric transport and the chemical composition of precipitation on Bermuda[J]. Tellus B, 40: 463-479.

Paegle J, Rasch G E, 1973. Three-dimensional characteristics of diurnally varying boundary-layer flows[J]. Monthly Weather Review, 101: 746-756.

Pan H, Chen G X, 2019. Diurnal variations of precipitation over North China regulated by the mountain-plains solenoid and boundary-layer inertial oscillation[J]. Advances in Atmospheric Sciences, 36 (8) : 863-884.

Parker M D, Johnson R H, 2000. Organizational modes of midlatitude mesoscale convective systems[J]. Monthly Weather Review, 128: 3413.

Perry L B, 2007. Antecedent upstream air trajectories associated with northwest flow snowfall in the Southern Appalachians[J]. Weather and Forecasting, 22 (2) : 334-352.

Pham N T, Nakamura K, Furuzawa F A, et al., 2008. Characteristics of low level jets over Okinawa in the Baiu and post-Baiu seasons revealed by wind profiler observations[J]. Journal of the Meteorological Society of Japan. Ser. II, 86: 699-717.

Piani C, Durran D, 2000. A numerical study of three-dimensional gravity waves triggered by deep tropical convection and their role in the dynamics of the QBO[J]. Journal of the Atmospheric Sciences, 57 (22): 3689-3689.

Piciullo L, Calvello M, Cepeda J M, 2018. Territorial early warning systems for rainfall-induced landslides[J]. Earth-Science Reviews, 179: 228-247.

Pitchford K L, London J, 1962. The low-level jet as related to nocturnal thunderstorms over Midwest United States[J]. Journal of Applied Meteorology, 1: 43-47.

Pope M, Jakob C, Reeder M J, 2008. Convective systems of the North Australian monsoon[J]. Journal of Climate, 21: 5091-5112.

Powers J G, Reed R J, 1993. Numerical simulation of the large-amplitude mesoscale gravity-wave event of 15 December 1987 in the central United States [J]. Monthly Weather Review, 121 (8): 2285-2308.

Pruppacher H R, Klett J D, 2010. Microstructure of Atmospheric Clouds and Precipitation[M]//Microphysics of Clouds and Precipitation. Springer, Dordrecht, 10-73.

Punkka A J, Bister M, 2015. Mesoscale convective systems and their synoptic-scale environment in Finland[J]. Weather and Forecasting, 30: 182-196.

Qian T, Zhao P, Zhang F, et al., 2015. Rainy-season precipitation over the Sichuan basin and adjacent regions in southwestern China[J]. Monthly Weather Review, 143(1): 383-394.

Rafati S, Karimi M, 2017. Assessment of mesoscale convective systems using IR brightness temperature in the southwest of Iran[J]. Theoretical and Applied Climatology, 129: 1-11.

Rasmussen, K L, Houze R A, 2016. Convective initiation near the Andes in subtropical South America[J]. Monthly Weather Review, 144: 2351-2374.

Ren F M, Wu G X, Dong W, et al., 2006. Changes in tropical cyclone precipitation over China[J]. Geophysical Research Letters, 33: 131-145.

Ren F M, Wang Y M, Wang X L, et al., 2007. Estimating tropical cyclone precipitation from station observations[J]. Advances in Atmospheric Sciences, 24: 700-711.

Rickenbach T M, 2004. Nocturnal cloud systems and the diurnal variation of clouds and rainfall in Southwestern Amazonia[J]. Monthly Weather Review, 132: 1201-1219.

Rife D, Pinto J, Monaghan A, et al., 2010. Global distribution and characteristics of diurnally varying low-level jets[J]. Journal of Climate, 23: 5041-5064.

Sánchez-Diezma R, Zawadzki I, Sempere-Torres D, 2000. Identification of the bright band through the analysis of volumetric radar data[J]. Journal of Geophysical Research: Atmospheres, 105 (D2): 2225-2236.

Sato T, Kimura F, 2003. A two-dimensional numerical study on diurnal cycle of mountain lee precipitation[J]. Journal of the Atmospheric Sciences, 60 (15): 1992-2003.

Saulo C, Ruiz J, Skabar Y G, 2007. Synergism between the low-level jet and organized convection at its exit region[J]. Monthly Weather Review, 135 (4): 1310-1326.

Shen Chengfeng, Guoping Li, Yuanchang Dong.2022. Vertical structures associated with orographic precipitation during warm season in the Sichuan Basin and its surrounding areas at different altitudes from 8-year GPM DPR observations[J]. Remote Sensing,14 (17), 4222. https://doi.org/10.3390/rs14174222.

Schumacher R S, Johnson R H, 2004. Organization and environmental properties of extreme-rain-producing mesoscale convective systems[J]. Monthly Weather Review, 133: 961-976.

Shapiro A, Fedorovich E, 2010. Analytical description of a nocturnal low-level jet[J]. Quarterly Journal of the Royal Meteorological Society, 136: 1255-1262.

Shapiro A, Fedorovich E, Rahimi S, 2016. A unified theory for the Great Plains nocturnal low-level jet[J]. Journal of the Atmospheric Sciences, 73 (8): 3037-3057.

Shu Z R, Li Q S, He Y C, et al., 2018. Investigation of low-level jet characteristics based on wind profiler observations[J]. Journal of Wind Engineering and Industrial Aerodynamics, 174: 369-381.

Simmonds I, Bi D H, Hope P, 1999. Atmospheric water vapor flux and its association with rainfall over China in summer [J]. Journal of Climate, 12 (5): 1353-1367.

Skamarock W C, Klemp J B, Dudhia J, et al., 2008. A description of the advanced research WRF version 3[J]. NCAR Tech. Note NCAR/TN-475+STR: 113.

Smith R B, Barstad I, 2004. A linear theory of orograhic precipitation[J]. Journal of the Atmospheric Sciences, 61 (12): 1377-1391.

Sodemann H, Stohl A, 2009. Asymmetries in the moisture origin of Antarctic precipitation[J]. Geophysical Research Letters, 36 (22): 273-289.

Song F F, Feng Z, Leung L R, et al., 2019. Contrasting spring and summer large-scale environments associated with mesoscale convective systems over the U. S. Great Plains[J]. Journal of Climate, 32: 6749-6767.

Spreen W C, 1947. A determination of the effect of topography upon precipitation[J]. Transactions, American Geophysical Union, 28 (2): 285.

Stein A F, Draxler R R, Rolph G D, et al., 2016. NOAA's HYSPLIT atmospheric transport and dispersion modeling system[J]. Bulletin of the American Meteorological Society, 96 (12): 150504130527006, DOI: 10. 1175/BAMS-D-14-00110. 1.

Strensrud D J, 1996. Importance of low-level jets to climate: A Review[J]. Journal of Climate, 9: 1698-1711.

Sun J, Zhang F, 2012. Impacts of mountain-plains solenoid on diurnal variations of rainfalls along the Mei-Yu front over the East China Plains[J]. Monthly Weather Review, 140 (2): 379-397.

Sun Y, Dong X, Cui W, et al., 2020. Vertical structures of typical Meiyu precipitation events retrieved from GPM-DPR[J]. Journal of Geophysical Research: Atmospheres, 125 (1), https: //doi. org/10. 1029/2019JD031466.

Takagi T, Kimura F, Kono S, 2000. Diurnal variation of GPS precipitable water at Lhasa in premonsoon and monsoon periods[J]. Journal of the Meteorological Society of Japan, 78: 175-179.

Takemi T, 2007. Environmental stability control of the intensity of squall lines under low-level shear conditions[J]. Journal of Geophysical Research: Atmospheres, 112: D24110, doi: 10. 1029/2007JD008793.

Tao S Y, Chen L X, 1987. A review of recent research on the East Asian summer monsoon in China. Monsoon Meteorology[M]. Oxford: Oxford University Press.

Tao S, Ding Y, 1981. Observational evidence of the influence of the Qinghai Xizang (Tibet) Plateau on the occurrence of heavy rain and severe convective storms in China[J]. Bulletin of the American Meteorological Society, 62 (1): 23-30.

Todd M, Washington R, Raghavan S, et al., 2008. Regional model simulations of the Bodélé Low-level jet of Northern Chad during the Bodélé Dust Experiment (BoDEx 2005)[J]. Journal of Climate, 21: 995-1012.

Torrence C, Webster P J, 2010. Interdecadal changes in the ENSO-Monsoon system[J]. Journal of Climate, 12 (8): 2679-2690.

Trier S B, Davis C A, Ahijevych D A, et al., 2006. Mechanisms supporting long-lived episodes of propagating nocturnal convection within a 7-day WRF model simulation[J]. Journal of the Atmospheric Sciences, 63(10): 2437-2461.

Trier S B, Parsons D B, 1993. Evolution of environmental condititons preceding the development of a nocturnal Mesoscale convective complex[J]. Monthly Weather Review, 121: 1078-1098.

Tuttle J D, Davis C A, 2006. Corridors of warm season precipitation in the Central United States[J]. Monthly Weather Review, 134: 2297-2317.

Uccellini L W, 1975. A case study of apparent gravity wave initiation of severe convective storms[J]. Monthly Weather Review, 103(6): 497-513.

Uccellini L W, Koch S E, 1987. The synoptic setting and possible energy sources for mesoscale wave disturbances[J]. Monthly Weather Review, 115(3): 721-729.

Ueno K, Takano S, Kusaka H, 2009. Nighttime precipitation induced by a synoptic-scale convergence in the central Tibetan Plateau[J]. Journal of the Meteorological Society of Japan, 87(3): 459-472.

Van De Wiel B J H, Moene A F, Steeneveld G J, et al., 2010. A Conceptual view on inertial oscillations and nocturnal low-level jets[J]. Journal of the Atmospheric Sciences, 67: 2679-2689.

Vera C, Báez J, Douglas M, et al., 2006. The South American Low-Level Jet Experiment[J]. Bulletin of the American Meteorological Society, 87: 63-78.

Wang C M, Chen G T, Carbone R E, 2004. A climatology of warm-season cloud patterns over east Asia based on GMS infrared brightness temperature observations[J]. Monthly Weather Review, 132(7): 1606-1629.

Wang D Q, Zhang Y C, Huang A N, 2013. Climatic features of the south-westerly low-level jet over southeast china and its association with precipitation over east China[J]. Asia-Pacific Journal of Atmospheric Sciences, 49: 259-270.

Wang H, Luo Y, Jou B J D, 2014. Initiation, maintenance, and properties of convection in an extreme rainfall event during SCMREX: Observational analysis[J]. Journal of Geophysical Research: Atmospheres, 119(23): 13206-13232.

Wang P, Xu Z, Pan Z, 1990. A case study of warm sector rainbands in North China[J]. Advances in Atmospheric Sciences, 7(3): 354-365.

Wei W, Zhang H S, Ye X X, 2014. Comparison of low-level jets along the north coast of China in summer[J]. Journal of Geophysical Research: Atmospheres, 119: 9692-9706.

Wei W, Wu B G, Ye X X, et al., 2013. Characteristics and mechanisms of low-level jets in the Yangtze River Delta of China[J]. Boundary-Layer Meteorology, 149: 403-424.

Wen Y, Kirstetter P, Hong Y, et al., 2016. Evaluation of a method to enhance real-time, ground radar-based rainfall estimates using climatological profiles of reflectivity from space[J]. Journal of Hydrometeorology, 17(3): 761-775.

Werner M, Heimann M, Hoffman G, 2001. Isotopic composition and origin of polar precipitation in present and glacial climate simulations[J]. Tellus B, 53: 53-71.

Wheeler M, Kiladis G N, 1999. Convectively coupled equatorial waves: Analysis of clouds and temperature in the wavenumber-frequency domain[J]. Journal of the Atmospheric Sciences, 56(3): 374-399.

Whiteman C D, 1990. Observations of thermally developed wind systems in mountainous terrain [J]. Atmospheric Processes over Complex Terrain, Meteor. Monogr., 45: 5-42.

Whiteman C D, Bian X D, Zhong S Y, 1997. Low-level jet climatology from enhanced rawinsonde observations at a site in the Southern Great Plains[J]. Journal of Applied Meteorology, 36: 1363-1376.

Wilson J W, Foote G B, Fankhauser J C, et al., 1992. The role of boundary-layer convergence zones and horizontal rolls in the initiation of thunderstorms: A case study[J]. Monthly Weather Review, 120: 1785-1815.

Wolyn P G，Mckee T B, 1994. The mountain-plains circulation east of a 2-km-high north-south barrier[J]. Monthly Weather Review，122(7): 1490-1508.

Wu G, Liu Y, Zhang Q, et al., 2007. The influence of mechanical and thermal forcing by the Tibetan Plateau on Asian climate[J]. Journal of Hydrometeorology, 8(4): 770-789.

Wu P, Hamada J I, Mori S, et al., 2003. Diurnal variation of precipitable water over a mountainous area of Sumatra Island[J]. Journal of Applied Meteorology, 42: 1107- 1115.

Xie L, Ueno K, 2011. Differences of synoptic fields depending on the location of MCS genesis in southwest China[J]. Tsukuba Geoenvironmental Sciences, 7: 3-12.

Xu W, 2013. Precipitation and convective characteristics of summer deep convection over East Asia observed by TRMM[J]. Monthly Weather Review, 141: 1577-1592.

Xu X D, Miao Q J, Deng G, 2003. The water vapor transport model at the regional boundary during the Meiyu period[J]. Advances in Atmospheric Sciences, 20: 333-342.

Xue M, Luo X, Zhu K F, et al., 2018. The Controlling role of boundary layer inertial oscillations in meiyu frontal precipitation and its diurnal cycles over China[J]. Journal of Geophysical Research: Atmospheres, 123: 5090-5115.

Yan Y, Wang X, Liu Y, 2018. Cloud vertical structures associated with precipitation magnitudes over the Tibetan Plateau and its neighboring regions[J]. Atmospheric and Oceanic Science Letters, 11(1): 44-53.

Yang Q, Houze R A, Leung L R, et al., 2017. Environments of long-lived mesoscale convective systems over the Central United States in convection permitting climate simulations[J]. Journal of Geophysical Research: Atmospheres, 122: 13288-13307.

Yang R Y, Zhang Y C, Sun J H, et al., 2018. The characteristics and classification of eastward-propagating mesoscale convective systems generated over the second-step terrain in the Yangtze River Valley[J]. Atmospheric Science Letters, 20: e874.

Yang R, Liu Y, Ran L K, et al., 2018. Simulation of a torrential rainstorm in Xinjiang and gravity wave analysis[J]. Chinese Physics B, 27(5): 573-580.

Yang R, Zhang Y, Sun J, et al, 2020. The comparison of statistical features and synoptic circulations between the eastward-propagating and quasistationary MCSs during the warm season around the second-step terrain along the middle reaches of the Yangtze River[J]. Science China Earth Sciences，63(8): 1209-1222.

Yang X R, Fei J F, Huang X G, et al., 2015. Characteristics of mesoscale convective systems over China and its vicinity using geostationary satellite FY2[J]. Journal of Climate, 28: 4890-4907.

Yao J , Li M, Yang Q , 2018. Moisture sources of a torrential rainfall event in the arid region of East Xinjiang, China, based on a Lagrangian model[J]. Natural Hazards, 1-13.

Yin S Q, Chen D L, Xie Y, 2009. Diurnal variations of precipitation during the warm season over China[J]. International Journal of Climatology, 29(8)：1154-1170.

Ying M, Zhang W, Yu H, et al., 2014. An Overview of the China Meteorological Administration Tropical Cyclone Database[J]. Journal of Atmospheric and Oceanic Technology, 31: 287-301.

Yu R C, Yuan W H, Li J, et al., 2009. Diurnal phase of late-night against late-afternoon of stratiform and convective precipitation in summer southern contiguous China[J]. Climate Dynamics, 35 (4): 567-576.

Yu R, Xu Y, Zhou T, et al. ，2007. Relation between rainfall duration and diurnal variation in the warm season precipitation over central eastern China[J]. Geophysical Research Letters, 34(13), doi: 10. 1029/2007GL030315.

Yu R, Zhou T, Xiong A, et al., 2007. Diurnal variations of summer precipitation over contiguous China[J]. Geophysical Research Letters, 34 (1): 223-234.

Yuter S E, Houze R A, 1995. Three-dimensional kinematic and microphysical evolution of Florida cumulonimbus. part II: Frequency distributions of vertical velocity, reflectivity, and differential reflectivity[J]. Monthly Weather Review, 123 (7): 1941-1963.

Zhang A, Fu Y, Chen Y, et al., 2018. Impact of the surface wind flow on precipitation characteristics over the southern Himalayas: GPM observations[J]. Atmospheric Research, 202: 10-22.

Zhang A, Chen Y, Zhang X, et al., 2020. Structure of cyclonic precipitation in the Northern Pacific storm track measured by GPM DPR[J]. Journal of Hydrometeorology, 21 (2): 227-240.

Zhang C, Wang Z, Zhou B, et al., 2019. Trends in autumn rain of West China from 1961 to 2014[J]. Theoretical and Applied Climatology, 135 (1-2): 533-544.

Zhang D L, Fritsch J M, 1986. Numerical simulation of the meso-β scale structure and evolution of the 1977 Johnstown Flood. Part I: model description and verification[J]. Journal of the Atmospheric Sciences, 44 (18): 2593-2612.

Zhang F, Koch S E, Davis C A, 2000. A survey of unbalanced flow diagnostics and their application[J]. Advances in Atmospheric Sciences, 17 (2): 165-183.

Zhang F L, Li G P, Yue J, 2019. The moisture sources and transport processes for a sudden rainstorm associated with double low-level jets in the northeast Sichuan Basin of China[J]. Atmosphere, 10 (3), 160; DOI: 10. 3390/atmos10030160.

Zhang F Q, Koch S E, 2000. Numerical simulation of a gravity wave event over CCOPE. Part II: Waves generated by an orographic density current[J]. Monthly Weather Review, 128 (8): 2777-2796.

Zhang F, Davis C A, Kaplan M L, et al., 2001. Wavelet analysis and the governing dynamics of a large-amplitude mesoscale gravity-wave event along the East Coast of the United States[J]. The Quarterly Journal of the Royal Meteorological Society, 127 (577): 2209-2245.

Zhang F, Zhang Q H, Du Y, et al., 2018. Characteristics of coastal low-level jets in the Bohai Sea, China, during the early warm season[J]. Journal of Geophysical Research, 123: 13763-13774.

Zhang F, Zhang Q, Sun J, 2020. Initiation of an elevated mesoscale convective system with the influence of complex terrain during meiyu season[J]. Journal of Geophysical Research: Atmospheres, 126 (1), doi: 10. 1029/2020JD033416.

Zhang M R, Meng Z Y, 2019. Warm-sector heavy rainfall in Southern China and its WRF simulation evaluation: A low-level-jet perspective[J]. Monthly Weather Review, 147: 3574-3593.

Zhang P F, Li G P, Xiouhua Fu, et al., 2014. Clustering of Tibetan Plateau vortices by 10-30-day intraseasonal oscillation[J]. Monthly Weather Review, 142 (1): 290-300.

Zhang Q H, Ng C P, Dai K, et al., 2021. Lessons learned from the tragedy during the 100 km Ultramarathon race in Baiyin, Gansu Province on 22 May 2021[J]. Advances in Atmospheric Sciences, 38 (11): 1803-1810.

Zhang R H, 2001. Relations of water vapor transport from Indian monsoon with that over East Asia and the summer rainfall in China [J]. Advances in Atmospheric Sciences, 18 (5): 1005-1017.

Zhang Y, Sun J, Fu S, 2014. Impacts of diurnal variation of mountain-plain solenoid circulations on precipitation and vortices east of the Tibetan Plateau during the Mei-yu season[J]. Advances in Atmospheric Sciences, 31 (1): 139-153.

Zhang Y, Xue M, Zhu K, et al., 2019. What is the main cause of diurnal variation and nocturnal peak of summer precipitation in Sichuan Basin, China? The key role of boundary layer low-level jet inertial oscillations[J]. Journal of Geophysical Research: Atmospheres, 124: 2643-2664.

Zheng L L, Sun J H, Zhang X L, et al., 2013. Organizational modes of mesoscale convective systems over Central East China[J]. Weather and Forecasting, 28: 1081-1098.

Zheng Y G, Chen J, 2013. A climatology of deep convection over South China and the adjacent waters during summer[J]. Journal of Tropical Meteorology, 19: 1-15.

Zheng Y G, Chen J, Zhu P J, 2008. Climatological distribution and diurnal variation of mesoscale convective systems over China and its vicinity during summer[J]. Chinese Science Bulletin, 53: 1574-1586.

Zheng Y G, Xue M, Li B, et al., 2016. Spatial characteristics of extreme rainfall over China with hourly through 24-hour accumulation periods based on national-level hourly rain gauge data[J]. Advances in Atmospheric Sciences, 33: 1218-1232.

Zhong L，Mu R，Zhang D，et al., 2015. An observational analysis of warm sector rainfall characteristics associated with the 21 July 2012 Beijing extreme rainfall event[J].Journal of Geophysical Research: Atmospheres，120(8):3274-3291.

Zhou T J, Yu R C, 2005. Atmospheric water vapor transport associated with typical anomalous summer rainfall patterns in China[J]. Journal of Geophysical Research: Atmospheres, 110 (D8), https: //doi. org/10. 1029/2004JD005413.

Zhou T, Yu R, Chen H, et al., 2008. Summer precipitation frequency, intensity, and diurnal cycle over China: A comparison of satellite data with rain gauge observations [J]. Journal of Climate, 21 (16): 3997-4010.

Zhou T, Gong D, Li J, et al., 2009. Detecting and understanding the multi-decadal variability of the East Asian Summer Monsoon-Recent progress and state of affairs[J]. Meteorologische Zeitschrift, 18 (4): 455-467.

Zipser E J, Lutz K R, 1994. The vertical profile of radar reflectivity of convective cells: A strong indicator of storm intensity and lightning probability [J]. Monthly Weather Review, 122 (8): 1751-1759.